本书系国家自然科学基金资助项目（32171859）研究成果

江苏高校"青蓝工程"资助

中国传统园林的现代释义

熊瑶 著

中国林业出版社
China Forestry Publishing House

图书在版编目（CIP）数据

中国传统园林的现代释义 / 熊瑶著 . —— 北京 : 中国林业出版社 , 2022.12
ISBN 978-7-5219-1972-1

Ⅰ . ①中⋯ Ⅱ . ①熊⋯ Ⅲ . ①园林艺术—研究—中国 Ⅳ . ① TU986.62

中国版本图书馆 CIP 数据核字 (2022) 第 221202 号

策划编辑：康红梅
责任编辑：孙　瑶
封面设计：北京阳和起蛰印刷设计有限公司
—————————————

出版发行：中国林业出版社
　　　　（100009，北京市西城区刘海胡同 7 号，电话 83143629）
电子邮箱：cfphzbs@163.com
网址：www.forestry.gov.cn/lycb.html
印刷：北京中科印刷有限公司
版次：2022 年 12 月第 1 版
印次：2022 年 12 月第 1 次印刷
开本：787mm×1092mm 1/16
印张：13.5
字数：308 千字
定价：75.00 元

序 言

中国是世界上造园历史最为悠久的国家之一，经过三千多年的发展演变，形成世界上独具特色的传统园林风格，对东亚，乃至欧洲园林的发展产生了重要的影响。中国传统园林不仅关注于物质空间的营造，而且融合了哲学观念、美学思想、生活方式、人格追求等中国传统的人文精神，堪称中国传统文化艺术思想的集大成者。因此，继承传统园林中蕴含的文化艺术思想，对于中国当代风景园林的创新发展，无疑有着重要的指导作用。

中国园林历史悠久、思想深邃、文化丰富、技艺精湛的特点，为当代人准确深入地理解中国传统园林带来一定的困难，尤其是中国近代经历的半殖民地半封建社会的影响，以及近现代西方园林文化思想的冲击，导致中国传统园林与现代社会需求之间必然存在一定的差异，使得拿来主义盛行的当代社会对西方园林文化的关注胜于中国传统园林，对传统园林如何现代化的研究意愿也显不足。在全面建设中国特色社会主义现代化强国的时代背景下，继承与发扬中国传统园林的文化思想，以推动中国当代风景园林的创新发展，成为当代风景园林人责无旁贷的历史使命。

熊瑶在攻读博士学位期间，对于传统园林研究产生了浓厚的兴趣，本人也对中国传统园林的现代意义有着浓厚的兴趣，鼓励她尝试从当代的视角剖析传统园林的核心思想和造园理法，她在此方面付出了大量的心血。本书是其在博士论文的基础上进一步完善而成的，一些观点和内容对深入理解中国传统园林的文化思想不无启示。希望本书的出版，能为风景园林从业者和爱好者深入理解和认识中国传统园林有所帮助。

朱建宁

北京林业大学园林学院教授、博士生导师

2022 年 8 月

自 序

　　中国作为"世界园林之母"，造园的历史源远流长。自商周开始出现园林的雏形，经秦汉的生成期和魏晋南北朝的转折期后开始形成完整的园林体系，再到隋唐的全盛期，最后在宋元明清时步入成熟期，从粗放到精密细致而完全臻于艺术创作的境地，中国传统园林历经了三千余年的发展，形成了独特的山水园林体系。以江南私家园林和北方皇家园林为代表的中国传统园林在世界园林艺术史上可谓独树一帜，与西方园林、伊斯兰园林一道，并称为世界三大造园体系。

　　然而，自给自足的小农经济、没落的封建文化和闭关自守的对外政策，导致中国社会经济从清中期起逐步走向衰落；而西方则在工业文明的带动下，社会经济迅速腾飞，文化艺术的发展也进入了一个新的历史时期。作为一种造园风格与技艺的体系和形式来说，中国传统园林相继相承地发展到 19 世纪末期后，遇到了西方文化和造园样式的冲击，面临不知何去何从的局面。

　　1840 年鸦片战争以后，西方列强凭借坚船利炮轰开中国大门，中国园林自此开始了艰难的"现代化"探索。但由于历史、社会、经济等多方因素的制约，从清末到民国时期引入西式造园要素直至新中国成立后学习苏联的"文化休息公园"模式，中国现代风景园林的发展都十分缓慢。改革开放后，随着社会经济的发展和城市化进程的加快，中国风景园林事业才真正迎来了百年未遇的发展契机。尤其是近 20 年来，中国现代风景园林发展之快令世界瞩目。解构主义、后现代主义、生态主义、极简主义、高技派园林等现代西方园林设计思潮的迅速涌入，以及越来越多来自不同文化背景的设计师的参与，在很大程度上促进了中国现代风景园林的多元化发展。

　　然而兴奋之余，我们也应清醒地认识到：中国现代风景园林的发展才刚刚起步，虽然风景园林作品在全国各地大量涌现，但在传统文化继承上的缺失和西方强势文化的影响下，我国的本土文化也逐渐走向衰落，园林作品的"现代性"和"原创性"遭到人们的普遍质疑。在这个历史、文化、艺术、科技等方面都充满了参照的时代，大量从业人员努力地追随西方设计师的脚步"亦步亦趋"，但是在设计理念和设计手法上又与西方的发展趋势背道而驰。对西方园林理论和形式的"生吞活剥"，导致了抄袭或模仿之风盛行。

　　究其原因，一方面是因为中国现代风景园林设计缺乏对本国传统园林理念与理法的传承；另一方面又对国际设计理念和发展趋势缺乏深刻认识，使园林设计往往流于形式。烦琐的构图、杂乱的材质、艳丽的色彩和堆砌的小品脱离了风景园林的行业本质，园林中到处充斥着各种粗制滥造的文化符号，"形式主义"到了极其泛滥的地步，甚至造成了对自然资源的破坏和人力物力的浪费。这种只注重外在形式而忽视深刻内涵的设计手法，使中国现代风景园林艺术的发展方向扑朔迷离，并与"立足于自然并融入自然"的国际风景园林发展趋势相去甚远。

马克思曾说："人们自己创造自己的历史，但是他们并不是随心所欲地创造，并不是在他们自己选定的条件下创造，而是在直接碰到的、既定的、从过去承继下来的条件下创造。"[1] 纵观世界园林发展史，我们不难发现园林艺术的发展是一个循环往复、推陈出新的过程，各种风格的园林形式"各领风骚数百年"，构成了一幅丰富多彩的历史画卷。任何一种园林风格或式样，都经历了发展—成熟—巅峰—衰落等几个阶段，都是特定历史时期的产物。既没有永恒不变的造园理论和方法，也不存在一成不变的风格与样式。中国传统园林三千余年的发展史也表明，园林艺术正是经过每一代人的发展创新，才使其逐渐走向成熟与完美。传统与现代之间的关系，是当下每一位风景园林师都无法回避的话题。

随着西方园林文化影响的深入，学界对中国风景园林行业传承与发展的研究与探讨也日益呈现出多样化的态势。总体而言，绝大多数学者都肯定中国传统园林的宝贵价值。然而，也有些学者认为中国传统园林是无法融入现实社会的死物，声称中国传统园林已面临穷途末路的局面，更有甚者极力否认其历史价值与现代意义，将其视为封建主义的糟粕，即所谓的传统园林"休矣论"。与此同时，更多的学者从弘扬民族文化的高度出发，强调继承传统园林，把研究与实践的重点放在努力探寻、推陈出新和与时俱进，以及民族特色保护方面，但是在实践中又往往陷入追随其表现形式的尴尬境地。

"休矣论"认为中国传统园林只适用于迎合农业社会封建统治者及其附庸者们对生活的要求，无法适应现代社会的发展和人们对生活环境的要求，否认其极高的艺术成就和古人的聪明才智与美学修养。他们"声讨"中国传统园林的局限性时，忽视了历史的延续性与文化的传承性。

而许多宣扬传统园林"复兴论"的设计师，又缺乏对古今中外园林艺术的全面了解，尤其是对传统园林的理论和理法没有进行深入研究，致使其在现代风景园林创作中，完全照搬传统园林的表现手法和外在形式，其作品与时代的要求格格不入。这种态度并不是对中国传统园林的传承和发展，而是在不了解中国园林本质情况下的误读。

今天的中国风景园林正经历着一个痛苦的转型过程，如何抵御外来文化的入侵与占领，建立起融合传统文化精华、适应时代发展的完整的园林设计理论体系？如何在研究借鉴西方先进理念与设计方法的同时，加深对中国传统园林内涵的研究与认识，营造既符合"全球一体化"趋势、又具有本国鲜明地域特征和时代特征的现代园林景观？在几经沉浮之后，中国风景园林师依然任重道远，本书的撰写就是在这样的背景下展开的。

熊瑶

2022 年 5 月

目 录

第一章

绪　论

一、中国传统园林的传承与发展

博大精深的中华文化是中华民族的"根"与"魂"。为我们始终屹立于世界民族之林提供了强大的精神支撑和丰厚的文化滋养。习近平总书记强调，没有中华文化繁荣兴盛，就没有中华民族伟大复兴。党的十九届五中全会《中共中央关于制定国民经济和社会发展第十四个五年规划和二〇三五年远景目标的建议》也提出："传承弘扬中华优秀传统文化"。中华优秀传统文化蕴含着丰富的哲学思想、人文精神与审美情趣，例如革故鼎新、道法自然、天人合一等，对于推进社会主义文化强国建设、提高国家文化软实力具有重要意义。

然而，任何文化都要经受时间的洗礼，并随时代的变迁与社会的发展而不断更新与扬弃。中国传统园林文化在当代"国际化""全球化"的背景下，经受着比以往任何时候都要严峻的考验。在如何传承与弘扬传统文化的问题上，我国著名学者费孝通（1910—2005）先生倡导一种文化自觉的主张，其基本含义是人们应对自己生活其间的文化有深刻的了解，不仅要知道它的来历、形成的过程、所具有的特色及发展的趋向，而且还要在文化自信的基础上对自己文化的来源、得失做出清醒地反思 [2]。因此，深入研究中国传统园林的造园思想和造园技艺，对中国现代风景园林的发展，形成具有中国特色的风景园林风格，无疑有着巨大的启示意义。对此，以下两方面的要求显得迫在眉睫。

其一是要确立正确的研究态度。由于社会的发展和环境的变迁，使得中国传统园林与现代人对生活环境的要求有着巨大的时空落差。因此，对中国传统园林的研究，采取全盘否定或照搬形式的态度都是不可取的，必须本着"古为今用"的原则，以现代社会的要求为标准，力求取其精华、去其糟粕。

首先，在肯定中国传统园林宝贵价值和艺术成就的同时，我们需要承认它的历史局限性，它受中国数千年封建社会意识形态、政治经济、社会文化等各种因素的影响，在空间、尺度、内容和形式上都与现代风景园林大众性、公共性、开放性的社会属性相距甚远。

其次，许多对待中国传统园林急功近利的态度和做法，不仅阻碍了中国传统园林的传承，而且制约了中国现代风景园林的发展。中国传统园林经历了近两个世纪的发展停滞期后，无法完全适应现代社会的要求，因此绝不能简单地延续设计手法，必须摆脱传统园林的外在形式束缚，挖掘传统园林的内核，从外在形式转向内在本质，在传统与现代之间建立"内在"的联系。只有从本质上加深人们对中国传统园林的认识，才能够消除中国传统园林与现代社会之间的隔阂。中国传统园林的发扬光大，必然在于传统园林艺术与现代生活环境的真正融合 [3]。

其二是要基于传统，重新创造。美国著名建筑师培根（Edmund N. Bacon,

1910—2005）在《城市设计》（*Design of Cities*，1976）一书中写到道："每一代人都必须为上一代传下来的老的信条重新下定义，也必须从当代角度重新系统地阐述旧的概念。"

20世纪以来，西方现代园林在"基于传统，重新创造"思想指导下，产生了一大批富有"原创性"和国际影响力的作品。法国著名风景园林师阿兰·普罗沃斯特（Alain Provost，1938—）在《创造的风景》（*Paysages Inventes*，2005）一书的随笔中写道："现代性在于对传统的重新创造。因为几何形来自法国乡村，又因为古典主义在于和谐、明晰、均衡、重复和平静，还因为全球一体化触及园林艺术，因此最现代、最简捷、最永恒的方法除时代之外还是基于我们的文化。既然认为对称并非'产生于懒惰和自负'，就必须努力重新创造、重新阐释这一传统……然而让我们感到遗憾的是，现在没有一个英国风景园林师借鉴英中式园林重新创造英国园林。在令人兴奋不已的中国，情形亦是如此。"

我们不必去质疑阿兰·普罗沃斯特对中国现代风景园林师的批评是否客观公正，但是他对于现代与传统的观点还是值得我们借鉴的。"基于传统，重新创造"就必须以"现代"的视角和分析手法出发，重新审视中国传统园林，对传统园林的理念和理法进行深入的研究和系统的梳理，结合现代风景园林在审美、功能、形式等方面的诉求，进而阐释中国传统园林造园思想和设计手法的现代意义。同时借助时代精神、经济发展、科技进步及艺术创新使中国传统园林真正融入现代生活环境。

在日本和西方各国都开始转向从自身的传统园林文化中汲取营养的同时，中国现代园林的发展也不能再满足于追随西方的脚步。作为现代园林师，我们有责任，也有义务赋予中国园林这个承载了中华民族丰厚的文化积淀的传统艺术以新的时代含义。

基于此，本书主要从以下三个部分去探寻对中国传统园林文化的传承。一是理论研究，首先从自然条件的差异、文化发展的脉络以及语言文字的差别，从三个方面剖析中西方思维方式的差异，由此得出思维方式对中国传统园林艺术的影响；其次确立基于中国传统思维方式的优势，并借鉴西方人的思维方式和分析手法，重新审视中国传统园林的研究方法；最后通过梳理和整合前辈学者关于中国传统园林的研究，从发展历程、历史功绩、衰落根源三个方面回顾中国传统园林的基本概况。二是基于时代背景方面，探究现代风景园林的行业本质、行业作用和时代特征。三是分类分析与对比研究方面。从现代风景园林的设计步骤和设计方法出发，即场地分析、设计思想、设计原型、设计要素、空间布局和设计意图，以此为主线，并置传统园林与现代园林、中国园林与西方园林进行对比研究，剖析中国传统园林的特点，进而获取对现代园林设计的启示作用。

二、中国传统园林的范畴

中国传统园林是指世界园林发展第二个阶段（奴隶社会和封建社会）上的中国园林体系。它在中国的农耕经济、集权政治、封建文化的培育下成长，比起同一阶段的其他园林体系，历史最久、持续时间最长、分布范围最广，这是一个博大精深而又源远流长的风景园林体系。历经三千年漫长的、不间断的发展，形成了以人工山水园和天然山水园为主的山水园林形式。就园林的隶属关系而言，中国传统园林可以归纳为皇家园林、私家园林、寺观园林三种主要类型。在这三大类型之中，皇家园林与私家园林乃是最为成熟也是最具个性的两个类型，可以说这两个类型作为园林的精华荟萃，无论是在造园思想和造园技术方面，均足以代表中国传统园林的辉煌成就。尤其到了后期，北方的皇家园林和江南的私家园林分别发展成为南、北并峙的两个高峰[4]。而在江南私家造园活动中，文人园林作为一股巨大的潮流占据着主导地位，同时还影响皇家园林和寺观园林，其简远、疏朗、雅致、天然的特点为中国传统园林艺术着上了极为显亮的一笔。本书所谈及的中国传统园林主要是以北方皇家园林和江南私家园林中的文人园林为代表的中国山水园林。

三、史学研究中的现代与现代性

在讨论诸多有关"现代"的问题时，"现代"一词的多重含义经常困扰着我们，对于"现代"的认识史学界有着不同的见解。

（一）现代

从语义上说"现代"是一个时间或历史概念，具有明显的历史分期意义；从社会学角度说，它是与传统相对而言的；从艺术学角度看，它又是与古典相对的；从哲学—社会学角度看，它意味着"现代性"[5]。

"现代（modernus）"概念的拉丁文，源于其词根"modo"，意思就指"当前的""最近的"。与"现代"概念相对的概念是"古代"或"传统"。有学者指出，现代有广义和狭义两种含义。

广义的"现代"指的是被用来当作"目前""现在""今天"的代名词，泛指人们正在经历的任何一个当前的时间阶段，具有一种相对的意味。它并不指称人类历史演变过程中的某个特定时间区域。这种用法，意味着"现代"具有更新、更优越、更进步的内涵。

狭义的"现代"则特指人类历史演变过程中一个特定的历史时期，是一个与"传统"社会相对应的一个新的历史阶段。在西方历史中，通常指的是文艺复兴以来，特别是启蒙运动以来的历史。因而这个词不仅包含着比"古代"（或传统时期）更新、更进步、更优越的意思[6]，而且把整个人类历史划分为"古代"（或现代人所说的"传统"）和"现代"两个时期①，从而意味着整个人类历史是不断发展的进化的过程。本书所使用的"现代"一词是指后者。

（二）现代性

英国当代文化研究之父斯图亚特·霍尔（Stuart Hall，1932—2014）说：

---

① 中国史学界通常将历史阶段划分为古代、近代、现代，即将从19世纪中叶鸦片战争爆发直至20世纪中叶中华人民共和国成立的时期称为近代，此前为古代，此后则为现代。而英文中没有近代、现代之分。

"我们用'现代'这个概念所表达的意思，是导向某些独特性或社会特征出现的过程，正是这些特征合在一起，为我们提供了'现代性'的定义……现代社会的特征或特性。"[7]总的说来，可以从以下几个方面勾勒现代社会的主要特征。

（1）经济上

由农业社会向工业社会、信息社会转变，是工业和服务业占据绝对优势的社会；而传统社会则是第一产业占据绝对优势的社会。

（2）政治上

由专制制度、半民主制度向民主制度转变，其本质是民主化；以民族国家代替宗教和种族控制。

（3）社会结构上

现代社会是高度分化的社会，各组织之间的专业化程度和相互依赖程度很高，社会流动率高，人口大规模集中于城市；传统社会则是低度分化的社会，组织间的专业化程度和相互依赖程度低，社会流动率低，人口主要分散在乡村[5]。

（4）文化艺术上

西方现代文化艺术不同于传统文化艺术的本质精神在于"创造性"和"多元性"。西方现代文化艺术经历一个多世纪的发展，通过对"传统"的挑战和对"创新"的探索，不断向更深的层次和更广的范围拓展。从顺应现代工业社会发展和反映时代特征的内在要求出发，西方文化艺术开始从传统的"模仿"转为现代的"创造"。同时不断挑战传统、挑战自我的创新活动，使西方现代文化艺术几乎消除了所有先验的、本体论的命题，从观念、内容和外在表现上都呈现出空前的"多元性"。

（三）现代性与传统

现代性不等于反传统性。美国人类学家克罗孔（Clyde Kluckhohn，1905—1960）曾说："所有人类的社会，从最原始的到最进步的，构成一连续体"。现代应是传统的延续、发展和创新，因此现代性中必然有传统思想精神的延续。西方现代性的主导理念——人道主义、理性主义、主体主义、个人主义的雏形就存在于古希腊罗马哲学和基督教之中[8]。古希腊、古罗马哲学促成了现代西方的科学主义和理性主义思维方式。文艺复兴、启蒙运动虽然结束了基督教的统治地位，但平等、博爱的思想被传承下来。因此，任何一个国家的现代性构建都必须保留其文化中的优秀传统，否则将会迷失在现代社会的全球化浪潮中。

（四）现代性与西化

现代性不等于西化。现代性是西方工业文明的产物，因此现代性在一定意义上是西方现代性。

首先，西方国家在世界率先进行工业革命，并经过一百多年的持续高速度发展，其现代化建设已经取得了成功，其宝贵经验对于后发的、正在进行现代化建设的国家来说，无疑是以资借鉴的财富，并且随着全球化趋势的迅猛发展，这种接触、交流、借鉴是不可避免的，也是必要的。

其次，尽管地理环境、社会制度、文化传统、意识形态不尽相同，但是在由农业社会向工业社会、信息社会转变的过程中，经济发展、科学研究、人们的生活方式上都必然有其共同性。在这些方面，西方走在了世界的前面，因此现代性在很大程度上是西方模式的现代性。

然而，西方现代性是西方政治、经济、文化一系列因素在这一特定时代背景中相互激荡、不断演变的结果，因此这种西方模式是任何其他民族国家所无法完全模仿的。虽然作为现代强势文化，西方的各种模式都在向其他国家渗透，但我们也应看到整个世界还存在着诸多各异的民族文化传统，因此在现代性日益成为全球化的时代又必然表现为多样性、多元性。

四、风景园林行业中的现代与现代性

史学研究中将现代的起点定位于17～18世纪启蒙运动，而从风景园林行业发展历史角度看，"现代"的起点应界定为19世纪末、20世纪初更为合适。

18世纪启蒙运动后，欧洲仍然风行着传统的英国自然风景式造园以及英中式园林。19世纪欧洲爆发的工业革命，使人类社会从手工业时代进入工业时代，城市化迅速发展。工业革命带来了技术、社会和文化方面的巨大变化，同时也在短短一百多年的时间中极大地改变了城市的生态环境。这一时期欧美等大城市迅速膨胀，城市空气和水体的污染非常严重，加上交通拥堵，噪声污染，卫生条件日趋恶劣，这些严重制约了城市的发展。于是应对城市环境的恶化，改善人们的生存空间在客观上促进了现代风景园林学的诞生。

随后在19世纪末、20世纪初，西方世界发生了一场深刻的变革——"现代主义运动"（modern movement）。这一运动涉及艺术的各个领域，它以工业化思想为基础，反映了工业社会人们对新的生活方式和审美标准的追求。人们把经历了"现代主义运动"之后的崭新的艺术称为现代绘画、现代雕塑、现代建筑[9]……美国历史学家大卫·汤普森（David Thompson，1941—）曾经说："园林设计和精髓表现在对同时期艺术、哲学和美学的理解。"

正是在生态环境日益恶化的社会背景和"现代主义运动"的思潮影响下，与以往任何一个时代的园林样式在内容和形式上都有着极大变化的"现代风景园林"诞生了。作为史学研究中"现代"观念的子集，现代风景园林也将体现出现代性的方方面面，它同样不是与传统园林的割裂，而是延续与发展；也不是西方现代园林的同义词，每一个民族国家都应该根据自身的地域文化特征构建属于自己的现代风景园林。

现代风景园林本身的现代性表现在内涵和外延两方面。内涵方面，国际风景园林师联合会（International Federation of Landscape Architects，简称IFLA）做出了精准的阐述："鉴于世界各国人民的长远健康、幸福和欢乐，是要建立在人们与他们的生存环境和谐共处和明智地利用资源的基础之上的。又由于那些增长的人口，加之迅速发展的科学技术能力，导致了人们在社会上、经济上和物质上对资源需求的不断增长！又由于为了满足那些对资源不断增长的需求而不致恶化环境和浪费资源，这就要有一种与自然系统，自然界的演化进程和人类社会发展的关系相密切联系的专门知识、专门技能和专门经验。这些专门的合格的知识、技能和经验，我们已在风景园林这个专业的实践工作中找到了。"[10]

随着时代环境的不断变化，现代风景园林外延也在不断延伸，其设计领域包括区域规划、城市规划、道路规划、国家公园和风景区规划、建筑室外环境设计、城市公园、城市广场、企业园区景观、城市滨水区景观和水系整治、郊野公园、工业废弃地迹地复兴、古典园林修复等。

五、前辈学者的有关研究

前辈学者艰难地考证考据，为中国传统园林的研究积累了累累硕果。在园林历史与理论的研究中，有刘敦桢的《重修圆明园史料》、汪菊渊的《中国古代园林史纲要》及《中国古代园林史》、张家骥的《中国造园史》及《中国造园论》、周维权的《中国古典园林史》以及陈植的《造园学概论》《园冶注释》《长物志校释》《中国造园史》等极具史学价值的著作，备受中外学者推崇。汪菊渊先生的《中国古代园林史纲要》对中国园林的最初形式进行了深入的研究，并系统地阐述了中国古代园林的发展历程。张家骥先生的《中国造园史》论述了秦汉时代至明清时代的造园历史以及中国传统造园艺术的特点。周维权先生的《中国古典园林史》按照时间顺序和中国传统园林在不同时期的发展概况，将其分为生成期、转折期、全盛期和成熟期四大段落，并详细介绍了每一时期的社会历史背景和园林的典型特征。

在园林测绘与实例研究方面，先后有童寯的《江南园林志》、刘敦桢的《苏州古典园林》、陈从周的《扬州园林》、清华大学建筑学院的《颐和园》《圆明园研究》以及北京林业大学孟兆祯的《避暑山庄园林艺术》、潘谷西的《江南理景艺术》、杨鸿勋的《江南园林论》等专著问世。其中童寯先生的《江南园林志》通过对传统园林进行测绘、摄影以及考证文献资料，详细介绍了当时遗存的苏、沪、杭、宁一带60多座古典园林，并附有大量照片和平面实测，为后世学者研究中国传统园林提供了很大帮助。而后刘敦桢先生的《苏州古典园林》开始系统地从园林的总体布局、理水、叠山、建筑、花木等几个方面，建立了对园林理论与造园技法的研究构架。孟兆祯先生的《避暑山庄园林论》从依存的地形、现状残存基址，古文献的记述中对山庄的数座庭园进行了恢复设计研究。潘谷西先生的《江南理景艺术》从庭景、园林、风景点和风景名胜区四个层次以一个建筑师的视角探讨了理景艺术。杨鸿勋先生的《江南园林论》，对于江南庭园空间构成原理、景物对比、借景以及其他具体项目作了详尽的分析。

此外，还有从设计手法和美学角度进行研究的，例如李允鉌的《华夏意匠：中国古典建筑设计原理分析》、彭一刚的《中国古典园林分析》、金学智的《中国园林美学》等。彭一刚先生的《中国古典园林分析》以大量的篇幅分析了中国传统造园艺术的技巧和手法，是较早研究中国传统园林设计方法论的专著。金学智先生的《中国园林美学》主要从美学的角度分析园林美，包括园林建筑美，并以实例来进行论证说明。

总而言之，当代学者的研究视角大多是采取文史考证结合实测的方式，力求揭示传统园林的历史风貌，着重于对中国传统园林的历史发展脉络、造园要素、造园手法以及现存实例的研究。这些研究视角对于传统园林的保护和修缮，并为后继者学习中国传统园林文化、历史以及解读园林遗址提供了丰富的文献资料。但我们也不乏看到，这些宝贵的研究成果被一些急功近利的设计师打着复兴国粹的口号将亭廊台榭、假山石、弯园路等传统造园要素和形式生硬地搬到现代园林中，影响了园林空间的整体性与和谐感，造成了理论研究与设计实践的脱节。因此本书的基本观点就是从现代出发去审视传统，以一个现代风景园林师的个性化眼光重新认识传统，并赋予传统以新的含义。

第二章

从思维方式到园林艺术

近年来，随着弘扬民族传统文化的呼声越来越高，在学界和业界对于中国传统园林传承与发展的研究和实践也越来越多。"中国特色""新古典主义""后现代"等口号、概念受到热捧和炒作。笔者认为热潮背后，研究和实践丢失了一些本质要素，导致人们对待中国传统园林的传承与发展的认识陷入一定的误区，主要体现在以下三个方面。

一是对传统园林的解读偏于要素和技法，而疏于理论和理法，造成理解流于表象和形式。二是对现代风景园林的本质把握有所偏失。大多数当代执业人员对现代风景园林的理解仅限于现代材料、现代技术和现代构图，因而将关注的重点转向西方园林的外在形式，将西方园林中的大轴线、规则式种植、几何化的地形塑造、高技派的景观小品等照搬照抄到场地中，造成了空间的混乱和场地特征的丧失。三是研究方法和视角的局限性。现在对于中国传统园林或现代风景园林的论文著述数量众多，但是研究视角和研究结果却较为雷同，例如研究传统园林大多从文史和绘画的角度出发着重对其"诗情画意"和造园要素的研究，而缺少对造园思想现代意义的探索。对于现代风景园林，则以介绍西方实例为主，欠缺对行业本质和发展趋势的剖析。

种种误区的根源在于没有厘清特定历史背景和地域文化下，园林艺术的本质特征及其形成的根源所在；同时缺乏运用符合现时代特征的科学的、理性的思维路径去研究问题。因此，我们或许可以首先从人们认识自身和客观世界的思维方式切入，就中西方思维方式的差异剖析两种艺术文化体系、学术理论体系差异的根本原因所在，为从本质上解读中国传统园林和现代风景园林奠定基础；并变更中国传统思维方式，借鉴西方思维方式之长处，运用科学的分析方法和创新的思维方式，详细探究中国传统园林的现代意义。

中国传统思维方式作为一种社会文化，在人们思维深处积淀，从而构成民族文化的基因，决定了中国文化的特有风貌。它体现于民族文化的所有领域，包括物质文化、制度文化、精神文化等，尤其是哲学、科技、文学、艺术、政治、宗教以及生产和日常生活实践之中。中国科技史专家李约瑟（Joseph Needham，1900—1995）曾评价中国的传统科学发展史："在公元3世纪到公元13世纪之间，保持着一个西方所望尘莫及的科学知识水平。"然而为什么中国在古代能够创造出独树一帜的文化艺术，科技发展也处于世界领先地位；而进入近现代以后却发展缓慢，以致出现停滞，不仅在文化艺术上处于弱势地位，并且科技也远远落后于西方呢？这是研究中国传统园林在造园思想根源上的一个不容回避的关键性问题。

原因当然是多方面的，但是中西不同的思维方式在不同的历史阶段所拥有的不同优势无疑是一个重要因素。所谓思维方式，是指一个民族或者一个区域在长期的历史发展中以一定的文化背景、知识结构、习惯和方法为基础所形成的思维活动的形式，是相对定型化了的，显现出来的社会理性活动的具体结构，是社会智力、智慧和智能水平的整体凝聚，它决定着人们"看待问题"的方式和方法，决定着人们的社会实践和一切文化活动[11]。它是定型化了的思维形式、思维方法和思维程序的综合与统一，是民族文化中最深层次的一部分。可以说，人类文明、人类进步、人类的一切辉煌创造成果，当然也包括园林艺术，都与思维方式有着密不可分的关系。

一、思维方式形成的根源

中西方思维方式因其自身的自然地理环境、哲学体系和语言文字的不同具有不同的风格以及鲜明的民族特征。

（一）自然地理环境

美国文化心理学家理查德·尼斯比特（Richard E. Nisbett，1941—）提出的"思维地缘学"认为人类的认知并不是处处相同的，东西方的思维特性和西方人的思维特性截然不同。

中国所处的地理环境一面临海，三面陆地，形成了一种与外部世界半隔绝的状态，在这种半封闭的大陆性地理环境中，封建自给自足的小农经济长期占据着统治地位。从古至今，中国一直是个农业大国，中华文明的发源地——黄河流域气候温和、土地肥沃，非常有利于农业的发展，人们过着一种平安稳定的"日出而作，日落而息"的农耕生活。农业生产的丰歉对自然条件有很大的依赖性，因此这种自给自足的自然经济使人们关注与自然关系的相对和谐，感性思维一直处于主导地位，根本不需要，并且也不可能产生更为复杂的理性和抽象的思维能力。同时稳定的农业生产方式和内陆环境的内在要求，形成了伦理至上、重群体轻个体的文化价值取向和追求中庸和谐的文化精神。

而西方文明起源于古希腊海岛的城邦民主制度和平民商业经济之中。希腊地处一个岛屿、半岛屿的地理环境，自然条件较为恶劣，人与自然的矛盾比较突出。人们为了生存不得不面对自然，向外拓展，导致了古希腊民族一开始就把目光投向了人以外的自然，去研究自然、改造自然、探索自然的本性。同时开放性、海洋型地理环境和手工业、商业、航海业的发展，引起了希腊人对天文、气象、几何、物理和数学的浓厚兴趣，从而在思维上讲求实证、注重思辨、重视定量，逐渐形成了西方人精确的、理性的思维方式。

（二）哲学思想

中西方哲学体系的分野，突出地反映在思维方式的差异上。中国哲学家往往通过直观体验，模糊主客观界限，力求达到"天人合一""否定物我"的境界；西方哲学家则不然，讲求实证和思辨是西方哲学在认识论上区别于中国哲学的一大特点，明确区分主客、物我，以求达到对自然本体的认识。

在关于世界本源的认识问题上，中国古代哲学经典之一《周易》最早提出了整体论的初步图式，把一切自然现象统统纳入由阴、阳两爻组成的六十四卦系统中。而后的《易传》进一步提出"易有太极，是生两仪，两仪生四象，四象生八卦"的整体观，以"生生之谓易""天地之大德曰生"的有机思想为其核心，形成了有机整体论。后来又产生了阴阳五行学说，把构成世界万物的元素归结为金、木、水、火、土五种。无论是八卦还是五行，都强调世界及其中的事物都是一个有机整体，八卦之间相互连接，五行之间相生相克。

这一有机整体论表现为一种综合，又因其强调有机即不可割裂，故综合只能是一种笼统的综合。一方面，这种整体论将整个外在自然世界看作一个整体，而且认为整个人类社会，包括人自身与自然界也是一个彼此可以相互贯通的有机整体；另一方面，把认识的主客体包融在一起，泯除了主客观界限。

由此，在中国长达几千年的封建社会里，以儒家为代表的先哲对世界的认识主要是将社会、人、自然界看作一个有机的整体，对自然界的关注不是出于对自然奥秘的好奇，而是出于对现实社会政治和伦理道德的思考。他们关注不同于西方自然哲学、科学哲学的人生哲学、伦理哲学和政治哲学。先哲们探索自然只是为解释社会政治问题提供例证，因而从自然现象寻求相应的启示，正所谓"究天人之际，通古今之变"。这一哲学思想深深地影响和渗透在中国古代社会生活的方方面面，并经历代哲人和思想家们的阐释、补缀和完善，通过潜移默化的形式沉积在人们的思想深处，从而影响着中国传统思维方式的形成。具体而言，中国传统的自然观主张"天人合一"，要求顺应自然，体认天道，以天道为人道。"天道远，人道迩，非所及也，何以知之？"（《左传·昭公十八年》）。天道是不可及也不可知的，对自然的这种态度，产生了中国古代特有的一种审美与道德的价值取向，却无法激起人们对自然现象奥秘、构造和本质的探索。

同时，主客一体的有机整体论和"天人合一"的自然观使中国传统文化在认识论上特别强调"心"的作用，认为认识应当"直指人心"、潜心体悟。孟子曰"尽其心者，知其性也；知其性，则知天矣"，即要求人们通过内心反省，"尽心""知性"以达"知天"。这样的认识活动，自然不需要逻辑，更不需要抽象思维能力，追求的是在主观精神的范围内达到"天人合一"。道家学派则更是否定了物我的区别，力求达到"天地与我并生，万物与我为一"的否定物我、主客一体的境界。这些哲学家们都是从主观精神出发，以主观精神的满足取代了对客观世界的探求。先秦以后，中国哲学家通过直觉、主体体验去认识世界则更为明显。同时，这时期的哲学发展趋势，已经从先期的以人为中心的"天人合一"进一步明确地体现为"万物之一原"的思想。例如佛教华严宗讲求"一多相摄"，朱熹（1130—1200）追求"理一分殊"，这些都认为纷繁复杂的物质世界有着内在整体的统一性。所有这些，都促成了强调内心体验、"直觉""顿悟"的思维方式。

在早期对待世界本源的看法之中，中西方哲学家有着共通之处，他们都将本源视为某些物质运动形态，但又有着根本的区别。有古希腊"哲学之父"之称的自然哲学家泰勒斯（Thales，约公元前624—公元前547或公元前546）从客体"自然"本身去解释自然现象，提出了水成说宇宙发生论，认为水是万物的始基，一切生于水还于水。后来许多古希腊哲学家都沿着这个思路发展，例如赫拉克利特（Herakleitus，约公元前 544—公元前 483）认为"世界是一团永恒燃烧的活火"，毕达哥拉斯（Pythagoras，约公元前 580—约公元前 500 或公元前 490）认为万物皆数；德谟克利特（Democritus，约公元前 460—公元前 370）用"原子"来解释自然和宇宙等。虽然古希腊哲学中也有被中国哲学视为本源的东西，如水、火，但根本区别在于古希腊哲学家倾向于将本源归结为其中之一，即将对象视为一个独立的个体，或由同一类个体单元组成。这种单元个体论倾向于将对象割裂开来，找出最基本的个体单元，万事万物都是由这种基本个体单元一层层堆砌而来的。

古希腊哲学家亚里士多德（Aristotle，公元前 384—公元前 322）认为"求知是人类的本性""哲理的探索起源于对自然万物的惊异"。哲学家崇理性，尚思辨，以认知自然为核心，探索自然，最终征服自然。智者们追究宇宙起源，探索万物本质，分析自然构造，寻求物质元素 [12]。因而西方哲学的主体是自然哲学、科学哲学，注重对宇宙、自然的探索和认识。西方哲学家探索哲理"为摆脱愚蠢"，而非为人治，他们并不把政治、伦理与哲学混为一体，而是将哲学与科学紧密相连。不难发现身兼自然科学家的哲学家在西方自古以来比比皆是，但在中国却很罕见。这种哲学思想也促进了西方人实证、分析、理性的思维方式。

在西方，柏拉图（Plato，约公元前 427—公元前 347）首先提出了"主客二分"的思想。而后的巴门尼德（Parmenides of Elea，约公元前 515—前 5 世纪中叶以后）则把研究的重点放在了人的主体方面。他把世界分为两部分：客观世界和人的主体。他认为主体有两种认识能力：感性和理性，但他认为感性认识不能把握真理，要达到真理，唯一的道路是理性认识，即逻辑思维。他用感性和理性把主体对立起来，进而又用现象与本质把客体对立起来，开启了西方思维主客对立的萌芽 [13]，而后成为西方思维方式的根本特征。16 世纪，笛卡儿（René Descartes，1596—1650）开创的西方近代哲学明确把主体与客体对立起来，以"主客二分"作为哲学的主导原则，使之成为认识论的一个基本模式。

（三）语言文字

文字对思维有着不可低估的影响作用。虽然文字与思维本身并没有直接关系，只是思维结果的图形化或符号化，但是文字的特点会影响语言，而语言与思维有着密切的联系，它是人类最重要的交际、思维和传递信息的工具。黑格尔（Georg Wilhelm Friedrich Hegel，1770—1831）说："思维形式首先表现和记载在人们的语言里。"人们的思维是借助于语言来实现的，因此不同民族文化的语言文字符号必定会影响思维方式，造成思维方式的差异。

汉字是世界上迄今为止连续使用时间最长，也是上古时期各大文字体系中唯一传承至今的文字，确切的历史可以追溯到三千多年前商朝的甲骨文。汉字在形体上由最初的图形逐渐转变为由笔画构成的方块形符号，俗称"方块字"。这是一种象形文字，能够表音、表形和表意，是对空间中显示的事物的模拟与掌握，是以字的形象决定字义，具有艺术性、不确定性、情感性和形象性的特点（图 2-1）。文字是记录语言的符号系统。文字对语言的作用在于巩固音义

战国文字   篆文   隶书   楷书   简体

图 2-1 汉字"园"的演变

关系，最科学、最便捷的交流方式是语音交流。汉字的字形代替语音与字义紧密结合，从而极大地削弱了语音在交流中的主导地位和作用，使人们的思想交流、信息传递等思维活动对语音的依赖性很低，因此需要人们投入更多的精力去参悟和思考形义关系，提升了知识传递的难度。但形义结合的特点便于后人释读古汉字，有利于人类原始经验的延续。研究证明，原始人具有超乎寻常的直觉能力和经验积累，是后人极其宝贵的财富[3]。

由于汉字的形义紧密结合，使其从一开始就能独立于语言，通过书面形式进行交流。因此，古人大多忽视语言的重要性，认为思想的最高境界是无法用语言来表达的。如老子在道德经中说到"道可道，非常道；名可名，非常名"；朱子曰："道者文之根本，文者道之枝叶"；古人常说"只可意会，不可言传"。再加之中国哲学史上的三大流派儒、道、佛都强调内心的反省、体验与觉悟，导致中国学术史上出现一系列"玄而又玄"的概念，如阴阳、风水、气数、神韵等。长期忽视语言研究，制约了中国人的语言思维能力，而这种音、形、意相结合的文字又为形象思维的发展提供了便利。

形象思维是用直观形象和表象解决问题的思维，也称"艺术思维"，也就是艺术家在创作过程中始终伴随着形象、情感以及联想和想象，通过事物的个别特征去把握一般规律从而创作出艺术美的思维方式。其特点是通过直观或直觉去把握事物，具有整体性和模糊性。

西方文字属于拼音文字，是纯粹的音义文字，最重要的是直接的语言交流。即使没有文字，通过语言交流，人们也能够快速、准确地理解对方的意图，有利于文明的传承；但不利于后世学者理解、破译古代文字，在一定程度上割裂了人们与人类原始经验的联系。拼音文字既不表形，也不表意，这就完全割裂了语言与形象的直接联系，是一种纯粹的记录语言的符号，具有确定性、逻辑性、系统构造性的特点，富于理性，而缺乏情感。因此西方文字与精确认识、理性思考、抽象逻辑、形而上学有天然的亲和力。它频繁地、广泛地刺激人们的大脑，逐渐养成西方人长于语言思维的特点。

语言思维是抽象思维形式，是人们在认识活动中运用概念、判断、推理等思维形式，对客观现实进行间接的、概括的反映过程，属于理性认识阶段。抽象思维凭借科学的抽象概念对事物的本质和客观世界的发展进行反映，使人们通过认知活动获得远远超出靠感觉器官直接感知的经验和知识。它以严密性和思辨性见长，反映在西方学术史上便是相当明确的概念，而非玄奥的词汇。此外，语言思维的工具是语言，便于具体事物具体分析，因而具有精确性和分析性，易于抽取出事物的本质属性。

二、中西方思维方式的差异

（一）整体性与分析性

中国传统思维强调整体性，重在综合；西方传统思维则更关注单元个体，注重分析。整体性思维讲究从系统着眼，直接对众多的认识对象加以全面的综合。中国的地理环境和长期以来封建社会的小农经济，使人们的生产生活和自然密切相关，大至国家安定小至家庭温饱，一切都离不开自然的恩赐。风调雨顺则国泰民安，多灾多难则民不聊生。因此古人从天地交合和日月交替等自然现象中悟出"万物一体""天人合一"，认为世间万事万物都被纳入一个有机的整体之中。这种有机整体的思想从战国时期惠施的"泛爱万物，天地一体"，到庄子的"天地与我并生，万物与我为一"，再到宋明理学的"人人有一太极，物物有一太极"，经过上千年的发展，已经成为中国传统思维方式的一大特征。整体性思维把人与自然、个体与社会看作是一个不可分割、互相影响、互相对应的有机整体，在这个整体结构中，天人合一，身心合一，形神合一，精神与物质、主体与客体合一。孔子更是将自然人化，把客体自然化为主体人心，使主客互渗，提出了"知者乐水，仁者乐山"的著名美学命题，正可谓天人同体同德，万物有情有义。

有机整体的思维模式也体现在中国传统文化的方方面面。如在哲学上，心学大家王守仁（1472—1529）提出"知行合一"，强调认知与行为的一致。文学艺术上古人追求"寓情于景、情景交融""物我两忘"的诗意境界，将主体情感与描写客体融合为一。整体性思维注重整体的关联性，而非把整体分解为部分加以逐一分析研究；注重用辩证的方法去认识多样性的和谐和对立面的统一。李约瑟指出，"当希腊人和印度人很早就仔细地考虑形式逻辑的时候，中国人则一直倾向于发展辩证逻辑[14]。"中国古人从直观经验中发现了任何现象都是一一对立的，任何事物或现象都包含着两个相对立或对应的方面。对立面相互斗争的结果，不是使事物产生从旧质到新质，而是和解到旧的统一体之中。简言之，就是以统一和谐为本，来把握差异与矛盾，最终求得整体的动态平衡，从而在视觉上产生美感，在心理上得到满足。孔子提倡的价值观注重适中与适度，反对过分或不足，求公允，忌偏激，这种以"和谐"为最高价值原则的中庸之道在中国传统文化中被视为最高道德。

在西方，传统分析性思维明确区分主体与客体、人与自然、精神与物质、思维与存在、现象与本质，并把两者分离、对立起来，把统一的世界区分为具体的不同层次，分门别类地加以深入的理性分析，注重从事物的本质来把握现象。分析性思维是把整体分解为部分，把复杂的现象和事物分解为具体的细节或简单的要素，在将整体割裂之后，把个体抽取出来，然后逐一深入考察各部分、各细节、各要素在整体中的性质、功能和彼此间的联系。但这种方式具有孤立、静止、片面的局限性，因此现代西方的思维方式也开始表现出了综合性，即以完整而非孤立、变化而非静止、全面而非片面的矛盾、对立、统一的辩证观点去分析复杂的世界。

反映在社会学中，西方的分析性思维以个体为基点，强调充分发挥个体潜能，认为个体的需求和欲望及其满足程度是推动社会前进的动力，每个人的认知构成了社会的整体认知，这种思维方式，直接影响到个体的创造活动和创新精神的发育。而由于强调整体性，中国传统思维方式中缺乏创新的初始推动力，容易忽视个体的独立性、创造性，从而抑制人们的创新意识和创新能力。

（二）模糊性与精确性

长期擅长形象思维赋予中国传统思维方式最鲜明的特征就是模糊性，这与西方传统思维追求精确性有着明显区别。中国古人很善于整体、综合地把握事物的总体特征，描述事物重在"神似"，不求其真、其实，往往带有朦胧、粗略、笼统甚至是猜测的成分。中国人对事物的认识也极少像西方那样先对其进行严格限定，明确其内涵和外延，然后再分析、判断、推理，得出结论。在汉语中，许多概念和范畴往往缺乏周密的界定，是多相的，其确切含义只能通过具体语境和前后文来把握。这在古代著作中论述抽象问题时尤为突出，例如，"仁"是孔子思想的核心，在《论语》一书中，"仁"字出现了一百多次，但孔子从来没有对"仁"的含义做过任何明确的解释与界定。不同场合，不同时间，针对不同主体对象，孔子所阐述的"仁"的含义几乎完全不同。而今天，我们也只能通过其上下文的内容，来大致推断"仁"的基本内涵，或者相对自由地赋予其新的含义，这就不利于思想的传承。又如，中国哲学讲求实用，重了悟而轻论证，出现诸如"道""气""神""理"等关键概念都缺乏精确界定，其内涵与外延的伸缩性和多义性很大，显得深奥而模糊不清。同时在大量的文学作品中，文人们更多的是追求一种含蓄的意境美，例如陶渊明的"采菊东篱下，悠然见南山"表现出怡然自得的艺术境界，体现出超逸的"含蓄美"。但是"含蓄"往往与"模棱两可"仅一步之遥，运用不当或不经过一番领会，难以把握其奥妙之处。

精确性是西方思维方式的一大特征。抽象思维使得西方的概念和范畴往往是单相的，有周密的界定，其内涵与外延都非常的明确，通常需用严格的定义引入。因此西方古代哲人、学者的观点后世理解起来则不那么费解，一定程度上也有利于思想的传承。在艺术上，自古希腊人开始便注重雕塑这种三维艺术，他们分析人体和事物的每一处细微结构、形体比例，注重模仿、写实、力求忠实于客体对象的原貌。科学技术上，自古西方便注重探索自然奥秘，强调思维活动的严格性、明晰性和确定性。西方近代实验科学注重对事物分门别类、分析解剖，重视定量分析和精确计算，因而促使数学、天文、生物、化学和物理等学科的确立与发展。

然而，现代西方人的思维方式中也逐渐产生了模糊性，他们发现并非所有的现象都有精确的结论，未知世界中存在许多模糊的现象和事实，由此便出现了模糊数学、模糊逻辑、模糊语言等学科。与中国传统思维不同的是，现代思维的模糊性建立在对外部世界精确把握的基础之上，同时又客观地反映了外部世界的某些不确定性。精确与模糊并重，这是现代尤其是西方思维方式的一大特征[12]。

（三）直觉性与逻辑性

中国传统思维模式推崇直觉体验，西方传统思维强调理性思辨。林语堂（1895—1976）曾说"中国人在很大程度上依靠直觉去揭开自然界之谜"，话虽极端，却不无道理。中国传统思维是一种直觉思维，是主体从自身的心灵体验出发，不经过完整的推理而通过直觉从总体上模糊而直接地把握认识对象的内在本质和规律，兼有理性和感性的双重特征，是一种认识过程的突变、飞跃、升华，常表现为思维中断时的顿悟。这一思维方式重直观内省，轻实测论证；重内心体验，轻实验实证；重直觉领悟，轻理论分析。具体而言，首先是对实践经验的重视，中国古人在认识事物时，总是从日常生活的经验出发，并不对客观事实作具体的概念分析，而是通过静观、体认到获取经验直至顿悟，无须严密的逻辑程序，实现对感性经验的直接超越。所以从先秦开始，中国古人便一直强调"实践"的观念。孔子说，"讷于言而敏于行"，肯定知识来源于实践经验；荀子说，"不闻不若闻之，闻之不若见之，见之不若知之，知之不若行之，学至于行之而止矣"，强调知识来源于实践，同时学习知识的目的也是作用于实践。因此在中国传统思维中经验主义一直占据主导地位。

实践经验要升华为认识论，就必须推崇直觉体悟。占中国古代意识形态主流的儒、道、释三家都特别重视直觉。孟子的"诚"，老子的"道"，佛家的"禅"，都靠直觉、灵感、顿悟来领会，而不用具体严谨的概念去诠释，也不用逻辑推理去论证。孟子主张"尽其心者，知其性也，知其性则知天矣"；庄子曰"道不可言，言而非道"；佛教的禅宗强调"不立文字""直指人心"，提倡"心净自悟，顿悟成佛"。这样一种思维方式摆脱了语言和事物真实性的束缚，通过凝思、冥想、内省追求主体内心对客观事物的体验、意会和领悟，从而求得真经（真理）。而这样的一种个人内心的认识往往难于言表，即所谓"书不尽言，言不尽意""只可意会，不可言传"。靠形象化语言思辨和个人的灵感顿悟，而非结构严谨、条理分明的逻辑推理实证分析，使中国古人在经验积累和直觉的帮助下，能够更为快捷地认识世界，进而在实用主义的推动下进行发明创造，但一定程度上也造成了缺乏像西方那样的系统、完整的理论体系。

直觉思维对中国科学、文学、艺术、美学、宗教等领域的影响尤为深远。例如同为两千多年前的几何学，相比欧几里得几何学"点""线""面"等抽象概括的概念，墨家几何学形成的"端""尺""区"等概念仍停留在直观性和形象性的层次上。医学方面，中医注重察言观色、临床经验、师徒传授、辨证施治，具有很高的临床正确性，但基本上是经验的总结和归纳，不像西医那样注重生理学、解剖学，注重化验等科学的验证。"神农尝百草"的故事就生动地说明了中国智者重亲身体验，轻理论论证；重经验总结，轻逻辑推理的致思倾向。

西方传统思维是一种理性的逻辑思维，强调概念、判断的严密性，重视实证分析，在论证、推演中认识事物的本质和规律。从亚里士多德提出的"范畴"开始，西方人就形成了以纯粹的语言分析为方法的理性思维。他们在研究问题时，偏重于理论体系的建立，强调对客体认识的精确。西方学者往往从假设的一个命题开始，经过严密的逻辑推理，再借助丰富的实验论证，从而形成一套完整的理论体系。

两千多年前，古希腊哲学家亚里士多德开创了形式逻辑，以思维形式及其规律为主要研究对象，以概念、判断、推理为三大基本要素，对整个西方的思维产生了深远的影响，促使了西方思维方式具有理性、分析性、实证性、精确性和系统性等一系列特征；15世纪下半叶，自然科学的发展把自然界分门别类，进行分析解剖，进一步推进了形式分析思维模式[12]；17世纪，英国哲学家培根发展了逻辑学，创建了归纳法，使形式逻辑从亚里士多德时的重演绎、轻归纳发展成演绎、归纳并重的现代形式逻辑。爱因斯坦说过："西方科学的发展是以两个伟大的成就为基础的，那就是：希腊哲学家发明的形式逻辑体系（在欧几里得几何学中）以及通过系统的实验发现有可能找出的因果关系（在文艺复兴时期），而中国的先哲却没有走上这两步。"[15]

（四）意象性与实证性

意象性是中国传统形象思维方式的一个重要特征，它与中国人习惯于从整体到局部进行思维有着十分密切的关系，是一种从具体形象符号中把握抽象意义的思维活动。所谓意象，就是客观物象经过创作主体独特的情感活动而创造出来的一种艺术形象，简言之，就是寓"意"之"象"。意象性思维采用意象——联想——想象来替代概念——判断——推理的逻辑论证，以此认识客观事物。在古汉语的许多经典名言中都反映了这一思维方式，如"观物取象，立象尽意，设象喻理，取象比类""书不尽言，言不尽意"，以及"得象而忘言，得意而忘象"等。"意"是语言所指称、物象所代表的抽象意义；"象"既可以是具体形象，也可以是借喻意义；"得意"主要通过主体的顿悟得以实现，顿悟之前需要借助语言和形象符号，形成物在心中之象，但又不可执着于语言，而顿悟之后，就可以"忘象""忘言"了。"言生于象，故可寻言以观象；象生于意，故可寻象以观意。"（王弼《周易·明象》）因此，在意象性思维中，"象"是桥梁和纽带，作为工具沟通"言"与"意"，"意"则是最终的目的。中国的象形文字造就了中国先人们的语言具有具象性、比喻性，不注重语言的逻辑分析，却注重"意在言外，意出言表"，注重语言背后的"象"和"意"。深刻的哲理和意义皆隐藏在"象"的后面，语言或能略表其一二，更多的还需个体去领会和感悟。中国传统哲学中的境界论，美学中的意境论，都是借助形象符号，以达到超越本体的境界。

意象性思维还表现为类比性，即把不同的对象加以比较，获取彼此属性上相同或相似之处，通过比喻、象征、比兴、类推、联想等手法，沟通彼此，由已知去解读未知，由具体形象表达抽象意义，借类达情，使情景交融，生动形象。比如汉语中形容词、成语特别多，而抽象名词特别少，汉语中常用具体比较和形象寓意去阐述深奥或抽象的道理。如把颠倒是非称为"指鹿为马"，自不量力称为"螳臂当车"，点出文章主旨喻为"画龙点睛"，轻描淡写称为做事肤浅不深入等等。因此汉语的诗词歌赋往往辞藻优美、富有意境，一旦翻译成西方语言时就失去了原来的韵味。

一方面；意象性思维赋予了中国传统思维方式以浓厚的艺术特质，并直接影响到中国传统艺术的创作与欣赏；另一方面；中国传统思维方式之所以是一种笼统的综合、缺乏科学的分析精神的重要原因，影响了中国近现代自然科学的发展。

实证性是西方思维方式的一大特征。西方自古希腊开始便沿着理性的方向去认识事物，不像中国那样注重对客观对象的识别、分辨、定性，而是侧重于事物形体、要素、结构的剖析。到了近代，西方实验科学迅速发展，与此相适应的思维方式便具有很强的实证性。近代实验科学的始祖弗兰西斯·培根，强调观察、实验、例证、分析、实证；他既强调感性经验在认识中的作用，同时并没有把人的认识局限在感性经验上，而是承认了理性认识的必要性。他认为只有把感性和理性结合起来，运用科学实验和客观分析，才能克服认识上的混乱，推动知识的进步。此后，法国哲学家奥古斯特·孔德（Auguste Comte，1798—1857）创立了实证主义，认为科学唯一的目的是发现自然规律或存在于事实中的恒常关系，这只有靠观察和实验才能做到；这样取得的知识是实证的知识，只有被实证科学所证实的知识才能成功地运用到人类实践的各个领域[12]。

（五）后馈性与超前性

中国封建社会从秦汉开始到清末，其经济结构、政治结构和意识形态结构之间长时期以来组合了一种极为稳定的宗法—体化结构，除魏晋南北朝时期呈较长时间的分裂状态。由地主阶级知识分子"士"（儒生）组成的官僚统治队伍把政治权力与意识形态统一了起来，这样整个社会结构的任何一个角落都很难独立地进行带有较根本意义的革新，一切革新的尝试都会被整体社会结构中互相牵制的线络拉平，都会被这个极其稳定的社会结构的自身调节功能吞没掉[16]。这样一个高度稳定、高度一体化的社会结构和意识形态结构促使了中国传统思维方式具有唯圣、唯书、唯上的后馈性特征。两汉以后，独尊儒术，儒学开始成为两千多年来中国意识形态的主流。孔子说："述而不作，信而好古"（《论语·述而》），意思为仅传述既有内容而不进行创作，相信并爱好古旧的历史知识。一句"述而不作"，成为孔子一生治学特点的权威概括，演化为某种扎实、不尚空言却也带有保守、无创新意向的学术风格，促成了中国传统思维的后馈性倾向。

后馈性思维一是指用历史的联系、传统的标准和原则来要求现在，使现在按照历史的样子继续重演的思维过程；二是指根据事物的结果反思事物发展的原因和过程的思维活动。后馈性思维首先表现为滞后性，指在事后反思总结，总是把"现在"反馈为"历史"的重复，以"过去"要求"现在"；其次是指向性，它把研究者引向过去，其关注焦点是过去的某个阶段、某种情况，它对现在的看法、评价和态度总是使现在回归到过去的某种"理想状态"；最后，后馈性思维还具有保守性，凡事讲求有章可循，对事物的衡量、评价总是以历史为依据。

学术上，中国先人膜拜祖先，崇尚经典、权威。长期以来，中国人立论的习惯是言必称尧舜、言必称三代，法古、崇古、尊古，成为中国人基本的治学素养，嗜好对经书进行训诂、注疏和考据，即"经学"①。这一传统使中国学者重视回顾历史，尊重经验，以托古求认同，以"古已有之"为立论准则。治学

---

① "经学"原本是泛指各家学说要义的学问，但在中国汉代独尊儒术后为特指研究儒家经典，解释其字面意义、阐明其蕴含义理的学问。"经学"是中国古代学术的主体，其中蕴藏了丰富而深刻的思想，保存了大量珍贵的史料，是儒家学说的核心组成部分。

研究往往是在古人、前人、权威的思维模式和历史结论中再思维，强调传承历史，不愿也不敢怀疑和批判，缺乏创新和超越的精神。

社会生活上，中国长期的封建专制、闭关锁国的社会环境，使中国人的思维视野局限在本土之内，善于总结前人的经验教训。封建统治者求稳怕乱，排斥异于封建礼教的新文化，禁锢非传统的新思想，导致民众"不为天下先""好常恶变"，国民缺乏主体意识、冒险和创新精神。这种厚古薄今的致思倾向具有浓厚的历史意识，一方面，有其积极作用，古语有训："前事不忘，后事之师"，人们在实践中不断回顾过去，总结经验，并根据这些经验来指导人们继续前进；另一方面，也造成了整个民族的思维方式倾向于因循守旧，不利于开拓、进取和创新。

始于古希腊的西方文化，崇尚民主、自由、科学和理性是其传统文化的主流。西方智者喜好探究事物的本质和规律，面向现实和未来，善于不断提出假设、理论和方法，不断探索、开拓和创新，这就奠定了西方思维超前性的传统。超前性思维是一种根据客观事物的发展规律，先于客观事物的发展变化而出现的符合事物发展趋势、具有科学预见性的思维方式 [17]。超前性思维是对未来的探索，反映的是一种趋势和可能。

其特征首先是创新性，是一种否定或批判对象的逆向思考，是从反面或对立面来观察事物，把事物或观念中落后的、过时的、无价值的东西摒弃，肯定其中进步的、新鲜的、有价值的东西，并在此基础上进行创造；其次是独立性，超前性思维首先来源于个体的独立见解。这种见解包括个体对历史的解读和对现实的思考以及对未来的预测，而无数个体的独立思考和见解构成了社会整体的探索和认识；再次是变革性，超前性思维是在事物变革之前产生的一种变革性思维，它代表着一种社会发展的趋势，一种时代的潮流；最后是超越性，这是超前性思维最突出的特点，也是其价值所在。这种超越主要是从现实的发展过程出发，指明未来的发展方向，是对时间、空间和具体客观事物的超越。

超前意识和个体主义使西方人不迷恋权威，不固守前人已有的思维模式，注重多思路、多角度、多层次、多方法寻求新的模式、新的途径和解决问题的新办法；重视追根穷源，不断处在"为什么""是什么""怎么做"这种严谨的反复推进的过程中，因而有利于发挥创造精神。笛卡儿的"怀疑论"主张思想自由，"破除学界之奴性"，摆脱前人之束缚。由古至今，西方思维方式的发展具有明显的阶段性，如同一场接力赛，前赴后继，不断修正和进步，因而没有完全所谓"传统的"思维方式。西方思维方式既继承传统的重自然、重理性、重科学的基本精神，又注重认识论的转变和新方法的引入。16 世纪兴起的近代实验科学扬弃了古希腊人朴素的直观整体的思维方式；现代科学的发展又扬弃了近代那种孤立、静止、片面、机械的形而上学的思维方式，发展为多维、辩证、系统、综合、有机的现代思维方式。

因此，在这种不断完善的思维方式下，西方随着不同时代，科学发展的不同阶段，产生了无数各异的学术思想和理论体系，从柏拉图的乌托邦到傅立叶（Jean Baptiste Joseph Fourier，1768—1830）的空想社会主义再到马克思的科学社会主义，从亚里士多德的演绎法到培根、洛克（John Locke，1632—1704）的归纳法，从牛顿定律到爱因斯坦相对论，从新古典主义艺术到浪漫主义艺术再到超现实主义艺术，西方学者开拓、创新的精神使西方哲学、科学、文化艺术在继承、怀疑、批判和否定的呼声中不断推陈出新。

三、思维方式的价值

显然，中西方思维方式互有优劣、各具特色，在人类发展史上也是争奇斗艳、各领风骚，不能笼统地评判孰优孰劣。思维方式的不同特点，必然使中西方在不同的历史时期表现出各自不同的优势。

在以实践经验为技术创造之基础的古代，中国传统思维的整体性、直觉性和意象性具有突出的优势，中国因而能够成为"四大发明"的故乡。北魏贾思勰（生卒年不详）的农业著作《齐民要术》、明朝李时珍（1518—1593）的药学巨著《本草纲目》、明朝宋应星（1587—1661）的《天工开物》等中国科技名著，都是记录、搜集、整理、编纂、总结、归纳实用性科技的经验、体会和方法，但却没有形成完整的理论体系。这样一种理论体系和学术概念上的潜在性、模糊性和玄奥性，与本性精确的近现代科学理论相距甚远。而西方思维分析性、精确性、逻辑性、实证性等特点使西方人在科学理论研究中具有得天独厚的优势，近现代科技因而能够飞速发展，这或许亦是封建社会后期中国科学一落千丈的深刻原因。

中西方不同的思维方式虽各有利弊，但都是人类共同的精神财富。恩格斯在《自然辩证法》中指出："每一个时代的理论思维，包括我们时代的理论思维，都是一种历史的产物，它在不同的时代具有完全不同的形式，同时具有完全不同的内容。因此，关于思维的科学，也和其他任何科学一样，是一种历史的科学，是关于人的思维的历史发展的科学。[18]"从现实的时代特征看，人类的社会、经济、科技和文化等各个层面都已经进入了多元化和全球化，国家、民族之间的交往越来越频繁，各种文化相互融合，多元共存得到共识。在这样一种时代背景下，无论东方或西方，其传统的思维方式都势必需要新的变革和不断完善。

20世纪后，新的科学技术革命和社会文化的巨大变化，加之中西方思维方式互相融合、互相渗透、互相补充，形成了现代思维方式的特点。

一是注重综合性。现代思维方式的整体性不再是笼统的综合而是辩证的综合，全方位、多角度、系统性地综合，宏观与微观、纵向与横向、整体与部分、形式与功能、定性与定量的有机结合和互补兼容。

二是注重主客体的协调统一。在主客关系上，中西两种思维方式都失之偏颇。中国传统思维方式——主客融合使人与自然和谐共处，但又往往导致主体自我中心的遮蔽，和对客观自然界缺乏科学的探索，中国近一百年的历史充分地证明了这一点。而西方传统思维方式——主客对立往往导致主体自我中心主义，侧重于对自然界的征服，破坏了主客关系的和谐，从而造成了对客观世界的掠夺性开发，例如今天出现的能源危机、环境污染、生态失衡等现象。因此，现代的思维方式注重主客体的协调统一发展，从而不断推进主体世界与客观世界的和谐与平衡。

三是注重传承与创新。现代思维注重以运动、发展、变化的观点和方法思考问题，一方面注重时间的纵向思维，回顾历史，取其精华，去其糟粕，从新的观念、角度、层次传承历史。而且面向未来，勇于开拓进取；另一方面注重空间的横向思维，既强调对民族性、地域性文化的提炼与升华，又面向全球显示出高度的开放性、超前性和多样性。

四是注重东、西方的融合互补：东西方传统思维方式各有优劣，现代思维方式已形成东西互补的发展趋势，即人文与科学、综合与分析、直觉与逻辑、形象与抽象、模糊与精确、归纳与演绎等的综合运用。

四、不同思维方式下的中西园林艺术

思维方式这一沉淀于各民族精神内部的稳定内核，对各国或各民族的科学、绘画，建筑，文学等领域都有着深远的影响，直接决定着创作作品的形式、种类和风格。而园林学科所要深究的对象，也不是单纯的园林艺术形式问题，而是其中所蕴含的文化哲学思想意义，一旦发现了这种文化哲学思想，也就理解了承载它的园林艺术形式的本质意义。

园林艺术是在自然和社会等因素的综合影响下，在漫长的历史时期中，经过多次演变而逐渐发展成熟的[19]。随着自然环境、政治经济、意识形态、社会生活等因素的不断发展变化，园林艺术也在不断演变，但是创造美好的生存环境，进而满足人与自然融合协调的需求，始终是人类追求的理想，并构成了全人类共同向往的园林形象——情感回归的乐园、人类远离自然后的物质补偿与精神依托。由于各民族思维方式的差异，对自然的认识和态度也存在差异，表达人与自然和谐的方式也就有所不同，从而产生了不同的园林艺术形式。即便是同一个民族，在不同的历史时期，随着思维方式或多或少的转变，也会影响到对自然认知上的差异，从而产生不同的园林艺术风格。影响园林艺术形式及风格的因素有很多，其中最主要的是社会背景以及与之相适应的哲学思想，包括自然观和美学观[19]。自然是园林的基础，它为园林提供造园源泉、要素和样板；美是艺术的灵魂，自然美始终是园林艺术无法回避的主题思想。不同的思维方式，不同的历史时期，人们对自然美也有着不同的理解和认识，从而产生了不同的园林艺术形式。

（一）思维方式与自然观

园林艺术不同于其他艺术形式的独特之处，就在于它是反映人类自然观的艺术。自然是园林永恒的主题，人与自然的关系也是造园家们要着力表现的文化内涵。自然观是人们对自然界的总体看法，包括对自然界的本源、演化规律、结构以及人与自然关系等方面的根本认识[20]。它对于造园行为有着形而上的哲学引导，园林所阐释以及所表现的就是人类抽象过的自然界，其最重要的特征在于它是有生命的、是在不断生长变化的空间造型艺术。它以自然要素为创作素材，以自然景观为设计原型，通过艺术手法再现意境天地。当今世界全球一体化的环境中，各国各民族的沟通日益频繁与紧密；信息传播技术的进步和交通方式的改变，使文化的交流更加蓬勃发展；现代自然科学的进步，使人类更加深入地了解自然界，人类对待自然的态度也基本走向大同。尽管如此，长期历史发展过程中所形成的思维方式深刻地扎根于各自的文化之中，因此在对待自然的方式与表现手法中，仍可以找寻不同思维方式下中西方园林艺术不同的自然观表达。

1. 中国：有机整体的自然观

与西方自然观呈阶段性变化不同，中国的自然观，是在一个稳定恒常的思维方式下逐渐完善的，直到近代西方文化渗入之前，中国人始终保持着与自然之间的较好关系。

上文已述，中国人强调"天人合一"的整体性思维，一直将自然、人、社会看作是一个不可分割、互相影响、互相对应的有机整体。《道德经》透露出中国人根本的自然观，老子认为"人法地，地法天，天法道，道法自然"，即人必须因循大地的法则；大地则须因循上天的法则；而日月盈亏，斗转星移都须因循自然的规则。"自然"位于世间万物的最高层次上，人与自然的关系应和谐统一。这一有机整体的自然观主要表现在以下四个方面：

第一，没有脱离开自然的"人"，人是自然界的一部分，是自然系统不可缺少的一个主导要素。如汉朝董仲舒说："天地人，万物之本也""三者相为手足，不可一无也"。这里表达的就是"天地万物一体"的思想。中国人很早就重视对自然的保护，比如，在一些法令中明确规定，鱼类的产卵期或动物生育期，禁止渔猎；禁止砍伐幼小的树木；对重要的山林，实行定期封山、禁止伐木等措施。中国人的城市与居住建筑，也与自然环境密不可分。中国古代城市许多将大片山林与水体括入城市，如隋唐长安城，将乐游原、曲江池等自然山水景观纳入城市空间体系（图2-2）[21]。唐人诗词中有许多佳句便是描写长安城山水美景的，如"乐游原上望，望尽帝都春"（刘德仁《乐游原春望》），"向晚意不适，驱车登古原。夕阳无限好，只是近黄昏"（李商隐《乐游原》），"花卉环洲，烟水明媚"（康骈《剧谈录》描写公共游览胜地曲江池），"穿花蛱蝶深深见，点水蜻蜓款款飞"（杜甫《曲江二首》）等；南宋临安城（今杭州）紧邻山清水秀的西湖风景区，政府环湖植树造亭，兴修寺观和园林，临安因此成为"绕郭荷花三十里，拂城松树一千株"（白居易《馀杭形胜》）的闻名全国的风景城市（图2-3）；元大都将金中都的城郊御苑等大面积山水景观纳入皇城之内，构成了今日北京城的基本城市空间格局；再如济南城以大明湖为核心，各式泉水纵横分布，构成了"四面荷花三面柳，一城山色半城湖"的独特风光。

第二，人应该顺应、服从自然界的基本规律。几千年来，靠天吃饭的小农经济使中国人对自然充满了敬畏之情。古人几乎崇拜、祭祀所有的自然神。自然界中的一切，大至天地、日月，小至风雨、川泽，都被神化，受到人们的顶礼膜拜。人们认为只有顺应天意，才可风调雨顺、国泰民安，因此对自然的态度应是礼敬、顺从，而非拆解、分析与探索。

第三，人类社会的道德原则和自然规律是一致的。如程颐（1033—1107）在《程氏遗书》卷二十二上中写道："道未始有天人之别，但在天则为天道，在地则为地道，在人则为人道。"即天道、人性、人道是同一的，这里的道是指理，即仁义礼智等道德原则。在中国先人看来，自然、社会同一性，自然界的任何现象，与社会内部的矛盾与冲突息息相关。观测天象不为探索宇宙奥秘，而是为了预测现实社会的安稳或变乱；自然现象与人文社会混杂在一起。孔子提出"比德"的山水观，将自然山水、草木形貌与人的内在品德或道德联

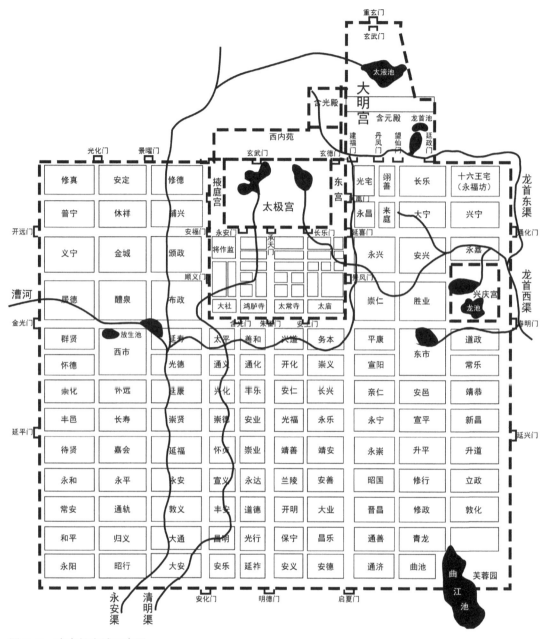

图 2-2 隋唐长安城示意图

系在一起，从而将自然人格化、精神化。这样，自然的风貌与人的气质便相互沟通，彼此合为一体，从而构成了中国独有的山水文化与山水艺术。

第四，天人的协调。中国有机整体的自然观并不否认和抵制对自然的改造和调整，古人希望在一定程度上引导和调节自然，使万物更加和谐统一。在隋唐时期，中国的郊野寺观园林就将宗教建设与风景建设高度融合，通过寺观内外的园林化建设，对自然进行调整和梳理，在保护郊野生态环境的同时，促进山岳风景名胜区的开发。中国的住宅，无论皇宫或是私宅，向来都是一个将自然景物与建筑空间融为一体的环境。从北方的四合院到南方的私家宅院，在

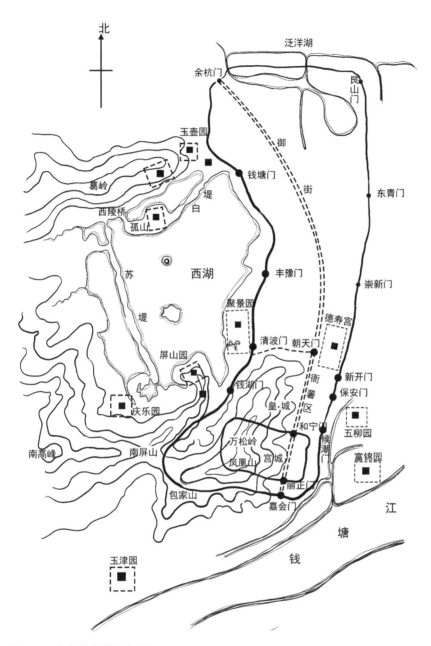

图 2-3　南宋临安城示意图

由重重庭院组成的住宅内，天光、水色、山石、林木、花草无一不与起居、读书、游憩、迎客等空间相互交融贯通。通过人为调节，将各种元素揉融在一片"壶中天地"之中，造就所谓的"城市山林"，即在喧闹的城市中，自得一方人工的自然（图 2-4）。然而，黑格尔却认为像中国园林这样，"把整片自然风景包括湖、岛、河、假山、远景等都纳到园子里"的做法，"一方面要保存大自然本身的自由状态，而另一方面又要使一切经过艺术的加工改造，还要受当地地形的制约，这就产生一种无法得到完全解决的矛盾。"他认为像园林这种"地方却已不是本来的自然，而是人按照自己对环境的需要所改造过的自然"，

图 2-4 南京瞻园

因而，像中国传统园林那样将各种自然要素杂糅在一起的做法，是一种他称之为"杂凑"的艺术[21]。

由此可见，中国传统有机整体的自然观，认为人与自然的和谐共荣在于人既应改造自然，也应适应自然；人类活动的目标不是统治自然、征服自然，而是通过调整、改造使自然更符合人类的需要；与此同时，又不破坏自然，让自然界的万物都能生存发展，这又蕴含着一种朴素的生态保护意识。

2. 西方：从理性机械回归天人和谐的自然观

西方人的自然观，是一个融合了古希腊、古罗马文化与中世纪基督教文化的综合体，从古代到中世纪，从中世纪到文艺复兴，再从文艺复兴到古典主义的启蒙时代，并且从启蒙时代到西方现代社会，它随着西方历史和思维方式的变化而变化，呈阶段性地发展。

柯林伍德（Robin George Collingwood，1889—1943）曾说："古希腊人认为自然是渗透或充满心灵的，他们把自然中心灵的存在当作自然界规则或秩序的源泉。他们设想，心灵在他的所有的表现形式中都是一个立法者，一个支配和调节的因素，心灵把秩序先加于自身再加于从属它的所有事物，所以自然界不仅是一个运动且充满活力的世界，而且是一个有秩序有规则的世界，不仅是一个自身有'灵魂'或'生命'的巨大动物，而且是一个自身有'心灵'的理性动物[22]。"李约瑟指出，在对待自然这个问题上，西方思想在两个世界之间摆动：一个是被看作自动机的世界，这是一个沉默的世界，是一个僵死而被动的自然，其行为就像是一个自动机，一旦给它编好程序，它就按照程序中描述的规则不停地运行下去，在这个意义上，人被从自然界中孤立了出来；另一个是上帝统治着宇宙的神学世界，自然界是按照上帝的意志运行的[23]。

西方自古以来主客对立的分析性思维方式使古希腊人很早便提出了哲学、自然科学、物理学、政治学、伦理学等与人和自然密切相关的学科概念。

　　希腊文化的发展历史，一方面，与丰富多彩的希腊神话并行，形成了一个外在于宗教的思想领域。伊奥尼亚（米利都）的"自然哲学家"（物理学家）对宇宙的起源和各种自然现象，做出了充满实证精神的、世俗的解释；另一方面，古希腊人形成了一种宇宙秩序的观念：这种秩序建立在宇宙的内在规律和分配法则上，这种规律和法则要求大自然的所有组成部分都遵循一种平等的秩序，任何部分都不能统治其他部分。此外，这种思想具有明显的几何学性质。在古希腊人看来，无论地理学、天文学、宇宙演化论，都把自然世界的构思投射到了一个空间背景上。柏拉图用数学的理式来解释这个空间是由相互的、对称的、可逆的关系组成 [24]。由此可见，西方人的自然观是建立在人与自然二分的思维基础上的，将自然世界与人文世界脱离开来，把自然界作为一个独立的体系来观察。此后，随着自然科学的发展和精确性、逻辑性、实证性思维方式的不断完善，形成了西方人对于自然的分离、对立和超越的理性机械的自然观。

　　这样一种自然观表现在人与自然的关系中便是，人尽力成为超自然的存在；人与自然界是对立的；人要不断地认识自然、探索自然最后征服自然。纵观西方园林发展史，可以看出自然观在西方园林发展中构成了一条明确的主线。

　　在人不能实现超自然的早期阶段，原始的大自然是充满危险的地方，因此，人们对自然的改造主要体现在农耕和建设各种生产性的园圃，而这些果木园、菜园、花圃也成了西方园林的雏形（图 2-5）。正如古罗马杰出的政治家、思想家及演说家西塞罗（Cicero，公元前 106—公元前 43）将自然分为原始的"第一自然"和经过人类耕作的"第二自然"。后者不仅为人们的生活提供了基本保障，而且是人们在生活中易于接触的自然形象，更容易在园林中得到表现 [19]。

　　随着技术的进步和人类改造自然能力的提高，以人为中心的城市已然作为自然的对立物出现。在中世纪的城市中，没有为自然所留出的空间，密集的建筑物，狭窄的街道，街道上不设行道树，城堡往往突显于山岩或旷野中，成为

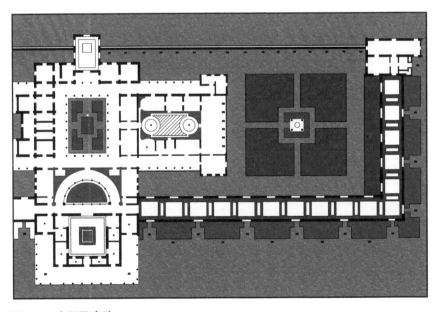

图 2-5　古罗马庭院

周围大自然的对立物。

文艺复兴时期，自然科学的发展和人文主义者研究自然的兴趣日渐浓厚，人开始超然于自然，居于中心地位，成为宇宙和自然的主人，出现了将人工美融入自然美的愿望。这一时期的园林成为自然环境向人工环境的过渡，一方面，引入自然风景，使人工环境自然化；另一方面，经过空间布置、修剪植物等手法将自然要素人工化，使其与人造的建筑相协调（图2-6）。

到了17世纪，西方人征服自然的能力得到极大提高，自然成了古典主义秩序与规则的驯化物。法国古典主义园林将艺术美置于自然美之上，便是对人力征服自然的炫耀。人们在园中极目所至，都是人工艺术化了的"自然"景物：充分几何化的构图、精雕细琢的植物、规矩方正的水池和草坪、放射性的园路等，没有任何天然雕琢的东西，不合乎理性标准的自然被排除在外，人工美完全代替了自然美（图2-7）。

18世纪的启蒙主义者将对自然的奴役等同于对人性的奴役，经验主义哲学的兴起和中国文化艺术的传入，导致英国自然风景式园林彻底抛弃了人工美，反对园林是人工与自然之间的过渡，转而追求园林与自然的高度融合。西方人开始将园林作为人回归自然的一种方式（图2-8）。

19世纪以后，自然生态系统严重退化和人类生存环境日益恶化，工业革命所带来的环境危机彻底改变了人们对自然的认识。随着环境学、生态学等自然科学的发展，人们对自然的理解不断深入，思维方式从主客对立逐渐转变为主客协调统一，西方人的自然观也随之发生了变化。现代风景园林师一扫西方传统思维方式中试图控制自然、征服自然的传统，开始有意识地营造一种融入自然、与自然和谐相处的景观环境。将自然风景看作是改善城市环境、缓解人们精神压力的良方，这表明人们在长期远离大自然之后，又将回归自然作为追求的目标，从而形成了天人和谐的现代自然观。

图2-6 意大利罗马美第奇庄园

图 2-7 法国沃勒维孔特城堡

图 2-8 英国查茨沃斯庄园

（二）思维方式与美学观

美学观即审美观，是人在审美、创造美中所持的态度、理想、趣味的统称，受社会、历史、思维方式、价值观念的制约，并直接制约人的审美选择、审美评价和美的创造[25]。风景园林是反映人自然观的艺术创作，是关于空间的造型艺术，因此不同的美学观必然形成各异的园林艺术形式。

日本著名美学家今道友信（1922—2012）认为："不论是哪种情况，被限定了的明确的形态及其再现，就是西方美学的中心概念""而东方美学的中心根本不是形态（样态），重要的倒是以形态为线索，追求所暗示和所超越的东西……[26]"

1. 中国：以善为美的美学观

孔子作为中国儒家学派的创始人，其美学思想博大精深，孕育了后世中国传统的"善美"观。《论语》中"美"字出现了多次，孔子虽并没有给"美"以明确的界定，但在"美"的具体应用中，我们可以把握孔子美学思想的本质。孔子的美学观重在强调美与善的统一，内在美与外在美的结合，把审美与艺术看作是实现个体与社会、人与自然统一和谐的一种重要的精神手段。孔子谈"美"主要集中在人和艺术两个方面。

一方面，孔子把美同人的社会实践和精神品德紧密联系在一起，认为美与人生理想和道德要求是统一的。如"先王之道斯为美"（《学而》），"里仁为美"（《里仁》），"周公之才之美"（《泰伯》）等。

另一方面，他肯定了艺术形式美所给人带来的感官的愉悦和享受，在孔子看来，美是给人带来快乐，使人喜好的东西。同时他又强调艺术是一种社会性精神现象，必须符合社会伦理道德的规范，这才是艺术的关键之所在。正如"子谓《韶》尽美矣，由尽善也。谓《武》尽美矣，未尽善也"（《论语·八佾》）。纯粹的形式可以为美，善的内容亦可以为美。在形美与质美中，孔子认为质美决定着事物的整体美学属性，因而更为重要[27]。诚如朱熹《集注》所注："'美'者，声容之盛；'善'者，美之实也。"

中国传统的整体性和意象性思维方式使中国先人认为天人同体同德，常用类比的思维模式去沟通主体与客体，因此以"比德"为美，以异质同构的主客共振为美，最终达到美与善的和谐统一。古代论美，首重道德，以主观的道德观念及其对象化的表现形态为美。事物之所以为美，不在事物自身的形质，而在事物所蕴含的人化精神，在于作为审美客体的物可以与人"比德"，即成为人的道德的某种象征。孔子提出"仁者乐山，知者乐水"；老子认为"上善若水""上德若谷"；《礼记》指出"古之君子必配玉"是因为"君子以玉比德焉"（《玉藻》）；孟子称"流水之为物也，不盈科不行；君子之志于道也，不成章不达。"（《孟子·尽心上》）。这些既是对客观事物的人化，又是人的道德精神的客观比、物化、对象化。这种"比德"的美学思想隐含在古代美学的"比兴""神韵""意境"等审美趣味中。

文学上，古人论文，"文以意为主""文以载道""文以明理"，更多的是与人的情感意蕴而不是理性精神相联系。文不是不可以叙事，但必须"即事以明理"。诗不是不可以咏物，但须"以情志为本"[28]，词不是不可以写景，然"善咏物者，妙在即景生情"[29]。

书画上，清代画家石涛（1641—约1718）一语道破中国画的本质所在："夫画者，从于心者也[30]。"中国山水画，注重写意，要求"为山水传神"（董其昌1555—1636《画旨》），明代唐志契（1579—1651）在《绘事微言·山水性情》中说："凡画山水，最要得山水性情"，而这山性即"我"性，水情即"我"情。因此追求"神似"的中国山水画从一开始便是文人超逸情怀的表现而非自然山水的真实再现。中国花鸟画常以梅、兰、竹、菊为主题，"当以神会，难可以形器求也"注重把描绘对象当作人格的象征来对待，如梅花象征高洁傲岸，兰花象征幽雅空灵，竹象征虚心有节，菊象征冷艳清贞。中国人物画，亦要求写心、传神，正所谓"盖写其形必传其神，传其神必写其心。"（南宋陈郁《藏一话腴》外编卷下）再看书法，中国古代书画相通、书文相通，则"书，心画也"[31]。因此，古人强调"书之妙道，神采为上，形质次之[32]。"

园林上，寓情于景，情景交融反映了中国人造园的审美追求，中国人崇尚自然之美，但并非大自然未经人工雕琢的原始的自然美，而是浸透了造园者匠心和情趣的艺术美。陈从周先生曾说："中国的园林，它的诗情画意的产生，是中国园林美的反映。它同文学、戏剧、书画，是同一种情感不同形式的表现……无论我们的文字、戏剧，我们的古典园林，都是重情感的抒发，突出一个'情'字……中国人以情悟物，进而达到人格化……观物欣赏的是它们的品格……中国人看东西，欣赏艺术往往带有自己的情感，要加入人的因素。比如中国的花园建造有大量的建筑物，有廊柱花厅、水榭、亭子等等。我们知道一个园林里有建筑物，它就有了生活。有了生活才有情感，有了情感，它才有诗情画意。

'芳草有情，斜阳无语，雁横南浦，人倚西楼。'有楼就有人，有人就有情。有了人，景就同情发生关系……所以中国的园林同建筑有着极为密切的关系，从美学观点看就是同人发生关系，同生活发生关系，同人的感情发生关系[33]。"

2. 西方：以真为美的美学观

西方人分析性、逻辑性的思维方式使西方先哲追求真理，着重于对外部世界自然规律的探求。因此，在对美的本质探讨上，他们较多倾向于从"真"的角度来阐释美。波兰美学史家塔塔尔凯维奇（Wladyslaw Tatarkiewicz, 1886—1980）说："希腊的艺术家把科学上的追求同审美的追求结合了起来。他们认为，只有宇宙才蕴含着和谐，艺术要想和谐，就必须让艺术家了解宇宙的比例，并把它应用到艺术中去。艺术家的目的不仅在于为观众带来主观的快感，而且在于使作品达到客观的完美[34]。"从古希腊时期开始，西方美学便习惯从客体的形式、内容方面去寻找、界定美的本质。毕达哥拉斯学派认为美在事物形式元素的和谐；柏拉图认为美根源于"美的理式"，即"美本身"。它是使一切事物"成其为美的那个品质""这美本身，加到任何一件事物上面，就使那件事物成其为美[35]。"；亚里士多德把美的本质界定为自然事物的逼真模仿，认为美在事物本身之中，主要表现在事物的"秩序、匀称与明确"的形式方面，肯定了美在事物的形式、比例。至此，西方造型艺术理论（建筑、雕塑、绘画的理论）就已经具有了"人的尺度"，并且经过科学的定型，将美的比例最后定位在"黄金分割"和几何关系的均衡，从而回到客体本身，走向了对于科学上"真"的追求，形成了"向外求真"的审美观念。

这种科学化的以"真"为美的美学观，被后世智者学者从不同侧面、不同角度继承、发挥和丰富，一直延伸到 19 世纪。托马斯·阿奎那①（St. Thomas Aquinas，约 1225—1274）认为美有三个要素：完整、比例、鲜明[36]。17 世纪法国美学家布瓦洛（Nicolas Boileau-Despreaux，1636—1711）认为真美善必须

---

① 又译圣托马斯·亚奎那，中世纪经院哲学的哲学家和神学家。

统一，但他更强调真的重要性。他说只有真才美，只有真才可爱；真应统治一切，寓言也非例外 [36]。18 世纪黑格尔提出了美是"理念的感性显现 [37]"。他认为美的根源在于理念、绝对精神，而事物的外在表现、感性形式不过是理念派生出来的，只是理念的客观形式。这一辩证的美学观认为，首先，美体现了理性和感性的统一。其次，它体现了内容（理念）与形式（感性显现）的统一。

17 世纪经验主义哲学兴起，虽然西方人的思维方式仍强调主客二分，把自然世界当作完全外在于人的客体来把握，"但因突出了感觉中客体的价值"引发了与传统不同的审美观。英国文人约瑟夫·艾迪生（Joseph Addison，1672—1719）在 17 与 18 世纪之交充分肯定了自然世界作为审美客体的价值。他强调来自视觉对象的"想象的快感 [38]"并针对几何性的艺术指出，"如果我们把大自然的作品和艺术的作品都看成能够满足想象的东西，那么，我们就会发现，后者与前者比较是大有缺陷的……比起艺术的精雕细琢来，大自然的粗犷而率意的笔触就更加胆大高明 [39]。"而后，18 世纪苏格兰哲学家大卫·休谟（David Hume，1711—1776）指出："美并不是事物本身的一种性质，它只存在于观赏者的心里，每一个人心里见出一种不同的美""美与价值都只是相对的，都是一个特别的对象按照一个特别的人的心理构造和性情，在那个人心上所造成的一种愉快的情感 [36]。"这就形成了西方美学中经验主义和理性主义两大思潮，但两者都肯定理性在认识中的重要作用，都重视对对象的真实把握。

19 世纪中叶以后，西方美学两大思潮的对立开始发生了微妙的变化。原先的经验主义美学发展为实证主义，逐步接受、承认建立在经验基础上的科学理性，经验主义不再与科学理性誓不两立；而原先的理性主义美学则出现分化，导致非理性主义的抬头。

以真为美的美学观一直是西方世界美学思想的主流。在绘画上，达·芬奇（Leonardo da Vinci，1452—1519）明确指出：绘画是一门科学。他说："绘画科学包含什么内容？——绘画科学研究物象的一切色彩，研究面所规定的物体的形状以及它们的远近，包括随距离之增加而导致的物体的模糊程度。这门科学是透视学（即视线科学）之母 [40]。"正因为如此，以后西方画论总是与透视学、色彩学、数学（几何学）、人体解剖学、力学等自然科学结下了不解之缘，研究的结果总是指向对客体的精确摹写和逼真的再现 [41]。即使是塞尚以后的现代主义绘画，不论是后期印象派、立体主义、野兽派，还是表现主义、抽象派，虽然与传统的西方画论有了许多不同的观念和理论，但是它们与自然科学不可分割的联系和精确性的思维方式依然使其具有以真为美的倾向。

园林上，西方的理性逻辑思维和真美观是通过平衡几何图形与自然的关系表达出来的。西方园林的设计实质上是用数和几何关系这样的理性思维，以及遵循美学的定制与比例来确定花园的秩序和比例关系。规则式园林是西方传统的唯理主义美学思想的反映。受"美在比例的和谐"影响，造园家们在创作中竭力排斥感性的作用，认为只有严谨的几何构图才能确保美的实现。园林艺术应该像其他艺术形式一样，按照美学规律来布置各种要素。相反，英国自然式风景园林代表了 17 世纪末产生的经验主义美学思想。自然式造园家们否认几何比例在美学中的决定作用，认为艺术的真谛在于情感的流露，园林越接近自然则越美。他们提倡以诗人的心灵和画家的眼光审视自然风景，要充分利用自然的活力与变化，营造令人赏心悦目的园林景色。但这种园林形式并不同于中国传统的山水园林，中国的山水园崇尚自然，但追求"神似"与"超脱"，造园手法强调写意。而英国自然风景式园林，注重再现大自然风景的具体实感，审美感情则蕴含于被再现的物象的总体之中，仍是一种写实、写真的园林形式。

（三）思维方式与园林艺术形式

"形而上者谓之道，形而下者谓之器"（《易经·系辞》），任何思维方式或哲学形而上的问题都会以形式的方式呈现，转成形而下的物态而为人所知。中西方园林都是千百年来人们对梦境中天堂或仙境的追求，但不同的地理环境、政治经济、自然观和美学观使其有着根本不同的艺术形式表达。简而言之，西方园林鲜明直白、规整有序，中国园林委婉含蓄、形散曲回，在这里我们不去细述两种园林形式的具体表现，而是思考不同思维方式下，隐藏在或"直"或"曲"，或"隐"或"现"的形式背后的缘由。

1. 中国：曲折含蓄的世外桃源

中国传统园林能在世界上独树一帜，其成长过程，固然由于政治、经济、地理等诸多复杂因素的影响，但从根本上来说，与中国传统的天人合一的哲学思想以及重整体综合、重直观意象的思维方式有着直接关系。从空间布局，到造园要素的选择与组织，直至意境的营造都是这种哲理和思维方式在园林艺术形式上的具体表现。

中国传统有机整体的自然观使历代造园莫不以"师法自然"为其宗旨。在建设中通过范山模水、象天法地，达到有若自然；运用人为加工和精心组织，使之高于自然；借助比附、寓意，终得"寓情于景、情景相融"。

中国园林是被精心组织起来的空间，在这一空间中借助于人工的叠山理水，把广阔的自然山水风景缩移模拟于咫尺之间。无论是模拟真山全貌或截取真山一角，无论是写仿河、湖、池、潭还是溪、涧、泉、瀑，中国人固有的整体性形象思维，使其长于对真山真水的概括与提炼，在有限的空间中尽显幻化千岩万壑之势，即所谓"一拳则太华千寻，一勺则江湖万里"，做到源于自然而高于自然。

思维方式的整体性和模糊性还突出地体现在园林空间的曲折含蓄和相融一体上。中国传统园林曲折委婉的手法通过平面布局的迂回曲折，藏与露、疏与密，竖向上的高低错落，形成一个立体的景观系统，产生步移景异的效果。同时在中国传统园林中，没有明确的游览路线，找不到轴线分明、严格对称、几何造型等体现人工手法的痕迹，通过空间的虚实结合，渗透与引导，园林不仅仅是一段段风景的片段，也是处于变化之中的无形的统一整体。

中国人的思维方式倾向于笼统的综合，因而在中国传统园林中，没有凭借造园要素各自独立的营建来成景的，都是山石、水体、花木、建筑互为依附、彼此协调，有机地组织在一系列风景画面之中。突出相互映衬、互为补充的积极的一面，限制彼此对立、互相排斥的消极的一面，从而在整体上取得建筑美与自然美的融糅，达到天人谐和的境界。

此外，中国人的思维习惯强调对现象的直观认识，即认识事物多借助于直接的体认，并通过主体内心的顿悟，得到超越对象本体的经验升华。这种直觉性、意象性的思维方式使中国人更加注重感性认识，善于"以形会意"，从具体的形象中就能产生丰富的联想。而以善为美的美学观更促使中国艺术家得以摆脱自然的真实性束缚，转而追求人内心的情感表达，从而造就了中国传统园林极为重要的特点——意境的蕴含。山水园和山水诗、山水画一样，都将"抒情"与"写景"相交融，营造出一方文人士大夫得以回避现实、寄情山水的世外桃源。

2. 西方：鲜明直白的露天广厦

西方人超前性的思维方式使西方人的自然观、美学观发展呈阶段式的展开，形成了西方园林多变的风格。同时，偏于理性的思维方式，重分析精确、重逻辑实证，表现在西方人的美学观点和艺术创作上就是求真与再现，力求创造如临其境、如闻其声、如见其貌的真实感。这种美学观念在园林设计中体现得非常充分，西方园林总是给人一种鲜明直白的感觉：主次分明、比例和谐，各部分关系明确而肯定。典型的欧洲古典园林都有着明确的轴线，构图完整统一，主体建筑位于轴线之上，统率全局，雕像、水池、喷泉，花坛等造景元素沿轴线层层展开。

与中国传统园林不同，从古希腊直至18世纪中叶以前，规则式园林一直是统帅整个欧洲的造园样式，集中表现了以人为中心、以人力征服自然的自然观。但在这一主流造园风格下，不同的时期又有不同的表现。

文艺复兴时期，园林受人文主义思想的影响，力求在艺术和自然之间取得和谐。园林作为"户外的厅堂"，是建筑空间在室外的延续和相同观念上的加强。园林整体结构上越靠近建筑部分，建筑感越强，无论是空间布局或是造景的自然元素（水体、植物），都完全人工化了。而在园林边界部分，则会出现一些自然形态的树木或树丛，使园林逐渐过渡到自然之中。这一理性机械的法则在法国唯理主义哲学下表达得更为彻底。

路易十四（Louis XIV，1638—1715）专制统治时期，法国古典主义园林跨越了"户外厅堂"的概念，向更为深远的空间发展，呈现出辉煌的"伟大风格"。在总体布局、设计手法和造园要素方面将均衡稳定的人工美发挥到了极致，并通过造园，艺术性地再现了法国典型的国土风貌和地理景观，运用水镜面、大水渠、花坛、丛林、雕像、放射性园路等要素，在宫殿前方开辟出直至地平线的深远透视线，展现出意大利园林中不曾见到的恢宏场面，表达的不仅是人类理性思维的光辉，更是对无上权力的颂扬。

18世纪兴起的英国自然式风景园被誉为欧洲造园史上的"华丽转身"。在政治体制上，英国建立了君主立宪制，使象征绝对君权的法国古典主义园林遭到猛烈的抨击。在哲学思想上，开始盛行经验主义，它与欧洲大陆盛行的理性主义针锋相对，培根质疑传统中至高的几何比例美，指出："没有哪一种高度的美不在比例上显出几分奇特[42]。"对于园林艺术，他提出："园林的一部分要尽量形成自然原始的状态"，其中的"花草不要有任何秩序[43]"。在社会、政治、经济、文化、艺术等因素的综合影响下，英国园林经过不规则化阶段，产生了自然风景式园林样式，并在近一个世纪当中，经历了自然式、牧场式、绘画式和园艺式等各个发展阶段，最终取代古典主义园林，成为统帅欧洲造园艺术的新样式[19]。园林布局由规整走向自由，造园师更多关注自然形式的多变来赋予园林更多的真实感，大片的草坡沿着自然的地形起伏有致、一片片树丛高低错落，自然曲线替代了平直几何的线条，这里也有大片的水面，不同的是草坡很自然地以一个优美的角度伸入湖中，而不再是石砌的方整驳岸。建筑已不是控制园林全局的中心，而是退避三舍，让位于自然。但无论是规则式还是自然风景式，西方园林一直是以真实比例的植物山水与自然相融为一整体的。

随着 19 世纪西方美学已不再是经验主义与理性主义的分野，而是经验主义同科学理性相结合，园林设计的手法上也表现为折中主义的风格。其最大的特点就是空间上围合与开敞相交融；平面形式上根据场地面积、地形地貌以及建筑布局来决定采用规则式或自然式的构图；注重园林内涵的挖掘而非形式本身；强调突出自然景观特征，以自然景色为造园主题；强调以植物学为基础的植物造景，将浪漫主义色彩与科学主义趋势相结合，充分显现感性与理性的交融。

五、思维方式的转变

中国传统文化艺术亟待现代化，是中国当代学者普遍的共识，分歧只在于方法问题。对园林艺术而言，换位思考无疑有助于提高我们的鉴别能力，进一步认识中国传统的优势与不足，进而促其发展。

18 世纪，中国文化艺术传入欧洲，中国园林改变了西方人对自然的态度和观察自然的方式，即从建筑师的视角转向诗人和画家的眼光，产生的英国自然式风景园虽与中国山水园在形式上有较大差别，而在内涵上却十分接近，不再是"英中式"园林中，对中国元素的堆砌和拙劣抄袭，因而能够流传下来，并对西方近现代园林的发展产生巨大的影响。相反，那些模仿他人作品外在形式，追求"异国情调"而产生的园林风格，无不在短暂的流行之后很快就销声匿迹了。

因此，无论是研究中国传统园林，还是借鉴西方现代园林，绝不能流于形式。国画大师齐白石（1864—1957）曾告诫过弟子："学我者生，似我者死。"就是说学习别人的作品不能一味地追求表面形式。研究中国传统园林，首先是要挖掘其中蕴含的现代思想和启示意义；借鉴西方现代园林，首先是吸取造就这种园林艺术的科学的思维方式，从而确立正确的研究方法。

既然在现代社会中，西方人的思维方式有着分析性、精确性、逻辑性、实证性和超前性等优势，也是西方文化之所以能成为强势文化的根本原因，那么我们是否能够借鉴西方人的分析手法，重新审视中国传统园林，得出有益于现代风景园林师的启示呢？答案应该是肯定的。

原因在于以中国人传统的思维方式看待中国传统园林，其模糊性和整体性使得结论大多"模棱两可"，让中国传统园林陷入"只可意会，不可言传"的困境。研究成果的模糊性和笼统性，必然制约着中国传统园林的传承。此外，直觉性的思维方式使中国的造园论著大多是对历代造园经验的总结，偏重于造园要素和造园技法的研究，而疏于对中国传统园林理论和理法的梳理。大量的论著往往仅有广度而缺乏深度，只停留在感性认识，而没有上升到理性高度。重造园技法而轻造园理论的结果，就是几千年来中国园林在造园技巧上日臻完善，而在园林形式上则一成不变。

借鉴西方的研究方法，就是要追根寻源，分析中国传统园林造园理论和理法的来龙去脉；同时分门别类，了解中国传统园林的造园要素和手法的基本规律；从整体到局部，再由局部回到整体，把握中国传统园林的本质特征。最后从现代园林设计的角度，阐释中国传统园林造园思想和设计手法的现实意义。

那么，以西方人的思维方式审视中国传统园林，是否会出现张冠李戴，或全盘西化的问题呢？这点无须顾虑。首先，就像中西方文字可以互译一样，中西方园林也完全可以换种角度来解读。文字互译或许会损失一些微妙之处，换种角度看待园林也可能产生误解，但是不会妨碍人们的理解。其次，换一种标准评价中国传统园林，目的也在于加深对中国传统园林的理解，基于中国传统园林的重新创造，恰恰避免了中国现代园林发展完全西化的问题。实际上，中西方园林艺术虽然在形式上差别较大，但在内涵上却有许多相同之处，将两者巧妙结合，定能产生艺术上的奇葩。

因此，为了基于传统重新创新，在发扬我国传统思维方式的优势的同时，应当注重吸收西方思维方式的优点，取长补短，确立起一套能更加科学有效地认识世界和改造世界的创新思维方式。

习近平总书记指出："世世代代的中华儿女培育和发展了独具特色、博大精深的中华文化，为中华民族克服困难、生生不息提供了强大精神支撑。"创新从本质上讲，就是"见人之未见，思人之未思，行人之未行"，即求异思维。

中国现代园林的发展，首先应基于中国传统园林造园理论和理法的现代化，唯此才能真正消除传统园林与现代社会之间的隔阂，也才能真正促进传统园林的传承和现代园林的发展。所谓现代化，即要以现代人的眼光重新审视传统，从中发现符合现代人生活方式和审美要求的方面。现代人的眼光，首先是当代人的个体眼光，以及由个体眼光所组成的群体眼光。因而应强调人的个性和个体思维的独立性，对于艺术发展而言，个体的个性化眼光是不可或缺的，由此产生的个性化认识是构成社会整体认识的基础。

个性化认识的产生与发展，必须有适宜的社会环境，整个社会要以宽容的心态对待标新立异，对待独树一帜，使人们敢于怀疑、突破，乐于超越、创新。处在转型时期的中国社会，亟须提高人们的创造性能力，产生更多的原创性思想和产品。对现代园林发展而言，就要提高人们对传统园林的认知水准和基于传统园林的重新创造能力。为此，应鼓励人们对传统文化的个性化认识和重新创造的实践探索。需要强调的是，培养现代风景园林师求异思维和创新能力，并非鼓励人们随心所欲地肢解传统园林，或为所欲为的任意发挥，而是要在深刻认识中国传统园林本质的基础上，使之与现代社会的特征相融合。正如美国哲学家苏珊·朗格（Susanne K. Langer，1895—1982）在《情感与形式》中所说的："艺术所要表现的情感不是艺术家个人的流露和自我表现，而是艺术家所认识到的一种人类的普遍的情感[44]"。

通过对思维方式的剖析，我们可以探寻隐藏在园林形式背后的根源、本质和深层内涵；同时借助思维方式的转变和优化，以科学的研究手法和全新的视角，将中国园林置于两个大的背景之中，一个是纵向的三千多年的中国传统园林的发展历史；另一个是横向的 20 世纪现代风景园林发展的总体格局，我们便可在纵横交错的广阔视野中使研究达到应有的深度和广度。

第三章

中国传统园林要义

中国传统园林的漫长演进过程，正好相当于汉民族为主体的封建王朝从开始形成继而转化为全盛、成熟直到消亡的过程[4]。因此，一定意义上可以说中国园林史就是一部中国史。因为中国传统园林从来就不只是一个简单的生活空间，它是中国历史和文化的载体：两千年来，历代帝王都重视造园，园林不仅是皇权的象征，也是对仙境生活的追求，同时还是皇城规划与建设的重要组成部分；更重要的是，作为中国古代文化和官僚阶级代表的"士"造就了中国私家园林的核心——文人园林。他们的起居生活、文化创作和社交活动也都是在园林中进行的。因而中国的思想文化、社会经济、朝代更迭、艺术思潮、宗教哲学无一不在造园艺术中得到呈现。同时，中国传统园林不仅自身有着极高的艺术成就，而且对世界园林艺术的发展也做出了积极的贡献。早在汉唐时期，中国园林就影响日本等近邻，逐渐产生了一脉相承的东方园林体系。到18世纪，中国园林进一步影响欧洲，在英国出现了自然风景式园林，随后，所谓"英中式园林"在整个欧洲盛行一时。

本书并非详述中国传统园林的发展历史，因为前辈们已做了大量而细致的考证和研究工作。但诚如前述，要想探寻其现代意义，仍有必要对传统园林的演变、典型特征和衰落根源做一番本质的探索。

一、中国传统园林的发展历程

中国传统园林三千余年的发展表现为极为缓慢的、持续不断的演进过程。经济上始终以建立在血缘宗法关系上的地主小农经济为主；君主集权、封建礼制、官僚阶层三者结合，形成了稳定的一体化的政治结构；在"大一统"的思想框架里，传统思维方式世代相袭，基本属于近代分析性思维以前的直观综合、整体把握的阶段，形成了一脉相承又不断完善的自然观和美学观，以及礼乐复合的主流意识形态。而这三者之间的动态平衡促成了中国传统园林呈现出四个一以贯之，又蕴含微妙变化的发展阶段[①]。

（一）园林的生成期——商、周、秦、汉（公元前11世纪至220年）

中国传统园林历史悠久、源远流长，其原型可追溯到公元前11世纪栽培树木、放养动物供帝王贵族狩猎游乐的"囿"，通神、祭祀之用的"台"以及种植果蔬的"园圃"。造园活动的主流是皇家园林，最早见于历史记载的是商帝殷纣王所建的"沙丘苑台"和周文王所建的"灵囿""灵台""灵沼"。秦始

---

① 本章对中国传统园林发展历程的划分和各时期园林的典型特征，主要观点源于周维权.中国古典园林史[M].北京：清华大学出版社，1999。

皇统一全国后，曾在渭水之南作上林苑，苑中广建离宫，还在咸阳"作长池，引渭水……筑土为蓬莱山"，开创了人工堆山的纪录。西汉时，汉武帝刘彻在秦上林苑基础上进行扩建，形成集游憩、居住、朝会、娱乐、狩猎、通神、求仙、生产、军训等功能于一体的园林。其中，建章宫是最大的一个宫苑，它也是园林史上第一座具有完整三座仙山（蓬莱、方丈、瀛洲）的皇家园林，其"一池三山"的布局成为之后历代帝王营建宫苑的重要范式（图3-1）。

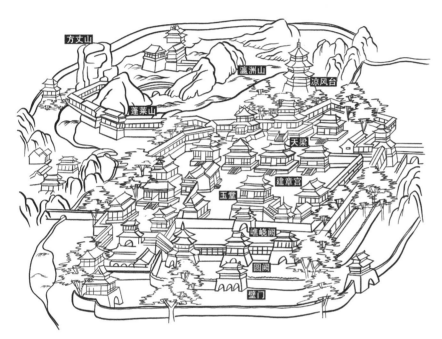

图3-1　汉建章宫想象图

同时期，私家园林开始发展，数量不多，且大都模仿皇家园林的规格和内容，两者区别不够明显。例如一些贵族、达官、富户相继在长安、洛阳两地广建"宅""第""园""园池"。到了东汉时期，随着庄园经济的发展，郊野一些庄园隶入一定比重的园林化经营，表现出一定程度的朴素的园林特征，这也可以视为私家园林的一支——"别墅园林"的雏形。

园林的功能由早先的狩猎、通神、求仙、祭祀、生产逐渐演化为后期的游憩、观赏。园林总体规划较为粗放，建筑要素与自然要素关系松散。在演化过程中，审美经营尚处在低级水平，未达到艺术创作的境地，所谓"本于自然却未高于自然"。

（二）园林的转折期——魏晋南北朝时期（220—589）

魏晋南北朝长期动乱，是思想、文化、艺术上有重大变化的时代。儒、道、佛、玄诸家争鸣，彼此抒发。思想的极大解放并促进了艺术领域的开拓。随着中国古代美学体系框架构筑的初步完成，园林创作的形式和内容也发生了重大的转变：园林的规模由大入小；主题从描摹神仙境界转化为对世俗题材的创作；规划设计由粗放转变为较细致、更自觉的经营，完全转向于以满足人的物质需求和精神享受为主；造园活动升华到艺术创作的境地；园林造景由过多的神异色彩转化为浓郁的自然气氛；创作方法由写实趋向写实与写意相结合。

在崇尚自然美的思潮影响之下，中国传统园林在形式上由再现自然进而至于表现自然，创作手法由单纯模仿自然山水的写实趋向于适当加以概括提炼的写实与写意相结合，但基调始终为"有若自然"。园林建筑要素与其他自然要素取得了较为密切的协调、融糅关系，结合自然山水，点缀成景。

皇家园林的狩猎、求仙、通神功能基本消失或仅仅保留其象征性的意义，生产和经济运作则已很少存在，游赏活动成为主导甚至唯一的功能。位于都城内的皇家园林已经具备"大内御苑"的格局，并被纳入都城总体规划，一般居于都城中轴线结束处，这种中轴线的空间序列也构成了都城中心区的基本模式。

造园活动普及于民间，私家园林作为一个独立的类型异军突起，集中体现了该时期的造园成就。城市私园多为官僚、贵族所经营，华丽而奢靡。庄园、别墅随着庄园经济的成熟而得到长足发展，成为文人名流、隐士们"归田园居""山居"精神的庇护所，从而成为后世"别墅园"的先型。它们"天然去雕饰"的风格，蕴含着隐逸思想、表现着山居田园景象，对后世私家园林尤其是其中的文人园林的创作有着深远的影响。

与此同时，佛、道盛行，寺、观大量兴建，相应出现了寺观园林形式。寺观园林，尤其是位于城中的寺、观，拓展了人们造园的领域，一开始便向平民化方向发展。而郊野寺观尤其注重外围环境氛围的塑造，对于各地风景名胜区的开发起到主导作用，正所谓"天下名山僧占多"。

至此，中国传统园林开始形成皇家、私家和寺观园林三大类型并行发展和略具雏形的园林体系，它上承秦汉余绪，把园林发展推向转折阶段，导入升华的境界，成为此后全面兴盛的伏脉。中国传统园林，正是沿着这个脉络进入隋唐的全盛期 [4]。

（三）园林的全盛期——隋唐五代时期（589—960）

隋唐时期中国复归统一，国势鼎立，是秦汉之后的又一个全盛时代。园林也在魏晋南北朝所奠定的自然式园林风格的基础上，伴随经济、文化的进一步发展而臻于全盛的局面，作为一个园林体系，它所具有的风格特征已经基本形成。

在宫廷制度的不断完善、帝王园居活动频繁和多样化的促进下，隋唐皇家园林"皇家气派"完全确立，规模宏大，布置完善，设计精致，从而形成了大内御苑、行宫御苑和离宫御苑三大类别，出现了西苑、华清宫、九成宫等一批划时代的作品。这些成就标志着以皇权为核心的集权政治进一步巩固和封建经济、文化的空前繁荣。

私家园林的艺术性也有所升华，着意于刻画园林景物的典型性格和局部的细致处理，开始追求诗画情趣相互渗透。例如苏东坡评价王维的作品"味摩诘之诗，诗中有画；观摩诘之画，画中有诗"，以诗入园、因画成景已见端倪。隐与仕结合表现为"中隐"的思想风行文人士大夫阶层，园林作为"中隐之所"受到士流推崇，加之官僚阶层的推进，得到了很好的发展。同时文人本身（如白居易、王维）参与造园实践，在造园中把儒、道、佛禅哲理融会于园林，促成了文人园林的兴起。文人园林清新淡雅的格调和浓郁的意境蕴涵为私家园林创作注入了新鲜的血液，这也使写实和写意相结合的创作方法进一步深化。

同时，寺观园林进一步普及和世俗化，发挥了公共交往中心和郊野旅游的功能，并在一定程度上保护了郊野生态环境。宗教发展和园林建设在更高层次上结合，促进了风景名胜区，尤其是山岳风景名胜区普遍开发的局面，反作用于寺观园林长足发展。

隋唐时期，两京作为政治、文化中心非常重视公共园林（乐游原、曲江池）、城市绿化（行道树）的建设。

这一时期，风景式的园林创作技巧、手法较之上代有所突破。园林中"置石"使用较为普遍，"假山"开始作为园林筑山的称谓；理水，除依靠地下水，更注意从外围河流引入活水；园林植物的栽植、培育已有所发展，品种、题材更为多样化；园林建筑的风格更加丰富，从华丽殿堂到朴素茅屋，不一而足。

山水画、山水诗、山水园林在隋唐时期开始互相渗透，园林体系成型，并辐射至日本和朝鲜半岛。此时的园林创作不仅发扬了秦汉大气磅礴的闳放风度，也在精致的艺术经营上取得了辉煌的成就。

（四）园林的成熟期——宋、元、明、清（960—1911）

中国传统园林的成熟期大致可分为三个阶段：两宋、元明清初、清中后期。

1. 两宋（960—1271）

宋代虽国力衰弱，但填词、绘画和建筑技术的成就非凡，统治阶级追求享乐，造园风尚反而更盛。

私家造园活动最为突出，文人园林占据主导地位，其风格大致可概括为简远、疏朗、雅致、天然四个方面。文人园林的兴盛，成为中国古典园林达到成熟境地的一个重要标志。

皇家园林较多受到文人园林的影响，规模虽远不及隋唐，但规划设计则更加精致，表现出更接近私家园林的倾向。这种倾向冲淡了皇家气派，从一个侧面反映了宋朝政治在一定程度上的开明性，和文化政策一定程度上的宽容性（图3-2）。

寺观园林由世俗化而更进一步文人化，文人园林的风格涵盖了绝大多数寺观园林。公共园林的建造更为活跃，某些私家园林和皇家园林定期对公众开放，发挥了部分公共园林的功用。

造园中的叠石、置石技艺高超，理水已经能够缩移模拟自然界全部水体形象，与石山、土山、土石山的经营相配合而构成园林的地貌骨架；观赏植物由于园艺技艺的发展，具备更多的品种；园林建筑已经具备后世所见的几乎全部形象，尤其是建筑小品、建筑细部、室内家具更胜隋唐。

唐代园林创作的写实与写意相结合的传统，到了南宋完成向写意的转化。这受到了禅宗哲理和文人画写意画风的直接影响，诸如"须弥芥子""壶中天地"等美学观念也起到推动作用。文人山水画作为造园粉本，其画理作为构园

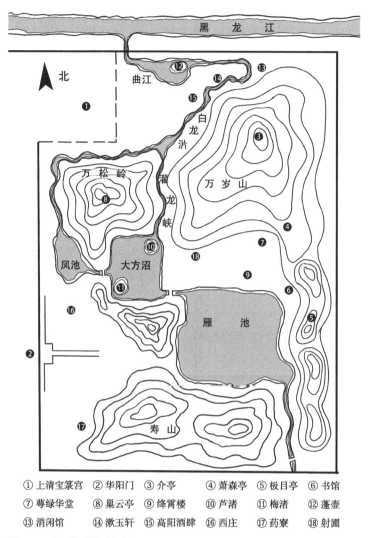

①上清宝箓宫　②华阳门　③介亭　④萧森亭　⑤极目亭　⑥书馆

⑦尊绿华堂　⑧巢云亭　⑨绛霄楼　⑩芦渚　⑪梅渚　⑫蓬壶

⑬消闲馆　⑭漱玉轩　⑮高阳酒肆　⑯西庄　⑰药寮　⑱射圃

图3-2　艮岳平面设想图

手法，使园林呈现出"画意"；景题、匾联的运用，又赋予园林以"诗情"。这
不仅具象地体现了园林的诗画情趣，同时也深化了园林的意境蕴涵，正是写意
的创作手法所追求的最高境界。可以说，"写意山水园"的风格直到宋代才最
终完成。

2. 元、明、清初（1271—1736）

在两宋的基础上，中国传统园林在近5个世纪中进一步延伸、发展。这一
时期，士流园林开始全面"文人化"，文人园林涵盖了民间造园活动，全面满
足了文人、士大夫游赏、吟咏、宴请、收藏、啜茗等要求。同时，市民文化的
兴起和浸润，使得私家园林呈现出雅与俗的抗衡与交融。明末清初，江南经济
文化发达、民间造园活动频繁，涌现出大批造园家。文人广泛参与造园，将造
园经验整理出版，标志着江南民间造园的艺术成就达到高峰。

中央集权强大，皇家园林规模再次趋于宏大，皇家气派又见浓郁，但也吸
收了江南私家园林的养分，保持自然生态的"林泉抱素之怀"。

在造园手法上，元、明文人画盛极一时，影响波及园林，巩固了写意创作的主导地位。叠山技术日臻完善，充实了造园活动的内容，促进了造园技艺的丰富多样。这一时期的园林创作普遍重视技巧——建筑技巧、叠山技巧、植物配置技巧，积极的一面是丰富了园林精致程度，消极的一面则是削弱了在造园思想内涵上的突破。

3. 清中叶、清末（1736—1911）

从乾隆到清末不到两百年时间内，中国历史急剧变化，国力盛极而衰，这也是中国传统园林历史的终结时期，其间虽营建了大量宫苑和私家园林，但在风格上并未有重大突破，且显露出末世衰颓的迹象。

皇家园林方面，历经乾隆、嘉庆两朝，园林规模和造诣达到顶峰。大型园林的总体规划、设计全面引入江南民间造园技术，形成南北园林艺术的大融糅，造就了颐和园、圆明园、承德避暑山庄等里程碑式的作品。而随着封建社会转衰和外敌入侵，皇室不再有乾隆时期的财力营造宫苑，从此一蹶不振（图3-3）。

私家园林乡土化趋势显著，形成江南、北方和岭南三大地方风格。江南园林居于首位，精华作品汇集城市宅园，别墅园林逐渐失去兴旺势头。这也反映私家造园从"自然化"转向"人工化"的倾向。私家园林作为艺术创作，虽然技巧高超，但大多数不再呈现宋、明时期的生命活力。

图3-3　承德避暑山庄

由于园居活动频繁，园林转化为多功能的活动中心，并且受到当时过分追求形式美和造园技巧的影响，园林建筑密度较大，人工叠山掇石较多，大量使用建筑要素围合、分隔园林空间，这多少削弱了园林自然天成的趣味，不免使造园倾向于形式主义。

造园理论停滞不前，再也没有出现明末清初那样有关园林、园艺的理论著作，许多精湛的造园技艺停留在匠师口耳相传的水平，没有得到总结、提高而升华为系统的理论。

受封建制度的长期统治影响，历经三千余年的中国传统造园艺术在一个自我封闭、高度延续的发展过程中，实现其日益精密、细致的自我完善。山水园的造园体系从架构，而后不断吸取诸家之长，持续发展至清初时，终于臻于完全成熟的境地。此后仅是在深度和细节上不断追求精致化和烦琐化，已无开创性的进取精神，最终落后于时代的发展而趋于没落的境地。

二、中国传统园林的对外影响

（一）中国传统园林在东方的延伸

中国传统园林作为一个独立完整的造园体系，在其发展过程中，与外国早有交流。在东方，不仅朝鲜半岛、越南等与中国接壤的大陆国家深受其影响；即便隔海相邻的日本园林，也从中国传统园林的思想、技术中不断汲取着营养。

日本在飞鸟时代（592—710）之前，园林形式主要是以田猎为主的园囿和在房前屋后种植树木。自飞鸟、奈良时代（593—794，中国隋唐时期）起，中国的道家思想、神仙传说、魏晋风流等文化传入日本之后，日本开始全面吸收和模仿汉文化包括园林艺术，这一时期是中国山水园林舶来期，日本的造园艺术开始有了飞跃发展。在而后的平安时代（794—1192），汉文化的影响更加广泛地反映到园林作品中。出现了为曲水宴活动而构筑的曲水庭，是对中国魏晋时期追求林泉归隐的"曲水流觞"这一园林内容的模仿。此外，效仿中国宫苑"一池三山"的仙境式布局，在当时的御苑和贵族府邸中还出现了掘池筑岛的舟游式"池泉庭园"。在桃山、江户时代（1573—1868），这一风格更加盛行，主要以表现神山仙境为主题，景观通常由龟岛、鹤岛、蓬莱石组以及代表通往仙境的石桥组成，园林风格豪放有力。1598 年重建的醍醐寺三宝院庭园便被誉为这一时期的代表作（图 3-4）。而至江户时代，"一池三山"的造园模式在构图上已不再局限于岛屿的数量，主要表达其含义，并逐渐演变成日本特有的龟岛、鹤岛的形式，且一直延续到近代。

佛教在汉朝时传入中国，其宗教哲理影响了中国的造园思想，并在 7～8 世纪之交传到日本。而佛教思想对于日本园林创作的影响之深远，更胜于其在中国。约在平安中期，出现了模拟净土世界的布局形式，园林建筑、池岛都带有浓厚宗教意味的"净土园林"。如著名的毛樾寺庭园便是在佛教思想和中国造园技艺影响下产生的典型作品。毛樾寺庭园以塔山为背景的中心池泉浩然，岸线蜿蜒而优美；池中岛屿与两岸以石拱桥相连，通往本堂；水中种植莲花，作为佛教极乐净土的象征。庭园中宁静的水面、悠然的远山营造出净土世界的安宁与祥和（图 3-5）。

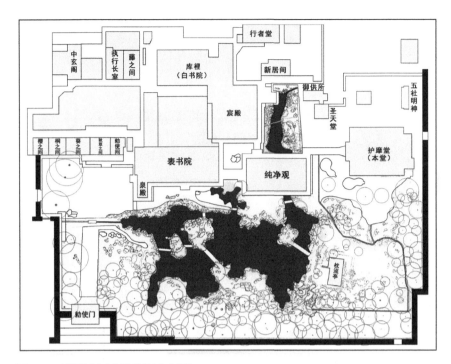

图 3-4 醍醐寺三宝院庭园布局图

图 3-5 毛樾寺庭园

到了室町时代（1336—1573），产生了日本园林史上最杰出的园林形式——枯山水园林，即不用水来表现山水的园林形态，只以白砂象征大海或河瀑，石块象征岛屿或高山，园林的规模较小，游览方式多以坐观为主。这一园林风格深受中国写意山水画画意和理论的影响，用简远、疏淡的手法，赋予园林恬淡出世的气氛，是极富象征性和抽象性的写意园林形式（图 3-6）。

图 3-6　日本园林中的枯山水

随着中日两国使节、僧侣、商人逐渐频繁的来往，中国造园技艺和林泉享乐习尚也得以直接、及时地介绍到日本[45]。如镰仓时代日本禅僧荣西入宋留学四年，回国的时候，将中国的茶文化带回日本，孕育了后来室町时代以"和敬清寂"为宗旨的具有禅理的茶道之风，从而产生了又一次园林创作的变革——茶庭的出现。茶庭是茶室的庭园，一般面积较小，适合近观冥想，注重以写意的手法在狭小的空间内充分表达朴素、淡泊的心理境界和自然的宁静与和谐。茶庭的设计非常注重自然的姿态，在茶道上配置各种设施，除了普通的园路外，还有飞石、汀步；另外还设置起照明作用的石灯笼，洗手用的石水钵之类的小品点缀；种植上为体现恬静、幽玄，避开花灌木而选择常绿树为主的栽植。

在园林植物配置方面，日本也受到中国传统园林中陈列鉴赏奇物名品的集锦式创作思想影响，从我国名胜风景区引种驯化、培养而作为其造园材料的例子也很多。如奈良时代，日本佛教律宗开山祖师鉴真（688—763 ）[1]，自杭州孤山引松子育苗，作为唐招提寺庭园的观赏植物，便是最早见于记载的一例。而至江户时代，引中国名胜风景区植物作为园林鉴赏配置的风气便已十分盛行[45]。

日本园林发展过程中，在不断借鉴外国，特别是借鉴中国的同时，本土造园师将这些外来文化和技艺融入日本的自然条件、山水景观和美学观点之后，逐渐发展出"自然之中见人工"的具有自身独立风格的日本山水园林形式。尤其是日本的枯山水和茶庭更是将由中国传入的禅宗思想与园林精神相结合并推向极致，极度"空灵"的空间与许多伊斯兰庭园有着异曲同工之妙，就连西方许多现代园林师都无不为之倾倒。而自明治维新以后，从传统文化的继承到

---

① 原为中国唐朝僧人，后东渡日本。

"嫁接"文化的深入，再到文化自觉意识的形成，日本在本土文化与外来异质文化的碰撞中，有选择地吸收西方先进文化。凭借雄厚的经济基础、先进的科学技术以及对传统文化的执着追求，日本现代园林无论是在经营艺术还是工程技术方面，都在传统的基础上取得了很大的发展，已步入国际先进行列，成为现代风景园林东方体系中重要的一支，这对于自清末开始走向衰落的中国园林来说，值得深思和借鉴。

(二) 中国传统园林对欧洲的影响

在中西文化交流史上，中国造园艺术在欧洲的影响，情况之热烈，时间之长，范围之广，程度之深，都是少有的 [46]。

自公元 1 世纪开辟了通往西域的道路之后，尤其是经过唐代繁荣起来的"丝绸之路"，中国丝绸、瓷器等商品经西域源源不断传入罗马帝国。此后，中国与欧洲的商旅贸易往来时断时续地进行，然而在这一阶段，西方并不了解中国的社会情况和文化艺术上的成就。

13 世纪，随着元代军事力量的扩张，中国与欧洲关系有了变化。意大利旅行家马可·波罗（Marco Polo，1254—1324）游历中国之后出版的《马可·波罗游记》，向欧洲展示了一片宽阔而富饶的土地、国家和文明，引起了欧洲人对于东方的向往。在当时的西方人眼中，中国便是"异域的福地"。但当时，中国和西方陆路交通困难，西方人并不去印证这些设想是否属实，便将中国看作是理想社会的象征。

14 世纪开始，地理大发现和新航道的开辟打通了亚欧的海上交通，双方的交流日渐频繁，大批商人来到中国。从 1513 年葡萄牙商船第一次驶入中国港口进行通商贸易开始，大量的中国瓷器、丝绸、茶叶等商品和艺术品源源不断地输入欧洲，同时也开启了文化的交流。1600 年底不列颠东印度公司（BEIC：British East India Company）的成立，使英国人开始从东方贸易中获得巨大利益，随后荷兰、丹麦、瑞典、法国等国也相继到东方来贸易。一时间，中国的瓷器、刺绣、壁纸、丝绸、家具等，令当时的西方人赞叹不已，并竞相模仿，成为上流社会的标志。而中国巧艺（Chinoiserie）也取代了此前一度流行的代表东方风格的土耳其巧艺（Turquerie）。

中国的影响，开始于欧洲艺术的风向标——法国。初期，体现在装饰美术和工艺品制作上。而后，在 17 世纪下半叶，中国艺术开始渗透到西方建筑之中。这种风气和法王路易十四的倡导息息相关，他醉心于"中国巧艺"，并于 1670—1671 年间，按照他心目中中国皇宫的样子，为情人蒙特斯庞夫人在特里亚农兴建了一所宫殿，采用了蓝白色琉璃瓦房顶，被称为"特里亚农瓷宫"。为了表明自己在财富、权力和品位上优于东方君主，路易十四要求这座建筑在结构上采用欧洲式样，只是在装饰风格上带有中国建筑的痕迹。

从根源上说，中国艺术对于欧洲的影响不同于日本、朝鲜等东方国家。17 世纪，欧洲艺术界受洛可可（Rococo）风潮的冲击，开始追求轻巧纤细、变幻新奇，不再注重古典主义严格的教条，从而促使人们喜好新颖奇异、迷离梦幻的异域文化。因此欧洲人对中国巧艺的热捧更多的是出于猎奇心理，是对中国艺术新奇、无拘束的自然样式充满兴趣，而对于中国的历史、社会情况、哲学思想却不甚了解。此外，欧洲艺术家主要通过商人、传道士的介绍了解中国，所接触到的大多是非一流的工艺品甚至是低劣的仿制品，以及对中国情况的片面或肤浅描述。他们根据这些以及传讹了的关于中国的听闻，判断、理解中国的东西，不免对于中国艺术品的欣赏缺乏广度和深度。因此可以说，17世纪风行欧洲的中国巧艺只是欧洲艺术创作过程中在中国影响下自身发展演变的结果，并非真正的中国东西。中国传统园林对欧洲的影响正是在这样的社会、艺术背景下发展的。

中世纪之后，意大利作为文艺复兴运动的发源地，也是欧洲近代园林艺术的开先河者，并在巴洛克时期达到鼎盛。意大利园林主要特征是依山就势，建造台地式花园。随着意大利文化的传播，其园林样式也传到了法国、英国等国家。

17世纪下半叶，法国的君主集权发展到鼎盛，在意大利台地园的基础上，结合法国本土的地域特征，形成了古典主义园林艺术，以宏伟的中轴线和对称的几何式布局为基本特色。当时法国文化在欧洲居于领导地位，因而这一古典主义造园艺术也风靡整个欧洲，成为欧洲园林的正宗。古典主义园林几乎图解了君主集权制度，不仅使古典主义的构图原则展现更为完美，造园要素的组织更加协调，其庄重典雅的风格也鲜明地反映出这一辉煌时代的特征。

18世纪初，法国古典主义园林的基石——绝对君权走向衰落，文化艺术方面，古典主义思想的禁锢作用也渐渐逝去，古典主义园林的权威不免开始动摇。同时，随着海外贸易发展，欧洲许多商人和耶稣会传教士来到中国，带回大量商品和书面报告，在欧洲人眼前呈现出一个前所未知、水平高深的异域文化，于是，欧洲形成了“中国热”[46]。最早向欧洲介绍中国园林艺术的是法国传教士、画家王致诚（Jean Denis Attiret，1702—1768）[①]。但是，中国造园艺术却没有在法国产生实际的影响，仅体现在局部的装饰性要素方面。究其原因主要是唯理主义哲学在法国的根深蒂固，古典主义园林艺术所取得的极高成就，仍然是法国人心目中的骄傲，仅凭中国园林带来的异国情调，难以撼动其权威地位。

然而，中国园林艺术在英国却发生了实质性的影响。18世纪上半叶，英国发生了工业革命，转向工业的新式土地贵族和农业资产阶级在政治上举足轻重，他们的审美观念成了主流，同时也成为造园艺术潮流的领导者。新兴的资产阶级在作为安身立命之基的田园牧场中见到了自然风光之美，厌倦了法国古典主义园林的规则与秩序，于是兴起了一种新的园林样式，即自然风景式园林（Landscape Garden）。而中国人“师法自然”的造园理念、“诗心画眼”的造园

---

① 王致诚对中国园林艺术在欧洲的传播作出了巨大贡献。他于1738年来到中国并供奉内廷，曾参与了《圆明园四十图景》的绘制工作。1747年，王致诚在《中国皇家园林特记》（*Un Recit Particulier des Jardins de l'Empereur de Chine*）中，赞美圆明园为“万园之园、无上之园”，是“由自然天成”的。他认为“人们所要表现的是天然朴野的乡村，而不是按照对称和比例的规则严谨布置的宫殿”。中国园林的特点在于不规则式构图和柔和的线条，无论是蜿蜒曲折的园路，还是变化无穷的池岸，都不同于欧洲追求统一和对称的造园风格。

理法和"丰富多变"的园林布局，无疑对英国风景式造园起到了参考和推动作用。

1692 年，英国外交家和散文家威廉·坦普尔（William Temple，1628—1699）出版了《论伊壁鸠鲁的花园》（*Upon the Garden of Epicurus*），在书中，他称赞中国园林如同大自然的一部分，表现了大自然丰富的创造力。他认为中国园林以蜿蜒曲折和变化无常的线形，构成了具有装饰性的艺术要素，产生了一种无秩序的美。坦普尔还将中国园林艺术中表现出来的不规则性概括为"Sharawadgi"。尽管数百年以来，无人能说清"Sharawadgi"的出处和确切含义，但它在 18 世纪却是英国人遵循的最重要的造园原则之一 [19]。

18 世纪下半叶，英国建筑师威廉·钱伯斯（William Chambers，1723—1796）出版了《中国的建筑意匠》（*Designs of Chinese Building*）和《中国建筑、家具、服饰、机械和器皿的设计》（*Designs of Chinese Buildings, Furnitures, Dresses, Machines and Utensils*），并在 1772 年出版了《东方造园论》（*Dissertation on Oriental Gardening*），在整个欧洲都产生了极大的影响。受钱伯斯影响，欧洲出现了"英中式园林"风格，在自然式风景园中加入了大量的中国园林符号，例如在园中将中国式样的宝塔、小桥、假山、亭子等点缀在如画的风景之中（图3-7）。这种追新求异的怪诞手法，虽然给人带来了短暂的愉悦，仿佛经历了一次穿越时空之旅，但是与真正的中国建筑依然有着巨大差别，艺术水平并不高，甚至是对中国园林的断章取义，因而在流行一阵之后，到 18 世纪末就过时了。

法国则于 18 世纪中叶，酝酿着资产阶级革命。启蒙思想家一方面从中国借用伦理思想，甚至政治观念，掀起更加深刻的"中国热"的新高潮；另一方面对已经进行了资产阶级政治革命，并且开始了产业革命的英国大为倾倒。因此，中国的园林艺术，主要通过英国的自然风景式园林在法国风行起来。法国人称之"中国式园林"（Jardin Chinois）或者"英中式园林"① （Jardin Anglo-Chinois）。不久，它流行到了德国、俄国，直至整个欧洲。德国美学教授赫希菲尔德（Christian Cajus Laurenz Hirschfeld，1742—1792）1779 年于《园林学》（*Theorie der Gartenkunst*）中写道："现在人建造花园，不是依照他自己的想法，或者依照先前比较高雅的趣味，而只问是不是中国式的或英中式的。"他无可奈何地承认了中国园林艺术在欧洲影响的广泛 [46]。

到了 19 世纪初，法国资产阶级大革命震荡了整个欧洲，思想文化潮流又发生了新的变化，学习中国园林艺术的热潮才平落下来。鸦片战争之后，欧洲人剥去了中国强盛的虚假外表，认识到被他们推崇备至的中国封建文化竟是如此落后、衰败。至此，风行欧洲的"中国热"完全消失，欧洲人在更加了解之

---

① 在法国，18 世纪的法国自然式园林，被人们称为"英中式园林"，其原因并不在于它直接从中国园林中吸取了灵感，而是因为霍特利 1770 年出版的《近代造园论》，与钱伯斯 1772 年出版的《东方造园论》，几乎是在同一时期被翻译成法文，使法国人混淆了中国园林与英国园林的区别，因而在名称上将这两种形式结合在一起。尽管如此，法国人也像英国人那样，通过对中国园林艺术的了解，坚定了人们抵制规则式园林的决心。

图 3-7　邱园中的中国塔

后，结束了对中国造园艺术的迷恋。

（三）中国传统园林的衰落

中国传统园林艺术衰落的原因错综复杂，其中很重要的一点是中国在鸦片战争中的失败导致国家在西方世界的形象江河日下。国力的日益衰败导致西方人对中国传统园林的评论从褒扬转为批评，"1839—1942 年间的事件实际上标志着英国的中国文化热的完蛋[46]"。可见综合国力的强弱是衡量一个国家、一个民族文化艺术国际地位的重要准则之一。此后的 100 多年，随着战火纷起和新中国成立后步履维艰的社会进程，中国传统园林始终未有适宜的发展环境。而改革开放后的中国人片面追求全盘西化，使中国本土园林生长的土壤日渐贫瘠[47]。

清朝前期，经康熙、雍正、乾隆三朝励精图治，社会经济取得了良好的发展。但从乾隆中期以后社会经济开始走下坡路，官僚贪污、吏制腐败，统治基础逐渐失去平衡，到清末社会经济已经陷于停滞。而 1840 年的鸦片战争更使清政府面临内忧和外敌双重压力。通过对人民的残酷剥削，皇室尚有财力营建精美而别致的园林，而受战争和动荡的社会局面影响，这一时期的皇家园林和私家园林规模都有所收缩，并且不少此前修建的优秀园林也毁于战火之中。但受西方科技文化的影响，许多新技术也在这一时期逐渐应用于园林之中，开始形成了现代园林的萌芽[48]。

1840 年以后，伴随着外国租界的出现和西方生活方式的影响，在上海、青岛、天津、广州等地出现了公共园林，主要有租界园林、中国政府辟建的公园及一些地方团体集资兴建的公园三类。

1911 年辛亥革命推翻了封建帝制，使中国获得了新的发展契机。民国政府提出的"民主、民权、民生"革命目标为公共园林的建设奠定了政治基础，由于社会一直处在严重的动荡之中，因此这一时期的造园活动规模和数量都非常有限。

许多城市开始建设了城市的公共绿地，后期在一些大中城市还设立了专门负责城市绿化的机构。原来的皇家园林都先后开放成为真正的公共园林，许多保存下来的私人庭园也被陆续开放。在私人庭园的建设领域，突破了原来清一色宅园组合式布局的中国传统园林做法，开始出现一些西洋花园式的宅园和花园别墅[48]。到了民国中后期现代园林理论方面的研究逐渐展开，并形成了一些理论著述。

新中国成立后，中国城市园林建设获得了长足的发展。新中国成立初期，国家资金投入有限，园林建设本着"先求其有，后求其精""少花钱，多办事""以绿为主，先普及后提高"等宗旨进行园林建设。特别是 20 世纪五六十年代，党和政府提出"普遍绿化，重点美化"的方针[49]，1958 年提出"大地园林化"的口号。在这个基调下，清理场地，绿化（种树）是主流，对于现代风景园林设计方法的研究未有过多涉及。

改革开放之后，随着经济的发展，城市公共绿地建设在全国各地又逐渐展开。经过 40 多年的发展，不论是绿地面积、绿地种类、规划设计、管理水平都有了巨大的进步。我国人均公园绿地面积从 1981 年的 1.5m² 上升到 2020 年的 14.8m²，建成区绿化覆盖率也达到了 41.51%。园林建设也逐渐摆脱了单调和萧条，规划布局从僵化、单一逐渐变得灵活多样、自由；植物种类也从少到多，植物配置更加因地制宜，丰富了城市园林景观。

跳出国内，从国际视角来看，尽管经济迅速发展的中国日益成为全球风景园林师一展身手的国际舞台，然而中国现代风景园林的国际地位还亟待提升，具有国际影响力的设计师和作品还很稀缺。一个多世纪以来，中国近现代风景园林始终在追随西方近现代城市建设、园林发展的形式与风格，既缺乏理解西方现代风景园林内涵的社会文化背景，又未能将西方的理论和实践与本土的实际情况相结合。

通过对中国传统园林三千多年的发展历程进行的简要回顾，不难看出，在这段历程中，传统园林经过两千年的发展，造园体系、造园思想和造园水平在两宋时期完全成熟，其后不断在细节和技巧上臻于完善。造园水平在乾隆时期达到顶峰，在此基础上建造的清漪园得以传世。强势的文化背景也使中国长期以来对东方园林（日本、朝鲜半岛）产生了重大影响，并在商贸、文化交往中对西方园林产生了明显的影响。

清朝中后期，随着封建制度日渐衰落以及西方列强不断侵扰，传统园林发展趋于停滞。中国在鸦片战争中的失败导致国家沦为西方列强的殖民地。国力的日益衰败，使西方人对中国古典园林的评论从褒扬转为批评。此后，中华民国时期政权迭起、军阀混战，到两次世界大战、国内战争，中华民族始终在为生存奋斗。新中国成立后，随着社会改造的进行，中国社会在温饱线上挣扎，园林建设大都停留在国土绿化水平，难有规划设计层面的发展。改革开放后，城市园林建设虽取得了长足发展，但在很长一段时间内，我国风景园林的设计方法、设计思想在全盘西化的背景下迷失了自我，导致中国本土园林生长的土壤日渐贫瘠。国人既对外来文化缺少深刻的理解，又对本土文化和景观资源缺乏认识，造成中国一方面园林建设欣欣向荣，另一方面园林理论与实践水平均十分低下的尴尬局面[47]。

习近平总书记在党的十九大报告中指出："文化是一个国家、一个民族的灵魂。文化兴国运兴，文化强民族强。没有高度的文化自信，没有文化的繁荣兴盛，就没有中华民族伟大复兴。"同时，习近平总书记还强调，我们既要把"立足本国又面向世界的当代中国文化创新成果传播出去""应该从不同文明中寻求智慧、汲取营养，为人们提供精神支撑和心灵慰藉，携手解决人类共同面临的各种挑战。"因此，当今中国风景园林的发展，也只有坚持中国特色社会主义文化的开放性，防止封闭僵化，才能启迪思路，广开视野，真正促进自身园林文化的发展。同时，在与西方园林各界的交流中，要注意辩证取舍，提升辨别能力，防止盲目崇拜，全盘皆收。

第四章

现代风景园林的行业本质和时代特征

在探讨传统园林的现代意义之前，必须认清现代园林的行业本质和时代特征。研究传统园林的主要目的，在于使其融入现代社会，更好地为现代人服务。因此研究的出发点不应局限于就传统园林论传统园林，而应从现代园林出发，再回到传统园林。

一、从园林到风景园林

园林是一个不断发展的行业。随着社会的发展、科技的进步，人与自然关系的不断变化，人们对生存环境的需求也相应地从被动到主动、单一到多样、简单到复杂、低级到高级。因而，园林从萌芽到早期的庭院建设再到现在的国土整治，也经历了不同的阶段，其本质特征不断完善、更新，涉及范围不断拓展，同时也带来了专业名称的变化。在历史上，"园林"作为一门技艺也好，一个行业也好，曾使用过的名称就有十来个，如"造园""花园""林苑""宫苑"等。发展到现在，全世界基本接受了 1858 年由美国人奥姆斯特德（Frederick Law Olmsted, 1822—1903）提出的"Landscape Architecture"这一术语。在翻译这个名称时国内许多专家至今仍存有争议，目前普遍译为"风景园林"，但也有的译为"景观""景观学""景观建筑""景园"等。实际上，词义的含混并不影响我们对行业本质特征的认识，也不能因此导致行业的分裂和阻碍其发展，更为迫切的应该是不断推动理论体系的建立和实践认知水平的提高。

（一）园林

园林（Garden & Park）：在西方通常指工业革命（18 世纪中叶）之前的各种类型的花园和林苑，包括寺庙园林（教堂内部庭院和圣林）、皇家猎苑（Hunting Park）、皇家宫苑（如凡尔赛宫苑 Versailles Palace Park）、贵族的城堡园林或别墅园林（如沃勒维贡特庄园 Le Jardin du Chateau de Vaux le Vicomte）。其中，圣林和皇家猎苑是自然或半自然的，其余都为人工建造的。这时期的园林几乎都是为统治阶级服务，或者归他们所私有；园林形式从古希腊古罗马时代的实用性园林（果木园）到意大利的文艺复兴园林再到法国古典主义园林均为规则式，大多数只是建筑的延伸，作为建筑与自然之间的过渡空间；以开展娱乐活动、追求视觉的景观之美和宣扬财富与权力为主要目的，尚无社会、环境、生态效益可言。在中国，园林一词一直沿用至今，通常称 1911 年以前的园林样式为中国传统园林，而 1911 年至今为中国近现代园林。

（二）风景式园林

风景式园林（Landscape Garden）：特指欧洲 18 世纪由英国人首创的以自

然风光和风景画为蓝本所设计的园林形式。风景式园林使自然摆脱了几何形式的束缚，以更具活力的形式出现在人们面前，是欧洲造园史上一场深刻的革命。它一反自古以来欧洲以规则式为主导的造园传统，彻底颠覆了西方传统的理性主义美学思想，将表现自然美视为造园的最高境界。风景式园林的重要特征，就是利用自然要素美化自然本身，自然成为园林的主体，而不再是欧洲古典园林那种以人工方式美化自然要素。风景式园林的产生，使欧洲人对待自然的态度发生了根本性的转变，并促使人们以新的视角，重新审视人与自然的关系，也为西方人开辟了一种新的造园样式，使西方园林从此沿着规则式和自然式两个方向发展。并且随着这两种园林形式从相互对立走向相互补充与融合，使得西方园林艺术体系的发展更加成熟，并走向多元化。

（三）风景园林

风景园林（Landscape Architecture）：18世纪中叶以后，工业革命促使许多国家由农业社会过渡到了工业社会，工业文明的兴起，一方面带来了科技的飞速发展，人类物质财富的迅速累积；但另一方面也使人们的生活方式和自然环境发生了巨大改变。一时间城市膨胀、生态失衡、环境污染等一系列问题喷涌而出。在此背景下奥姆斯特德开始从事两方面的工作，一是通过对土地利用的合理规划以及维护管理，保护自然资源，使其免受过度和无序的开发；二是通过建设公园、绿地、开放空间缓解和补救日益恶化的城市环境。他将他所从事的工作区别于传统的 Garden 而称为 Landscape Architecture。由此，我们可以得出，较之上一阶段的园林（Garden & Park），风景园林在内容和性质上已有所发展和变化：

一是除私人所有的园林外，还出现由政府出资经营、属于政府所有的、向公众开放的公共园林[4]；二是园林形态多为规则式与自然式相结合，空间从私家园林的封闭内向型转为开放外向型；三是造园目的除了追求视觉之美和精神享受外，更多则是改善城市环境和为大众提供游憩和交往空间。

20世纪中叶以后，世界人口呈爆炸式增长，对自然资源的掠夺步伐加快，从而使自然生态与人类生存之间的矛盾更加尖锐。于是风景园林的学科范畴不得不再次延伸，结合生态学、地理学、社会学、经济学等，通过城市设计，建立良好的城市生态系统和景观界面；同时通过对国土的生态整治，修复已被破坏的地块，并妥善解决资源开发与保护现有自然景观之间的矛盾。展望风景园林学科的前景，其深度和广度都得到了前所未有的扩展，这一学科的中心工作已从营建一处供人游赏的花园上升到"地球表层规划—城市环境绿色生物系统工程—造园艺术"[10]。

二、现代风景园林的本质

显然，风景园林的含义主要是通过人为的设计过程，对小至城市的一个地块，大至一个区域，进行土地的利用与安排、景观的整治与修复，以实现环境效益、生态效益、社会效益、经济效益的和谐统一。而完全顺应自然过程不加任何干涉的设计几乎是没有的，因此，今天的风景园林设计在某种程度上就是对自然过程进行管理，将设计师的艺术创作作为自然演进的一个部分，挖掘或延续一个地块或区域的自然特征。从而使设计如同从场地中生长起来一般，而非强加于某块土地的。正如建筑师亚历山大（Christopher Alexander，1936—）在《秩序的性质》中所说，其实人类的"建造活动的每一步都以遵循自然法则的'保留结构的转换'为基础，以使人类建造的结构能够同样获得那些在自然中一再重现的结构品质[50]。"以此来理解风景园林，也就在一定程度上寻求到了其真谛所在。

因此，风景园林的本质特征，就在于它是以自然文化为基础，以自然要素为素材，以自然风景为源泉的艺术创作，是有生命的、在不断生长变化的空间造型艺术和国土的安排与整治行为[51]。

生态学的发展，促进了当代人与自然关系的进一步转变，自然日益成为风景园林艺术无法回避的主题，因此对于当代风景园林来说，最核心的一点就是回归自然。正如芬兰建筑师伊利尔·沙里宁（Eliel Saarinen，1873—1950）所说："我们对自然的'形式世界'研究得越多，就越觉得自然形式语言具有丰富的创造性、细腻感和流变性，我们越来越深刻地认识到，在自然王国里表达是最'基本'的[51]。"

随着时代的发展和科学的进步，人们对自然的认识也在发生着变化。在不同的学科中和不同的层次上，它有不同的含义。古罗马思想家西塞罗（Cicero，公元前106—公元前43）曾将原始的大自然称作第一自然，将牧场风光和经过人类耕作过的田园风光称为第二自然；而作为人类创造的"自然"景观，即园林，自文艺复兴以后，被定义为第三自然。20世纪中叶以后，随着人们年复一年对自然环境的开发，有些学者将工业文明在大地上留下的足迹，称为第四自然。这样便形成了与当今时代背景相对应的，较为完善的自然认知体系。

（一）自然文化

风景园林还属于文化的范畴，是以自然文化为基础的，人与自然的关系是贯穿园林艺术发展史的文化主题。那么何为文化呢？广义的文化是指人类在社会实践过程中所获得的物质、精神的生产能力和创造的物质、精神财富的总和。狭义的文化指精神生产能力和精神产品，包括一切社会意识形式：自然科学、技术科学、社会意识形态[52]。可见，文化并不局限于诗词歌赋等文学创作，或绘画雕塑等造型艺术。风景园林艺术的文化特征既有物质的，也有精神的，它包括自然景观和文化景观两个方面。自然景观包括作为生产资料和劳动对象的各种自然条件的综合，是气候、地貌、水文、土壤、植被、动物等自然元素汇总而成的国土片段。文化景观是相对自然景观而言的，是地表人文现象的复合体。是指人类为某种实践的需要，有意识地利用自然所创造的景观，如绿洲、种植园、居民点、城市等。在人类经常影响下，文化景观的发展，既制约于自然规律，更决定于人类对自然利用改造的程度和方式[53]。因而风景园林以自然文化为基础，主要表现在对景观的自然机理和人类利用自然的方式的阐释，以及对景观存在的合理性与必要性的关注，是人类为某种实践的需要而有意识地利用自然来创造景观的方法。

（二）自然要素

虽说风景园林是由人工而非大自然创造的，但并不意味着要一味突出园林的人工性。风景园林应是利用土地、水体、植物、天空等自然要素创造风景的技艺，体现在对自然要素的合理化及理想化利用方式和表现形式方面。

（三）艺术创作

风景园林的创造性总是人工性的。人工一词包含了艺术，即是由技术而不是自然所创造的。英国造园家威廉·钱伯斯在《东方造园论》一书中曾说："尽管自然是中国造园家巨大的原型，但是他们并不拘泥于自然的原型，而且艺术也绝不能以自然的原型出现；相反，他们认为大胆地展示自己的设计是很有必要的[19]。"在钱伯斯看来，自然为我们造园所提供的材料包括土地、水体、植物、天空，而这些造园要素本身可能不具备多少激动人心的变化或是彼此之间缺乏联系、融合。但是，通过艺术的加工、塑造、协调，可以使这些元素的布局和形式千变万化。也就是说风景园林应该提供比原始的自然更加丰富的情感、新颖的视觉效果和令人愉悦的空间。

（四）国土的安排与整治

风景园林的根本之处还在于对自然国土景观的安排与整治，现代风景园林师们逐渐意识到，风景园林设计的目的，已不再局限于营建景观优美的游憩空间和观赏空间，或缩移模仿大自然的景色，而是要借助独特的作品，传达对自然资源、社会环境所面临的各种问题的思考以及行之有效的解决途径。因此，设计师不仅要研究自然的"形式世界"，更要深入探究自然的机理和能力，首先对国土的保护、利用、开发进行安排，保证国土景观的完整性和典型性，正如每一片土地都是国土的片段那样，每一个风景园林作品也应该是国土景观的片段[51]；其次，对已被破坏的地域，充分利用自然的能力进行整治和恢复，使其再度呈现出生命的活力和应有的社会、生态价值。

（五）现代风景园林的研究领域

可见，现代风景园林的研究领域已经远远超出了传统意义上的造园，已不能再像古代那样在一个封闭的空间中，关注内部的一块小天地。现代风景园林在中小尺度的设计方面，包括建筑物和构筑物室外环境设计、城市公园设计、郊野公园设计、广场设计、企业园区设计、滨水区设计、居住区及校园环境设计、城市道路绿化以及城市湿地恢复等。同时随着学科范畴的不断延伸，现代风景园林师开始涉及更为宏大尺度的规划设计，比如区域环境生态恢复、工业废弃地景观恢复、矿山遗迹地规划、风景区规划、绿地系统规划、国家森林景观规划、水系甚至流域的规划等。这一类的工作主要是对自然生态系统和环境污染进行综合性的治理，保护、利用原有景观，并且在此基础上进行土地、资源的利用、安排与管理，对需要改造的部分进行生态系统的重建和景观的再创造。

三、现代风景园林的时代特征

（一）以自然为主体

当我们回顾东西方园林艺术的发展历程，园林作为反映人类自然观演变的艺术，自始至终都与自然紧密相连。园林的雏形，无论是中国的"苑""囿"或是古巴比伦的"圣林""猎苑"，都产生自广阔的原生自然之中；虽然随着生产力的发展、文明的进步，园林逐渐走出原生自然而进入城市、宅院、城堡别墅、王室宫苑，但作为人们远离原生自然以后的一种补偿，始终都在模拟和效仿人们心中理想化的自然形态；面对过去 100 多年间工业化进程对地球环境的破坏，致使自然生态系统的严重退化和人类生存环境的日益恶化，现代风景园林更是走出了仅仅代替大自然环境来满足人的生理和心理需求的范畴，开始关注，从城市斑块绿地到城市公园，再到国土区域层面的自然景观重建、规划等等。与此相适应的是，过去将自然看作是原材料和模仿的对象，而现在风景园林师则倾向于将自然作为设计的主体。

1. 自然的认知体系

辞海里的解释，自然：天然，非人为的 [54]。对于"自然"一词，不同的时代，不同的学科有着不同的理解。对于风景园林来说，随着对自然认识的深入，我们不必拘泥于已有的定义，应该根据环境的变迁，不断思考和完善自然的认知体系。法国风景园林师阿兰·普罗沃提出将自然划分为四个层面，而近年来，大部分中西方风景园林师也都认同四类自然的划分体系，并在此基础上努力促进风景园林行业的进步和创新。

阿兰·普罗沃认为第一自然，即自然景观，是指地球的外貌，如高山、湖泊、森林、冰雪、海洋等，即原生的大自然。它是最早的大地艺术家，在地球上塑造了无数美妙绝伦又变化万千的天然景色，至今，人类活动尚未对它产生太大的影响。虽然在某些情况下，我们为了和第一自然亲密接触，加入了人工构筑物等辅助设施，但并未改变它的原始面貌。第一自然是我们整个星球的宝贵财富，是我们赖以生存的物质基础，具有不可替代性（图 4-1）。

第二自然，就是文化景观。"我们这个时代已经远非西塞罗描写的那样：'通过灌溉使田野肥沃，用双手劳作来筑坝拦河，创造一种第二自然……'在这类景观中，农田不可避免地成为参照物。农民们作为天才的创造者，经过几个世纪的勾勒、绘制，实现了一处处天人和谐的景观 [55]。"例如菲律宾或云南元阳那样坐落在高山之上的梯田景观，这种对等高线如此绝妙的掌控令人惊叹。第二自然是人类出于对生存的需要，在遵循自然规律的前提下，通过对土地、植被等自然资源的改变形成的景观，如田野、牧场、绿洲等（图 4-2）。

第三自然是创造性景观，亦即园林。在阿兰·普罗沃看来，18 世纪的风景式园林仍属于第二自然。因为它只是真实地再现了英国的田园风光，是对自然（第一自然或第二自然）的保留或模仿而不是再认识。唯有经过对自然的再认识，才能通向第三自然 [55]。第三自然所涉及的领域从最小的庭院，一直可以延伸到城市绿地规划方面。美学家李泽厚先生从美学的角度将园林总结为："人的自然化与自然的人化"。园林是以人工影响或者人工再造的自然，是美学的自然，它通常以第一或第二自然为蓝本，是对两者的抽象、提炼和再认识（图 4-3）。

第四自然是重建的自然。包括两个方面，一是被损害的自然，在损害的因素消失后逐渐恢复的状态。自然具有自我修复的能力，但是修复的速度视被破坏程度的高低和当地的自然条件状况而有所不同 [56]。更多的时候需要通过人工干预的手段来进行修复与整治。如垃圾填埋山被废弃后，通过铺设高分子聚合

图 4-1　第一自然——贵州黄果树瀑布

图 4-2　第二自然——云南梯田

图 4-3　第三自然——意大利埃斯特庄园

物保护膜防止填埋气体逸出和渗滤液泄露，再覆盖种植土种植耐污染的植物。同时，一些抗性极强的植物也会自然生长出来，分解和中和土壤中的污染物，渐渐改善土壤状况和植被状况，重新形成一个良性循环的生态系统。二是新型的"第二自然"。当广泛的城市化正在逐渐侵蚀和破坏农业景观时，千百年来，人们在这片土地上留下的生活印记和财富也随之被抹去。"不存在没有景观的国家，不存在没有农民的景观，也不存在没有农民的国家[55]。"因此，越来越多的现代风景园林师意识到，对农业景观的保护、发展、管理和优化。提出在一部分国土上重建可实施的新型经济目标的"新农业"。而"艺术化"是这一重建的景观得以成功的必要条件，它既是第四自然与第二自然的区别所在，也是利用第二自然创建第四自然的途径（图 4-4）。

　　可见，第四自然不仅是风景园林师的领域，也是科学家的领域，需要将科学家的研究、观点和建议，同风景园林师的诗意、感性、情感、艺术创作等因素融合在一起，找到新的管理方式，采取积极的保护、整治和修复策略，并建立在生态、技术、经济、艺术等多元途径的基础上。

　　在廓清四类自然的含义后，不难发现，现代风景园林肩负着保护自然、美化自然、再现自然、恢复自然、改造自然等多重使命。我们实践的领域已从过去主要创造第三自然拓展到保护第一、第二自然，引导和创建第四自然的广泛层面上。

图4-4   第四自然——德国北杜伊斯堡景观公园，在工业废弃地上重建场地

2. 自然元素

现代风景园林以自然为主体，首先体现在以自然元素为主要造园要素，离开了这些元素，园林就丧失了生命。

土地，风景园林艺术的载体，包括土壤和所呈现的地形地貌。土壤是在亿万年的风化与侵蚀、无数动植物的生长和人类的活动等因素综合作用下，不断演变形成的，是一种动态的有发展历史的自然体。土壤的性质决定着其上植物的品质。地形地貌是地表各种形态和形态组合，有山地、丘陵、高原、平原、盆地、谷地等，是构成自然景观空间的主体。

植物，既有各种物质功能和生态作用，也是自然能力和景观类型最典型的指示性元素，随着季节的更替产生丰富的变化。现代风景园林设计不再强调各种植物品种的堆积，也不再局限于植物个体形态美、色彩美等方面的展示，而是追求植物形成的空间感受，尤其是反映当地自然条件和地域景观特征的植物群落整体景观效果。

水，水的质量对景观的质量有决定性的作用，无论水体大小、多少，往往都能成为一块场地的灵魂。现代风景园林设计不仅注重因水成景，以水体营造良好的视觉效果，舒适宜人的小气候环境，更强调保护水资源，提高水体质量与活力。例如，采取工程、生态措施缓解水质污染；促进水体流动，避免水体富营养化；通过开挖水系，调整水体走向，加强地表水与地下水的联系等，实现水体自然循环、自我调整，最后形成稳定的自然水体风貌。

动物，最具活力的元素，是风景园林生命性最直观地表现。动物的形态、生活是构成风景园林自然形象和动态特征的基础。传统园林中，动物元素主要为了满足园主观赏和猎奇的需要，而现在更多的是借助动物千姿百态、楚楚动人的形象，让身处城市的人们体验到自然野趣。同时园林中生物栖息地的数量也成为检验其生境多样性和稳定性的重要指标。

3. 自然形式

园林的形式首先产生于对人类理想自然形态的模仿。由于中国先人崇尚大山大水的第一自然，园林的营建也以壮美的山水为原型。而西方园林是由实用性的果树园、花圃、菜圃发展而来的，原型是丰产的第二自然，因此形成了中西方截然不同的园林形式。

随着对自然形态的深入了解，现在的风景园林设计不应再囿于对理想化自然形态的模拟，而更应关注不同地区自然景观的特征。如果仍以固有的对第三自然的认识，营造设计师所谓的"理想的"自然和"优美的"风景，势必会造成园林自然形式的模式化、趋同化，甚至"反自然"化。因此，在当一些项目处在第一自然的环境中时，我们应当采用非常谨慎的设计手法，首先确保对第一自然的保护，同时通过设计和引导，发掘环境的自身美，并呈现给大众，而不是人为的"锦上添花"；而在处理一片尚存第二自然的土地时，不应莽撞地铲除土地传递给我们的历史信息和文化记忆，应在保留农业肌理的基础上，为其注入新鲜的血液，将实用与美学相结合；对于一些工业时代遗留下来的荒地、废弃地，自然进程会运用各种方式将其变成各种迁徙植物的竞争地，为城市带来一种充满生机和野趣的景观。风景园林师更需要通过合理规划；精心的设计，将科学、技术、功能与艺术完美结合；经过长期的摸索和跟踪，制定科学合理的人工管理及干预，促进自然演化的进程。

可见，现代风景园林中自然形式的表达和设计，并不是随心所欲地营造心中的美丽画卷，而是在不同的场地展现其自身独特的自然形式。

4. 自然过程

自然万物都是处于运动和发展之中的，这种运动和发展所经历的程序，就是自然过程，它是原生自然中各种有形力或无形力（风、水、重力、地质）和人，运动作用于环境，所形成的发展和变化状态。自然过程是永恒存在的，它贯穿园林发展的始终，无时无刻不在影响风景园林的形态和发展[57]。因此，现代风景园林也开始欣赏这种过程所展现的动态美，这种美洋溢着生命感，蕴含着丰富的可能性和不可预见性。在设计中，风景园林师首先应具备敏锐的观察力，能够发现场地中正在发生的自然过程，这包括容易被察觉的，如水位的变化、潮涨潮落、风的穿过、植物的生长；以及潜在的或缓慢的，如植物群落的演替、土质的改变、地表水与地下水的互补以及水的侵蚀等。接下来，通过查阅资料和科学分析，制订利用自然过程的可实施方案。如在洪泛区开挖水系，对周期性的泛滥进行人为的引导，使洪水能够转化成改良土壤，灌溉植被，营造水景的资源；又如将园林小品与光照相结合，传达风景园林对新能源的关注和营造令人惊喜的视觉效果。肖蒙国际花园展中的"动能植物"花园便是让阳光扮演景观的主角。设计师在向日葵丛中引入了太阳能接收器，植物和小品两者都面向太阳旋转，将每日太阳的运动轨迹巧妙地展现出来，同时太阳能板还能为花园的照明、喷灌等提供能源。

（二）以生态为核心

席卷全球的生态主义浪潮促使风景园林师们普遍开始认识到自然界中将各种生物联系起来的各种依存方式的重要性，并将自己的执业使命与整个地球生态系统联系起来。

1. 生态是态度

首先应说明，全球生态环境的恶化问题，牵涉复杂的政治、经济、科学领域，不是单凭风景园林师就能够解决的。与生态学家不同，风景园林师提出的生态理念立足于寻求美学与生态学的交叉与融合，更多的是表明一种姿态，呼吁政府、公众去关注生态环境。

其次，生态不是口号，也不是停留在论文和项目文书上的空谈，更不是炒作的卖点，它应该成为风景园林设计的核心。这就需要风景园林师在设计中对生态的追求与对功能和形式的追求同等看重，有时甚至超越后两者，成为设计的首要目标。所以风景园林师要更多地了解生物，认识生物互相依存的方式。从整体出发，小心谨慎地对待生态系统中的各个组成要素，反对孤立、片面、盲目的整治行为；在设计中应尊重自然发展的过程，研究自然的演变规律，倡导能源与物质的循环利用和场地的自我维持，发展可持续的处理技术；提升场地综合效益，避免一味强调视觉冲击力的人工景观盛行，减低养护管理成本；尊重其他生物的需求，保护生物栖息地。这些思想不仅要在图纸上体现，也必须要贯穿设计、建造和管理的始终。

2. 生态是途径

生态学的引入使风景园林设计的思想和方法发生了重大转变，越来越多的风景园林师在实践中遵循生态设计的原则，努力把生态理念落实在一些具体的设计方法上。这些原则的表现形式是多元化的，但本质都是将生态学原理与园林的艺术手法相结合，使生态设计成为营造园林的途径。这些途径主要包含以下几方面：

一是对土壤资源的珍惜和复兴。目前我国的土壤污染、沙化、盐渍化、贫瘠化等土地退化问题日趋严峻，而风景园林的营建所需要的回填土和种植土，大多来自山地和农田，而大量的土方工程势必对山区和农村的生态环境造成极大的威胁。因此，风景园林中的地形塑造，应以有利于植物生长，提高生物多样性为设计原则，减少客土利用，做到土方就地平衡，并充分利用场地原有的表土作为种植土进行回填，既节约了土壤资源，又有利于保存土壤中原有的生物物种。对于已被污染的土壤，要通过植物修复、化学修复、物理修复等措施使其恢复活力。

二是高效率地用水，减少水资源消耗。一方面，提倡使用集水技术，推广采用地面透气透水性铺装、注重雨水的回收利用。目前许多优秀的风景园林作品都努力通过雨水利用，解决大部分的景观用水。如新兴的雨水花园，就是通过对地表径流的收集、辅以一定的工程措施和栽植植物，对雨水进行过滤和净化。动态的水体净化过程和丰富多彩的湿生植物既能形成优美的景观，同时回收的雨水又可用于绿地的灌溉、卫生用水和周边建筑的清洁等（图 4-5）。另一方面，开源还需节流，利用地膜覆盖减少水分蒸发、利用土工布减少水分渗透等，同时既要反对破坏自然资源的围湖造园，也要反对不顾资源条件的人工挖湖，这两种做法都是对水资源的极大浪费。

三是利用自然做功。伊恩·麦克哈格（Ian Lennox McHarg，1920—2001）认为设计手段是"花最少的力气去适应"自然而不是抗衡。利用自然做功在风景园林设计中一个重要的方面就是利用边缘效应。所谓边缘效应是指在两个或多个不同的生态系统或景观元素的边缘带，有更活跃的能流和物流，具有丰富的物种和更高的生产力。在自然状态下往往是生物群落最丰富、生态效益最高的地段[58]。

以河道整治复兴为例，尽量运用水体自身的力量，让自然做功，让河流和河岸恢复和延续其自然过程。通过引入自然河流所富有的河漫滩、沙洲以及蜿蜒的河道，营造丰富多样的河岸和水际边缘效应，为各种生物创造适宜的生境。让自然做功就是因自然过程而存在，并提供自然的服务（图4-6）。

四是因地制宜，利用自然能源。如利用风能、太阳能、水力等，解决照明、灌溉问题，实现安全清洁的园林绿化建设和养护管理。同时结合园林小品的设计，既有利于营造独特有趣的园林景观，又能有效降低园林运营中的能源消耗。如巴黎拉维莱特公园的竹园，使用混凝土挡墙围合下沉式竹园，营造温暖的小气候，使本无法在巴黎露地生长的竹子在竹园里茁壮成长。竹园里夜间利用灯光加凹面镜还能为周围环境加温（图4-7）。

五是材料的合理选择和循环利用。设计中要尽可能使用再生材料和环境友好型材料，在降低工程造价的同时改善生态环境。最大限度地发挥材料的潜力，减少加工、运输的消耗，减少施工中的废弃物。如利用铺路剩余的石块、砾石作为园林铺地，以及利用死树枯干形成的园林景观等等。此外，回收利用植物的死干、枯枝、落叶、树皮等，或作为园林绿化的生物性肥料，或作为园

图4-5　上海徐汇跑道公园中的雨水花园

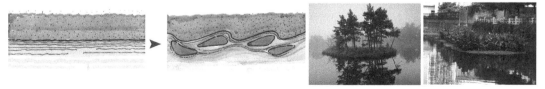

图4-6　丰富岸线和增加生态岛有助于增强水际边缘效应

图 4-7　巴黎拉维莱特公园中的竹园

林建设的材料，可营造独特、有趣的园林景观。

　　3. 生态是思维方式

　　"生态"对于现代风景园林来说，不仅是表明一种态度和进行创作的一种途径，更应上升为一种思维方式。对"生态"一词的认识，现代风景园林师应该走出生物学方法论的圈子，深入研究生命与环境、人与自然之间的复杂关系，将生态作为一种思维方式贯穿于风景园林设计的方方面面。所谓生态的思维，就是指运用生态学的知识、观点和方法，去认识与解决人类在社会生活中正在和即将面对的从人与人、人与自然的复杂关系中产生的各种现象。不仅关注自然界变化及人与自然关系变化的当下状态，而且要关注这种变化的长远结果[59]。反映在风景园林中，就是要从以下四方面去思考和指导风景园林的设计、营建与管理：

　　首先是整体统一性。场地中所有的要素都有各自的运演规律，但它们之间绝非相互独立、互不干涉的，而是一个统一的整体。其中的有机物、无机物、生产者、消费者之间时时刻刻都存在着物质、能量、信息的交换。每种元素、过程的变化都会影响到其他元素和过程的变化。因此，如果风景园林师在设计中随意去掉一些景观元素，或破坏了各景观元素之间的联系方式，极有可能在许多层面上影响到原先错综复杂、彼此链接的景观格局。对于那些以生物为核心的自然环境来说，这样的风景园林设计方案就会造成对自然的破坏，而且设计本身也难以获得成功[60]。

　　第二是丰富多样性。风景园林师在对场地做出判断、设计和建设的过程中，应始终以一种宽阔的视野、开阔的胸怀、未来的眼光关怀场地中的一切，切忌为了突出设计师的创造性和独特性，而排斥和牺牲场地原有的丰富性和多样性。事实上，每一块场地从生物到景观都有其自身的多样性，同时，场地所呈现出来的景观也正是其整个自然生态系统内在丰富联系性的外在表现。而风景园林首先要肯定和欣赏自然的多样性，并通过艺术手法强调和保护场地生态环境的多样性，使其能被公众所感知和认识。

第三是开放循环性。风景园林所涉及的场地往往既是一个开放的系统，又是一个循环的系统。开放意味着一块场地不是独立存在的，它与周边具有广泛的联系性。循环是指它既与存在环境之间有着有能量、物质的进出和交换，又有其自身的能量、物质循环。这就要求风景园林师在设计时不能局限于场地的边界和其外在面貌，应将其与所在环境做整体的考虑与权衡，确保区域景观的统一协调和生态系统的联系与循环。

第四是无限与有限相统一。一方面，自然界所蕴涵的物质财富是有限的，人们的无限索取，会造成自然资源的枯竭。对于风景园林师来说，也应该从这一方面看到场地的脆弱性，从而以谨慎的设计态度，创造出有生命力的作品。而不能从眼球利益和经济利益出发，违背自然规律，盲目跟风、粗制滥造，致使作品的艺术生命力极短，由此产生的重复建设会对资源和能源造成极大的浪费。另一方面，我们还应认识到自然又是无限的，人对自然的认识，只是沧海一粟，自然还有无数的潜力等待我们去挖掘。因此风景园林师应以一种无限的心态，去看待场地的潜力。将改造和塑造更多转化为挖掘与激发，在改造自然的观念中融入建设、辅助自然的观念，只有这样才能使场地步入良性循环的状态，使其充满生命力，同时又能源源不断地为我们创造物质和精神财富，步入真正的可持续发展。

（三）以人本为宗旨

以人为本无疑是当今各行各业的行动纲领，也是现代风景园林的行业宗旨。现代风景园林的以人为本，其"人"不再是个人，它不是为迎合私人或精英或统治者营建愉悦身心的场所，而是面向大众；其"本"不是本位，而是根本、本能。正如劳伦斯·哈普林（Lawrence Halprin, 1916—2009）所说："我们所作所为，意在寻求两个问题：一为何者是人类与环境共栖共生的根本；二是人类如何才能达到这种共栖共生的关系？"因此，"以人为本"的风景园林设计观应体现在以下两个方面。

1. 互利型的价值取向

风景园林中的以人为本既不能理解为打造人工化景观，也不能将设计师个人的设计观念凌驾于场地之上，更不能为了追求一时的经济利益和政绩而破坏自然环境。因此以人为本的风景园林设计原则，就要求具备互利型的价值取向，不能仅以人为中心，最大限度地谋取和占有人的眼前物质利益，而不去关注和思考自然的承载力。互利型价值取向的根本原则即是以互利互惠的观点来处理人与自然的关系，强调人与自然的共存共荣和协调发展。

现代风景园林首先应将人类利益和自然利益双赢作为其追求的目标；其次，要在大的时空背景下，关注眼前利益，同时更关注未来利益；最后，在承认和肯定人对环境的需求和合理改造的前提下，还必须充分考虑自然发展的客观规律。

所以，以人为本的风景园林设计就是对人类利益和自然利益的共同追求与维护，是要最大限度地实现人与自然的和谐共存，使人类能够永久地得到自然的庇护。应该认识到，顺应自然规律、利用自然能力的风景园林设计，不仅能够避免自然环境因被过度干扰而遭到破坏，而且能够展示自然的风景价值，满足人们的审美需求和提供宜人的游憩空间，同时还能够节约大量的建设与维护费用，最终更好地利用自然为人类服务。

2. 平民化的价值取向

所谓平民化价值取向就是指风景园林要体现出对大众的关怀，最终是为普通人提供实用、舒适、精良的设计。因此，它需要亲切宜人，从日常生活出发，满足每个使用者的基本需求，关照普通人的空间体验。现代风景园林设计是面向公众和社会的，不追求表面的形式与视觉冲击力，不追求精英化，而是着眼于内在的价值和朴素的功能。

首先，大众作为服务对象不仅包括城市居民中的各个阶层，还应包括农民、农民工等，因而在设计过程中要充分考虑到他们不同的需求和价值观。例如面对一些地处城市衰落的工业区或是城郊的项目时，首先需要的不是考虑创造怎样的形式和景观，而是要思考如何通过风景园林对社会、生态发展的积极作用，解决各种各样的问题。对待产业衰落的城市地区，应采取有效的复兴措施，包括区域自然景观的恢复、人文景观的挖掘、改善生态环境、整治并重新赋予原有工业建筑和设施以新的功能等。巧妙地通过开放空间、绿色空间、娱乐设施的营建，将改善生态环境和刺激区域经济与社会发展相结合，尽可能地为失业工人创造就业岗位，在一定程度上解决由于产业衰落为民众带来的就业、居住、环境、卫生等诸多方面的问题。而对于城郊地区除了考虑开发，则更需要关注失地农民的处境。大量的第二自然在城市化进程中或被吞噬，或被破坏，或被闲置，致使一部分农村劳动力在离开其世代依附的土地后，生活、就业面临动荡和断层。那么，风景园林师在安排与整治这些场地时，更多的应该考虑如何延续场地的历史，如何使其得以新的生机，并或多或少让农民能在曾经耕作过的土地上，在新的劳动模式下继续生活。

其次，现代风景园林应充分体现人性化的设计。通过营造良好的植物景观、洁净多样的水景、宜人的小气候环境，满足人们亲近自然的本能需求；在空间结构、园林设施的设计中，分析人的行为特点，从人的生理需求、审美需求出发设置铺装、小品、雕塑，更多地考虑尺度、品质和功能，而不是数量多和体量大；同时，还要注重对残障人士的关怀。对风景园林的使用、欣赏，他们同普通人有着同等的权利，因而在场地中要通过盲道、轮椅通道、公共设施的无障碍设置等，从细微的角度照顾特殊人群的需求。

最后，强调公众参与，并增加风景园林师的社会责任感。对于使用者来说，为他们提供表达和实现自身对环境的期望和改善的机会，增加他们对于城市空间和设施的认同感与发言权，能使风景园林在城市中发挥更好的社会效益。例如将设计方案向公众展示；通过投票和留言让公众发表意见，并对其建议进行权衡和采纳；同时对于大型项目还可举行听证会，让不同阶层的公众代表直接参与讨论与决策；在具体设计中，为公众设置可自行创作的项目，让他们的创造行为也形成风景园林中富有活力的动态景观，同时也影响景观的发展面貌。

（四）以地域为特征

地域通常是指一定范围内的区域，具有空间和时间的双重性。地域特征是指在长期的历史发展中，逐渐形成的特定区域土地上的自然特征和人文特征 [61]。它是当地自然条件和人类活动共同影响的产物，具有明显的差异性。

地域的自然特征包括地貌、气候、水文、土壤、植被等自然元素，不同的自然条件形成了不同的区域景观类型，是形成风景园林作品特征的基础，也是园林空间布局和构成要素的主体。如同意大利台地园体现了亚平宁半岛丘陵山地的特点，法国古典主义园林是法国平原景观的再现，中国的传统园林也是以我国的山水风貌为蓝本，展现了本土的自然景观类型。

地域的人文特征即一定地域的人们在利用、改造自然环境的实践中，不断发展、积淀和升华的物质和精神成果。它浓缩了地域人文因素的各个方面，包括地域的传统文化、民俗风情、手工工艺、建筑技术以及当地人有意识地利用自然所创造的景观，如农业景观、工业景观等。

现代风景园林以地域为特征是指在一定的空间范围内，园林景观要与所在地区的自然条件和人文环境所关联并表现其独特性，应反映所在区域的国土特征和场地自身的景观特征。从场地原有的地域特征出发，是风景园林设计整体性、自然性、生态性和经济性的基本要求。具有地域性的风景园林作品不仅是对场地自然特征的提炼与凝聚，更是地域文化内涵的挖掘与展现，所带来的归属感和认同感以及异质性是其可持续发展的动力。现代风景园林设计主要通过以下四方面提炼场地应有的景观特征，概括场地应有的景观类型，并充分利用场地原有的景观要素，营造融入国土整体景观的人类行为空间。

1. 融入国土风景

现代风景园林设计是展示地域整体景观特征的国土整治行为。作为风景园林师，首先应利用自身的专业知识和敏锐的洞察力，认识场地、理解场地，掌握当地独特的景观要素和自然演替规律，从而营建与当地国土景观整体相和谐的局部景观。正如前文所述，每一个风景园林作品就应该如同每寸土地都是国土的一个片段那样，是反映国土整体景观的一个片段[51]。融入国土风景的风景园林作品，既是对整体性设计的体现，又传达了对资源的合理利用和节约观念。

2. 尊重场地环境

现代风景园林设计的具体内容就是运用适宜的景观要素构成多元化的景观空间。而景观空间的构成则要建立在场地环境的大背景基础上。法国著名风景园林师米歇尔·高哈汝（Michel Corajoud，1937—2014）认为："景观设计要遵循的三原则，是场地、场地、还是场地。"也就是说，风景园林师应该遵循场地环境，考察地形地貌，气候条件，水文状况，植被特征等各类自然要素，分析场地环境的差异性，依此构建既相互联系又各具特色的景观空间。

3. 传承地域文化

源于一定地域生活的经验，所形成的地方传统、风俗礼仪、建筑风格、园林样式等能唤起人们对场地的历史记忆和情感认同。而现代园林设计的趋同化导致了对这些地域文化的漠视，造成人们与园林作品之间的情感割裂。风景园林设计中对地域文化的传承，并非简单编撰历史典故或赋予各种景点、景物以文学描述、图解符号。而应该充分利用场地内历史遗留的痕迹，如对土地的利用方式、独特的手工工艺、建筑的布局模式、生活生产工具等，来建造富有场所精神的地域性景观。

4. 选择地方材料

材料作为风景园林作品的表皮，主要包括植物材料和硬质材料。对于植物材料的运用应充分认识地域性自然景观中植物景观的形成过程和演变规律，并顺应这一规律进行树种选择和植物配置。设计师不仅要重视植物景观的视觉效果，更要营造出适应当地自然条件、具有自我更新能力、体现当地自然景观风貌的植物群落类型 [62]。硬质材料方面，应尽量考虑地方材料。地方材料体现了不同地域的园林特色，是地方文脉的一种延续。在园林中就地取材，展现地方材料的性能、质地、色泽、形状等特征，以及结合传统加工工艺，使园林融合于周围环境之中，有利于地域特色的创造 [63]。

（五）以场地为基础

场地中所有显性或隐性的景观资源，自然过程和空间格局，都会为新的设计打上独属的不可抹去的烙印。保留、呈现、再利用场地中原有的景观元素和自然进程，并使他们发挥新的实用与审美功能，是现代风景园林设计的基础。

在艺术创作和科学创造之间只有探索而没有隔绝。风景园林师首先应该擅长的并非刻意创新，而是发现和吸收，即用专业的眼光去观察、认识场地相互交织的现状资源、景观的联系方式以及各种情况，发现其积极的方面并加以引导。因此，发现与认识是设计过程的第一步，要大量积累有关场地的自然和人文背景，通过现场踏查、分析航片，记录下对包括场地外观、观景视线、每个地块的空间氛围、尺度等多方面的认识。并尽可能在不同时间段和天气情况下，再回到场地看看。既要全面考虑场地的内部和表面特征，也要超越场地的用地边界，评价场地的细节和远景。事实上，现在优秀的风景园林作品，许多都不在于设计，而在于对场地景观资源的充分发掘与利用。这就要求设计师在对场地最大限度地观察、调研、综合的基础上，概括出场地的最大特性，并以此作为设计的基础。如同万能布朗（Lancelot Brown，1715—1783）所说，每一个场地都有巨大的潜能，要善于发现场地的灵魂 [19]。

现代风景园林设计对场地中各种要素、影响、迹象和参照物的认识，并采取相应个性化的处理方式，主要包括以下三个方面。

1. 关注边界

对边界的关注包括两个方面，一是设计任务书中所划定的项目边界，二是场地中每个邻里空间之间的边界。

首先，现代风景园林师不应局限于业主所划定的边界，而应以专业的眼光分析其合理性，从整体的角度出发，质疑并争取更为妥善的项目边界，从而避免因纯粹的经济利益和非专业的随意性，把区域景观分解成大量被迫割裂的"碎片"。每一个风景园林设计，都应该对区域空间产生的现状资源有着整体性的认识，因此，优秀的风景园林师往往是从场地的周边环境认识着手，而不是马上进入场地本身。在对场地边界进行考察时，要反复地跳出、远离、接近场地与周边环境接壤的各个边界，不断地扩展视域、转换角度和方位，就能明晰场地空间本身如何形成，何处是其向外延伸、并向远方开敞的门户；何处是其与外界相对隔离，以形成独特景观的屏障；以及它是如何融入周边环境，又与远处的区域有着怎样的物质和视线联系。同时，通过观察、分析各个边界处景观、物质、用地性质等的变化，判断出场地之间的相互作用和相互影响。根据这些，采取开放性的手法，将场地与周边良好的空间建立强有力的联系，使各个空间之间彼此相互渗透，并使场地能够突破人为的界限，从外部空间里吸收精华。另外，也需采取特殊的手段，将周边对场地的不良干扰或侵蚀屏蔽在外。

其次，是关注场地中，邻里空间之间的转换之处，这通常是最有可能出现问题的地方，也是使孤立的景观彼此渗透、共存互惠的特殊场所。在任何一个场地中，都不存在完全封闭、毫无缝隙的边界，场地内部景观会表现出明显的相似性和连续性，因而各个地块之间都是彼此渗透的，即便外表看上去完全隔断的两个地块，也会有潜在的、隐性的联系。而正是各个相邻地块之间，连接形式的多样性和复杂性，决定了场地中的不同景观类型之间千丝万缕的联系。绝大部分的自然景观都不存在明显的轮廓线，它们的每个面都处于不断的变化之中并向外延伸，各种景观交织在一起，组成了发散的边界、相互遮掩的分界线，彼此回避又彼此重叠，有时也彼此混淆[64]。因此，在设计中，既要呈现景物的特性，又要通过边界的处理使其特性显得温和，从而使得场地的整体景观各部分能够共存、共融，协调统一。

2. 关注内部

接下来的工作是随着细致而渐次地抽离各种边界，渐渐进入场地以及其各个地块内部，开展深入细致的调研工作，从不同层面、不同元素着手（如地形地貌、水质、地下水位、土壤结构、动植物种类，生物栖息地、基础设施等），由表及里地解读场地，包括所有细微之处以及容易被忽视的方面。弗朗索瓦·达戈涅（François Dagognet，1924—）在《具象空间认识论》（*Une Épistémologie De L'espace Concret*）一书中讲道："不要抛开土地，也就是说不要抛开记载、房屋、景观，以及各种生物、材料、现状资源所依存的土地""景观是一种手段，与其说要发现景观，不如说要借助景观去发现""人们只能从外在的或者几乎是微不足道的方面，去发现真实在闪烁，并'捕捉'到真实，除此之外，别无他处""学者们常常竭力忽略那些记号、起伏、阴影、外表等等，其实，恰恰是在那些次要的甚至是微不足道的地方，生命才能够被认识和理解"[64]。

对于场地内部的全面观察，不是过于仓促或流于形式的四处看看，那样会忽略掉场地潜在的某些特征，从而，先入为主地被某些突显的景观或宏大的空间所吸引，并导致在设计中以偏概全、过分夸大场地的某一特征，掩盖了其他独特的现状资源；也不是设计师主观意愿的分析和概括，不能将场地分隔成一个个片段或一个个独立的地块，然后根据设计师主观喜好挑取对自己有用或有利或易于把握的，并随意将这些片段任意组合，抹掉那些不在自己审美情趣之内的资源，这样产生的作品是一种功利性和随意性的成果，难以与场地的实际状况相吻合。

因此，风景园林设计对场地内部的关注，首先是从总体环境氛围上，提炼出场地中最明显的结构、景观和资源，在一定程度上运用场地中最突出、最稳定的特性开始构筑场地的基本空间，通过已有突显的"点"、清晰的"线"、完好的"面"，以及各种富有特性的元素把空间定位。而后，以一种不断搜寻、不断地观察的方式再次回到场地，关注场地的多样性和丰富性。忽视之前所关注的突出的特性和闪光点，专注于大量地收集和调研工作，由此摆脱场地表面化的景观，进入场地中含而不露的另一个世界。同时设计师将渐渐调动起不同的感官，而不再仅仅是以视觉面对场地，通过听觉、触觉、嗅觉，有时还要借助仪器，更加深入到场地内部，观察其纷繁复杂的变化。

3. 关注遗迹

作为现代风景园林师不仅要具备对景观敏锐的观察能力，还要具备对景观变化机理的洞察能力。风景园林师在深入细致地理解场地以后，把场地含有的各种信息都收集、归纳并联系起来，将场所的重要特征加以提炼并运用于设计之中[60]。同时，还要以历史的眼光洞悉场地的变化方向，明确场地的演变过程。

现代风景园林所接触到的场地，几乎都是经过自然巨变和不断地人为使用、改造后的产物，因而会留下各种遗迹、遗物和若隐若现的格局。其中有一些会与现代的功能要求相吻合，因此仍具有存在的必要性和旺盛的生命力，它们与场地的关系可以长期的维系下去。所以对场地中遗迹的关注，就是通过史料分析和现场探测，将其挖掘出来植入未来的整治中，保持住场所的一贯性，避免过于粗暴地割裂场所的文脉。例如在里昂国际城（Cité Internationale de Lyon）这个项目中，设计师米歇尔·高哈汝先生希望修建一条散步道，该处场地原来是一面护坡，十分简单又毫无特性。通过对大量背景资料的调查研究，判断历史上这里曾经存在一堵石墙，被埋在地底下近两个世纪。随后便调整了道路施工方案，改变道路的走向和位置，将这段墙垣挖掘出来。现在这堵石墙现已成为滨河景观的一部分，而且没有增加任何修建费用。作为风景园林师应该尽量去发掘已经存在的景物，最大限度地发挥它们的作用，避免在引入一些新元素的同时掩盖一些原有的好的景观元素（图4-8）。

（六）以空间为骨架

园林景观是由两部分组成的，一是由景观元素构成的实体，一是由实体构成的空间。美国建筑师查尔斯·摩尔（Charles W. Moore，1925—1993）提到"要创造一个园林来，首先是要塑造一处空间。"现代风景园林的奠基人之一詹姆士·罗斯（James C. Rose，1913—1991）把空间的营造放在风景园林设计的首要的位置，他指出"平面形式由空间分割发展而来，空间而非风格是景观的真正主角。"可见现代风景园林设计对空间创造尤为重视，空间成为评价风景园林作品的重要因素。丹麦设计师安德松（Sven-Ingvar Andersson，1927—2007）认为："景观设计是视觉艺术的一个组成部分，设计最基本的事情就是确定一个空间，这种空间是人们能够很好地使用的空间，是一个舞台，而不是一种布景[65]。"园林不再是从轴线或是平面形态开始设计，其基本形态是从空间的划分演变而来的。因此，空间便成了现代风景园林设计的骨架，对园林作品的外表和特性都起着确定性的作用。

图4-8　法国里昂国际城中两个世纪的石墙（左）和石墙上的散步道（右）

1. 开放而连续

现代风景园林的空间不再像传统园林那样，是处于相对封闭环境内的各式各样的子空间。现代风景园林的空间具有一定的扩展能力，它们与周围的邻里空间共同存在、彼此开放，形成某种空间联合体。其边界不再是墙垣、围栏，而是地平线。即每个空间以某种方式转换到邻里空间，再以某种方式转换到下一个邻里空间，如此，由近至远，逐渐抵达遥远的地平线，从而形成相互之间有机联系的整体性景观[66]。换句话说，现代风景园林的空间是由持续的地面与永久的天空来限定的。

同时，在一个风景园林的整体空间内部，又可划分出许多的子空间，它们以各自的形态和彼此之间的连接方式共同构成了整体空间的特性与外貌。风景园林的魅力就在于它并不限于人们静止地处于某一个固定点上，或在某一个的空间内去观赏它、感受它，而是人们以一种序列从一个空间转入另一个空间，在这一行进过程中，人们一方面保持着对前一个空间的记忆，一方面又怀着对下一个空间的期待，形成一个个连续的片段，并逐步叠加，汇集成为一种整体的游历感受。因此，现代风景园林师十分注重空间的彼此联系形成的游赏序列，把一个个单体空间组织成为一个有秩序、有变化、统一完整的"景观联盟"。

2. 穿越与分隔

一个空间不分隔就不会形成层次，而完全隔断就会丧失空间在视觉上的渗透，正如前文所述，没有层次的空间是平淡枯燥的空间，而空间的生命力不在于提供一幅静态的风景画，唯有形成连续动态的画卷才能使空间栩栩如生。因此现代风景园林空间强调穿越与分隔。只有适当的分隔并在其后使之相互联系，通过视线的引导，才能使人在行进中寻找到某个契机从一个空间观望到另一个空间，从而产生视觉渗透，使空间的层次被人所感知。例如运用不同的地势变化，营造不同的空间感受，地势的高差大大丰富了人们的视觉体验，也就导致了空间视线的多维性。

穿越与分隔，目的在于增加空间的层次变化，同时使人的视域范围能尽可能地扩展，超越场地的边界，建立穿越、渗透以及循环的空间体验。

3. 简约的图底关系

实体是空间产生的前提条件，空间是实体间相互作用的表现。因而，空间部分是相对于实体部分而存在的，是有无相生的制约关系，即空间与实体之间相互依存。当限定的实体不存在时，被限定的空间也随之消失，当限定的实体建立时，被限定的空间也随之生成。空间本身并无形态可言，只有通过各种水平、垂直要素的限定，空间才得以度量，才具有体积，才得以形态化。从图底关系来说，视觉可以直接感受到的是实体"图"，而空间就是图的背景"底"。简约的图底关系正是现代风景园林空间的第三个特性。

与实体相比，空间是被动的，它的形态要通过人在接触到实体后，产生心理感受才能体验到。所以实体比较容易受到关注，而空间往往容易被忽略。因此，现代风景园林注重空间结构和景观格局的塑造，强调空间胜于实体的设计理念，针对视觉空间领域进行整体的设计；反对在空间中毫无节制地堆砌各种硬质实体景物，形成杂乱无章或过于纷繁复杂的图底关系。实体"有"之所以给人带来感官享受，是因为空虚处"无"起着重要的配合作用。因此简约的图底关系更能反映园林的内涵，构成清爽、富有韵味、生机勃勃的空间。

（七）以时间为切片

现代风景园林以自然为主体，就必然会体现自然的时间性。昼夜交替、春去冬来，园林景观以自然的时间尺度为切片，不断生长、运动、发展，呈现出阶段性的变化。任何一个风景园林作品都不过是这块土地上历史长河的一个片段，其生命周期越长，潜在的效益就发挥越多，作品也就越成功。

因此，现代风景园林师十分关注设计的时间性和时效性，注重园林景观随时间变化的效果，以塑造随时间延续而可以更新的、有生命的园林景观，而不再追求稳定的、被人为完全控制的理想的静态美景。这就要求设计师不仅要具备空间的尺度感，同样要有时间的尺度感和长远的前瞻性观念，要时刻思考，今天塑造的景物，在百年以后，会呈现出怎样的风景。如同奥姆斯特德在纽约中央公园的规划设计之初，就开始展望多年后公园的变化和可能出现的情景。一个风景园林作品的诞生，就像一个婴儿一样，他本身的生长、变化过程就能给人们带来极大的愉悦和满足 [67]，在自然过程的引导和推动下，风景园林所发生的持续改变，本身就是一道令人惊喜的景观。

1. 动态的景观

如果将一个场地放在一段时间中，以慢镜头的形式观看的话，便不难发现场地中各种外部形态和内在结构，都表现出一种倾向性和普遍的运动趋势。即使在科技飞速发展的今天，人们也很难对自然场地尤其是大尺度的空间形成绝对的控制，伴随着自然过程的影响，风景园林自然而然地就形成了一种动态，反映出景观有形的空间性和无形的时间性。变化的景观观念取代了过去人们追求景观相对永恒、稳定的观念。"如画的景致"或许是过去对园林作品的高度赞美，然而今天，当人们发现，如果每次进入同一块场地，都能看到不同的景致，获得不同的体验，即使这种变化十分微妙，所带来的惊喜感和真实感也比单纯的欣赏静态的美景更加吸引人和感动人。因而，与其消耗很大的人力物力去消除这种动态，不如遵循自然过程，从容地面对和接受这种动态。于是，现代风景园林师开始以一种更富活力的方式去安排场地，如同通过慢镜头延长一组画面的放映时间，深入地观察场景中最明显的运动趋势和起主导作用的元素，并提供给它最多的机会，更加主动地将景观纳入一个动态变化的系统。对场地中的各种景观资源，进行最切合他演变特点的设计，建立一种处于发展过程中的景观，而非一成不变的景致，这才是更符合现代风景园林时代特征的作品。

1985 年，经过国际方案招投标产生的巴黎雪铁龙公园设计方案是由风景园林师阿兰·普罗沃斯特和吉尔·克莱芒（Gilles Clement, 1943—）领导的设计团队合作完成的，旨在雪铁龙汽车制造厂的旧址上，建造一座占地面积约 13hm² 的城市公园，作为城市新区的核心。吉尔·克莱芒是一位深谙植物造景的风景园林师，他一反法国传统园林将植物仅仅看作是绿色实体或自然材料的建筑式设计理念，在公园一隅营建了一片以植物为主的"荒地"，并称之为"动态花园"（图 4-9），经过精心配置的野花野草构成了充满自然野趣的植物景观。吉尔·克莱芒并非刻意地去养护管理那些野生植物，而是遵循自然的演替过程，并介入适当的人工干预和定向，使它们的优势得以发挥。随着时

图 4-9 雪铁龙公园中的动态花园

间的推移，动态花园每一季，都会呈现不同的景色，即便是同一季节，不同的年岁，也会因为植物间自然的竞争，生长出不同的种类或形成不同的群落[68]。1990 年，吉尔·克莱芒出版了专著《动态花园》，在法国及欧洲产生了巨大的影响。吉尔·克莱芒认为，"荒地"一词意味着自然曾经不间断地劳作的地方，是极其富有生气的场地，因为它始终处于充满活力的状态。此后，"动态花园"般的景观在西方现代风景园林中大量涌现[69]。

又如，米歇尔·高哈汝所设计的苏塞公园，这个项目从 80 年代初开始兴建，至今还没有完全建成，与其说是还没有建成不如说它还在继续生长。设计师用林地来搭建场地的空间骨架，通过精心设计的科学的种植模式，与随时间变化的日照、土壤、气候等综合因素的共同作用，使苏塞公园的面貌在建设过程中不断地发生着变化。历经 20 多年后形成了一片拥有美丽植被和丰富空间的森林公园。图片中展示的是 20 年来公园中林地生长的情况（图 4-10）。

2. 科学的养护管理

尽管现代的风景园林创作是一种丰产的行动，但是如果实施后缺乏长期的养护管理，那么实施也是徒劳的。只需两年的荒芜，就能使园林伤筋动骨，十年就能将它变得面目全非，20 年将使它荡然无存。对建筑师来说，建筑竣工就是终点；而对景观设计师来说，园林建成仅仅是开始[55]。营造动态的景观，尊

图 4-10 苏塞公园林地 20 年间的演变

重自然过程，并不意味着只设计"此时"的景观，随后便放任置之。风景园林是要为人提供亲近自然、愉悦身心的场所，但绝不是要将人放置于纯粹的自然原始状态中。尤其是在城市中兴建的风景园林，其生态系统往往较为脆弱和敏感，这就需要管理者和设计师共同介入自然的演化进程，经过长期的摸索和跟踪，制定出科学合理的人工管理及干预措施。由于缺乏管理，或没有科学指导而采取的养护行动，会导致 5 年或 10 年之后，生态系统的退化，当设计师与自己的作品再次"相遇"时，或许都认不出来自己的作品了。因此现在的风景园林作品需要业主和设计师"从此时到彼时"持续的科学的关注。

（八）以简约为手法

自工业革命以来，顺应时代和技术要求的"简约"已成为一种文化艺术上的显著进步，并逐渐成为现代设计领域的一种时代特征。在提倡"简约"的背景下，当代的艺术思潮其实包含了更加复杂的内涵，从艺术到建筑都注重以简洁的形式来寻求事物间的和谐，以减少、简化、净化来摒弃琐碎，但在简洁的表面下往往又隐藏着复杂精巧的结构、精致的细部、考究的材料运用。这一理念对当代风景园林设计产生了实质性的影响。

现代风景园林师们倡导通过最大程度地简化景观构成要素去营建园林空间，即用简要概括的手法，突出风景园林设计的本质特征，减少不必要的装饰和纷繁冗杂的表达方式。但简约的设计手法，并不是现代人的原创，在很大程度上，它来自传统园林，无论是西方古典园林中秩序、开阔、纯净的空间，还是东方园林中"计白当黑"的造园技法，都体现了简约的内涵。正如英国著名景观设计师克里斯托弗·布得雷利·霍尔（Christopher Bradley Hall，1947—）评述现代极简主义园林时所说："虽然它是当代的产物，其思想却根植于过去的传统中。它融合了现代技术并最充分利用了自然材料。它是令人兴奋的，然而又散发着宁静与轻松的气息。它看似简单，却蕴藏着精致与复杂，并且极具有象征意义——东西方文化和传统对它来说具有同样的意义[67]。"而现代设计师将这一优秀传统与时代特征想融合，追求空间的纯净和场所的精神力量，十分符合现代人在喧嚣的世界中，寻求简单、纯净的心理需求，因此简约的设计手法逐渐成为西方风景园林界的主流。

但对于简约的理解，却存在着一些误区。例如很多设计师从字面意义出发，理解简约二字，片面地认识"少即是多"，认为简约就是越简单越好。实际上，在风景园林设计中，简约是有条件的，它不等同于简单，更不是简陋，不是去寻求表面上的美丽和娇柔作态的丰富感，而是去寻找洁净的、直截了当的美[68]，是对本质的深度挖掘和真实表现。简约的设计也不是对细部的缺失，相反，它在摒弃了一些不必要的细节后，所要表达的是风景园林空间和细部的强化与升华，它是丰富的整体统一，是复杂性的升华。

现代风景园林简约的设计理念包括两个方面的内容：一是设计手法的简约，要求简明而精致，抓住场地中的关键性因素，以最少的元素、景物，表现景观最主要的特征，多数时候简明比之故作出来的多样化要更加真诚和感人；二是设计目标的简约，即"最小干预"的原则。事实上并没有"一无是处"的空间，即使那些遭到过多次改造的、被认为是毫无特点的空间，也同样在演变，同样拥有某种动力。即使那些最低劣的空间，在某种程度上也可能具有一些积极的方面 [69]。最小干预需要设计师充分认识并展示空间的个性特征，而不是贸然地轻易改变空间和场地的原有肌理。

1. 简约的手法

即高度概括的设计方法和惜墨如金的表现手段，从而使作品以最少的手段获得最大的张力。

一是空间的处理，强调空间的统一完整性以实现景观要素的序列化。简洁的空间不等于体验的简单化，反而强化了空间之间的联系，增强了人们对自然的体验。简约的设计手法以一种谦逊的方式，通过明晰的、叙述的、节奏化的手段，使空间产生一种独特的场所感。空间形式和材料的应用，使设计回到光影、气候和植物本身。即通过简明而有秩序的空间，与丰富多变又充满神秘的周边自然环境形成鲜明的对比，使人们更加关注自然，如朝霞落日、季节更替、风霜雨雪和光影变化以及植物的生长等，从而回归风景园林的主体。

例如美国风景园林师彼得·沃克（Peter Walker，1932—）在哈佛大学校园内设计的唐纳喷泉（Tanner Fountain）便是对简约手法的经典诠释（图 4-11）。喷泉位于小院的一个交叉路口上，沃克在设计中仅使用了石块和水两种元素。他将 159 块大小和质感都相仿的石块围成一个直径 18m 的同心圆石阵，草地、沥青和混凝土路面在圆的不同点上相互交错，不断改变着场所的质地与色彩。在石阵的中央设置一座 32 孔的雾状喷泉。春、夏、秋三季，喷泉喷出的水雾弥漫在石头上空，这些雾气在阳光的折射下，形成一道道色彩缤纷的彩虹，喷泉允许游人进入并穿越这些迷雾；夜幕降临时，地上的灯光照射着雾气，产生一种若隐若现的神奇效果；冬季，当温度降到零度以下时，循环水系统被关闭，从哈佛大学中央供热系统提供的蒸汽将这些石头完全笼罩着，这些蒸汽仅仅从一圈喷嘴中喷出，它看上去比水雾更加短暂，飘浮在空中造成一种神秘的感觉。沃克将唐纳喷泉作为一个休憩和聚会的场所，吸引步行者停留和欣赏，每一个季节都有着自我诠释和改变，使得喷泉成了一个观察、记录自然的载体。他利

图 4-11 校园中的唐纳喷泉

用简洁的形象和秩序化的景观，创造出了一个拥有丰富体验的环境 [70]。

二是细部的处理，简约的设计手法并不仅意味着营造简洁、明晰和统一的空间，还意味着在细部处理上，去除不必要的装饰元素，取而代之的是经过谨慎选择的材料与结构。简约的空间细部是设计师对空间进行整体性逻辑思考后的具体演绎，使作品完成后给予空间应有的质感及特性。因此在追求理性、节制、含蓄的背后，简约的空间往往通过各种精心设计的细部来感染人、打动人，从而使人与空间产生一种情感上的交流。拥有细节的空间提高了美学趣味，因而变得耐人寻味，达到设计整体构思的充实 [68]。

现代风景园林对空间中的细节处理，主要表现在对景观实体材料、质感和建造工艺的选择上。现代建筑大师赖特（Frank Lloyd Wright，1867—1959）针对材料的表现曾说过："我们只要忠实表现事物的本性就好，不要勉强加入个人喜好……让事物表现出它们原本应该呈现的样子"。即在材料使用上应尽量保持材料原有的质感和色彩，尽量不要用装饰来掩饰——材料因体现了本性而获得了价值，人们不应该改变它们的性质或想让它们成为别的。这就要求风景园林师对造园材料的内在特性，如形态、纹理、色泽、力学和化学性能等都有深入的认识和研究，包括天然材料和人工合成材料，例如木材、石材、玻璃、金属、混凝土以及合成材料等。并且要了解怎样切合实际地、巧妙地使用不同材料的有效手段。每一种材料都有与其本质相适应的处理方式，而每一种处理方式以及材料本身又有着特别适合的使用功能和环境。

2. 简约的目标

以简约为手法还体现在简约的设计目标。要求充分了解并顺应场地的文脉、肌理、特性，尽量减少对原有景观的人为干扰，也就是"最小干预"的原则 [61]。

在现代的城市中，风景园林师所接触的场地和所要营造的自然环境不同于原生的自然，其主要目的不仅仅是为各种动植物提供栖息地，还要在城市中营造愉悦身心的休憩场所，为市民追求安宁祥和的生活提供多样的选择。因此，人对城市中的自然环境，如河流、湖泊、林地等便不可能不利用，不可能不改造，而最小干预就是要尽可能将对场地的干扰降至最低，但又能够恰到好处地满足人的需要。

因而，人工元素的介入是必要的。但这种介入不是干扰和入侵，而是建立一个改善环境、解释环境、体验环境的一个渠道。对于风景园林而言，现代的简约已不再仅仅是表现手法的简约，应是更多地注入了生态学意义的简约，通过对自然的最小干预，获得最大的生态、环境和社会效益。而那些需要通过不断的植物修剪，场地清理，和更换水体才能形成的简洁、精致的景观不是真正意义上的简约。风景园林发展到今天，设计师应该向公众传达正确认识自然，关注地球生态环境的讯息。正如雅克·西蒙（Jacques Simon，1929—）所说："作为风景园林师，应当具有一种面对大自然的第七感觉，并且掌握全面的生态学知识，他必须寻求与大自然的浑然一体。拒绝装饰、注重简朴和经济性原则应成为风景园林设计的指导思想 [71]"。风景园林结合生态学、地理学、水文学、气候学正是其走向多学科综合化、理性化的表现，这不仅仅是设计满足人的功能需要，不仅仅是去除装饰回归简洁，不仅仅是体现人工细节的精致，更重要的是对环境造成最少的影响，并帮助它形成稳定而成熟的生态系统，更多的是挖掘并展现大自然的精致，这种精致体现在边缘的复杂与活力以及场地中各种微妙的变化。

第五章

中国传统园林的现代启示

基于传统，重新创造，就是要从现代园林出发，再回到传统园林，要从现代风景园林的设计步骤和设计方法切入，以现代人居环境的设计要求重新审视传统园林，从中发现传统园林的现代价值，进而对中国现代风景园林设计理论和方法形成帮助和启示。

将现代风景园林设计分为六大步骤。首先是分析场地特征，这是现代风景园林设计的开端，如同传统造园始于堪舆相地；其次是表现适宜的设计思想，有似传统造园家的立意；再次是制定合理的场地定位，就是寻求可资借鉴的设计原型；第四是从场地特征和设计思想、设计原型中提取典型的造园要素；第五是以书画般的表现手法，构成适宜的空间和景致；最后借用景象表达设计的最终意图并帮助游人理解设计的含义，如同传统园林的意境营造 [3]。一方面，就每一个步骤分析中国传统园林的设计思想和具体手法；另一方面，借鉴西方园林从传统到现代的成功转型和现代风景园林的时代特征，尝试建立一种评判标准，并以此审视中国传统园林，得出值得传承的方面，探讨如何传承，以及值得反思的方面。

一、相地

场地作为园林营建的基础，是造园所要考虑的首要问题。通过对场地本身和其所在的周边环境，进行细致的踏查和分析，方能从场地的特性出发，展开空间的艺术创作和整治活动。

（一）风水学说中的场地分析

中国古人在造园选址时受到风水思想极大的影响。潘谷西（1928—）教授认为：“风水的核心内容是人们对居住环境进行选择和处理的学问 [72]”。风水渊源可溯及中国古人择居的开始，主要源于人们生活的需要，是中国古人在长期适应环境的过程中为了寻求理想的生存居住环境而形成的一门学问。它存在于中国人的内心深处和文化深处，形成了中国古人的环境凶吉意识，从城镇、村落，宫殿、民居，再到宫苑或私园的选址、设计、营造过程中，对风水的考虑和应用几乎无所不在。这种古老的学说，虽然具有迷信的一面，但是，它包含着中国古代哲学、天文地理、气候生态、建筑、景观、美学等诸多方面的丰富内涵，指导古人如何顺应自然，选择并营建藏风得水，充盈生气的理想自然环境。

风水，又称“堪舆”，《淮南子》解释：“堪，天道也；舆，地道也 [73]。”即天地之规律。它是以传统的阴阳五行和气论思想为基础，把天道运行、地气流转和人的行为相结合，其宗旨就是审慎周密地考察自然环境，顺应自然，有节制地利用和改造自然，创造良好的居住环境，达到天人合一的至善境界[74]。之所以称为"风水"，是因为风和水与"气"关系密切。《黄帝内经》云："气者，人之根本；宅者，阴阳之枢纽，人伦之轨模，顺之则亨，逆之则否。"东晋郭璞（276—324）《葬经》①云："经曰'气乘风则散，界水而止。'……古人聚之使不散，行之使有止，故谓之风水。"并概括风水选择标准为"来积止聚，冲阳和阴……土高水深，郁草茂林"等等。清代范宜宾（生卒年不详）为《葬经》作注云："无水则风到而气散，有水则气止而风无，故风水二字为地学之最。而其中以得水之地为上等，以藏风之地为次等。"由于山是风之屏障，水是万物之源，因此依山傍水就意味着风水宝地。

中国古代造园家们，在进行园林选址时都必以风水思想为指导，清代档案记载，凡宫苑、陵寝等设计规划，都要钦派风水官员赴实地相度风水。清乾隆时曾在圆明园作画的法国传教士韩国英（Pierre Martial Cibot，1727—1780）记载了当时关于园林选址意象的叙述："他们首先追求的是空气新鲜，朝向良好，土地肥沃；浅冈长阜，平板深堑，澄湖急湍，都要搭配得好；他们希望北面有山可以挡风，夏季招来凉意，有泉脉下注，天际远景有个悦目的收束，一年四季都可以返照第一道和末一道光线[75]。"

在古人看来，宇宙是以人为中心，包括天地万物的整体系统。《易经》曰："星宿带动天气，山川带动地气，天气为阳，地气为阴，阴阳交泰，天地氤氲，万物滋生。"风水师要上察天体诸象，下察地物之理，从中获取影响人的主要因子，并通过优化结构，寻求最理想的环境。具体内容包括以下几个方面的做法和原则。

1. 察形

第一是察形，即观察空间、水、地的形状、体貌。中国传统的"比德"思想，认为山水空间的形状、体貌影响到人的行为，并把山川空间人格化或人性化。《黄帝宅经》云："以形势为身体，以泉水为血脉，以土地为皮肤，以草木为毛发，以舍屋为衣服，以门户为冠带，若得如斯，是事俨雅，乃为上吉[76]。"风水学十分重视山形地势，把绵延的山脉称为龙脉，勘测风水首先必须登高望远，察山水之"势"，搞清楚来龙去脉，顺应龙脉的走向。形与势有别，千尺为势，百尺为形，势是远景，形是近观；势是形之崇，形是势之积；有势然后有形，有形然后知势。因此，风水学认为只有先考察山川大环境，诸如水源、气候、物产、地质等，得知小环境受到的外界制约和影响，才能完善宅基、庭院等小环境的建设。

2. 辨质

第二是辨质，即观察上风（空气）、水、地（土）等要素的质量，类似今天的地质检验。风水师认为地质决定人的体质，《山海经》中就有一些地质与身体关系的记载，认为特定的地质会影响人的体形、体质和生育能力。明代王同轨（生卒年不详）在《耳谈》中记载："凡锡产处不宜生殖，故人必贫而迁徙。"风水师在相地时，常用手研磨，嚼尝泥土，观察土壤的颜色、气味和回

①《葬经》原名《葬书》，旧本题晋代郭璞撰，后人疑为唐宋间的伪作，是经典风水文献，首次提出风水概念。

润、膨胀等情况，要求土壤细腻而丰厚，精而不粗，润而不燥。风水对土壤的选择结果，符合现代建筑对基地的承载力、含水量、土质结构以及土壤的卫生要求。其次是检验水质，要求风水师考察水的来龙去脉，从水的色、香、味、声、温度等多个方面辨析水质，掌握水流量和水位变化情况。如《博山篇·论水》中所述："寻龙认气，认气尝水。其色碧，其味甘，其气香，主上贵。其色白，其味清，其气温，主中贵。……不足论[77]。"此外，还要观草木，程颐说："曷谓地之美，土色光润，草木之茂盛，乃其验也"。[77] 风水视草木为山体、房屋的毛发，草木旺衰的情况，直接反映了生气旺衰的情况。并且植物的种类和生长情况还能在一定程度上反映所在地域的地质结构，如地下矿藏、地下河流、坑洞等。

3. 测方

第三是测方，即以罗盘测定风水宝地的方位。风水学认为，宅基前后左右的山水所在的方位，与宅基的方向和位置相互作用，能左右人的生死存亡、兴衰祸福。虽然这里面充斥了大量真假难辨、高深莫测的内容，大多玄之又玄且无法用科学解释或事实验证的理论，但源于经验、礼制对朝向、方位的考虑，在某些方面依然具有一定的科学意义。由于吸纳阳光和躲避北风的需求，中国古代很早就形成了负阴抱阳、面南为尊的取向观念，从城市立向到建宅，坐北朝南是中国人的首选。清末何光廷在《地学指正》中云："平阳原不畏风，然有阴阳之别，向东向南所受者温风、暖风，谓之阳风，则无妨。向西向北所受者凉风、寒风，谓之阴风，宜有近案遮拦，否则风吹骨寒，主家道败衰丁稀。"所谓"负阴抱阳"，指基址后面有后龙山，即靠山；左右有次峰或冈阜的左辅右弼山，山上要保持丰茂的植被，前面有弯曲的水流；水的对面还有对景山——案山、朝山；基址正好处于这个山水环抱的中央，地势平坦而具有一定的坡度[78]（图 5-1）。

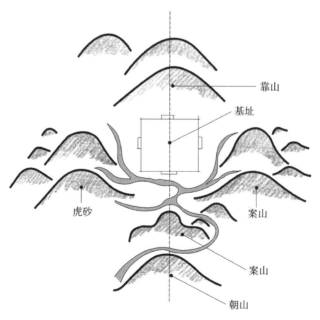

图 5-1　理想的风水选址

这样一种选址在今天看来，不乏科学道理：由于中国为季风型气候，冬季盛行从大陆吹向海洋的偏北风，夏季盛行从海洋吹向内陆的偏南风，基址背后的大山可以屏挡冬季北来的寒流；前面的水域形成开阔的空间，迎接夏日南来的凉风、争取良好的日照；水域可以形成水上交通通道，又可成为日常生活、农作或建园的水源；基址处在缓坡上可以避免淹涝之灾；在基址四周种植果林或经济林，植被可以保持水土，调整小气候，还可取得经济效益[74]。

4. 乘气

第四是乘气，风水学认为，气是万物的本源，在风、水、地三者中皆存在由天地山川空间流通、会聚、孕育、体现出来的"气"。在有生气的地方建设，称为"顺乘生气"，是风水术的最高境界。《管子·枢言》云："有气则生，无气则死，生则以其气[79]。"明朝缪希雍（生卒年不详）在《葬经翼》中指出通过山川草木辨别生气的办法："凡山紫气如盖，苍烟若浮；云蒸霭霭……石润而明，如是者，气方钟而未休。云气不腾，色泽黯淡，崩摧破裂，石枯土燥，草木零落，水泉干涸，如是者，非冈之断绝于掘凿，则生气之行乎地方[80]。"可见风水所谓的气，是一个综合的概念，有水气、雾气的特征，也有光度、色彩的变化，还有风云、雨水的影响，甚至包括了良好生态环境中各要素所表现出的勃勃生机[81]。它带有一定的生态学意味，描绘的是现代生态学所追求的理想家园的景象。

5. 工力

第五是工力，古人认为任何地方都不可能是十全十美的，风水格局是理想的，而大自然是千变万化的。当理想与现实有一定差距时，有些不好的环境可以通过人工来改善，所谓"目力之巧，工力之具"。《雪心赋》①云："土有余当辟则辟，山不足当培则培[82]。"对于风水的调整和改造，要根据环境的客观性，采取适宜于自然的方式，关键是要因地制宜，《周易·大壮卦》曰："适形而止"。如在村落的后龙山、水口山处大量种植树木，以及借助水系调整、建桥、筑路、挖塘、建塔等方法，都可以改变一个地方的风水，以获得良好的人居环境。

风水佳地以自然天成的环境为主，是"精之所聚，气之所蓄"的地方，其景观常因"灵气所钟"，成为风景优美之地。所以中国传统园林大到选址和布局，小到建筑位置和朝向等，都受到风水学说广泛而深刻的影响。其积极意义首先在于考虑了环境的整体性和空间的安全性、舒适性；其次是认真探查分析场地中的每一个要素，并将天空、日月、山形、水系、光照、风向等自然要素和自然现象纳入造园范畴，突出了园林的自然气息和人对自然的认识。而风水学尊重原有的场地精神，尊重每块土地的含义是中国现代风景园林中十分稀缺的素质。

（二）中国传统造园中的场地分析

相：像也，质也，选择也（《辞源》）。相术亦即观察有形物体的表象而推究其内在的素质结构，判断其所像，从而做出类分、选择的决定。所以有形体者，必有像可相，即"格物致知，察微知著"。[81] 相地原是中国古代选定园林

---

① 《雪心赋》是中国堪舆学中的名篇名著，是形势法（峦头法）风水的经典作品。

地域的通俗用语，明末造园家计成（1582—？）所著《园冶》一书中有专论踏勘选定园址的《相地》一章。相地即通过精心观察，勘测山水、土地、植被的质地、外观形象、状态等，对园址的环境和自然条件进行评价，设想地形、地势和造景构图关系，考虑营造的内容和意境，直至基址的选择确定。

中国古代造园师十分重视园址的作用，园林的选址都讲究利用天然环境，山环水绕，幽曲有情，能体现"自成天然之趣，不烦人事之工"的特点，这无疑受到风水学说极力追求理想环境的极大影响。无论是皇家园林还是官僚、文人的私园，相地作为造园的首要步骤显得格外重要。

1. 园址选择与景观资源分析

计成在《园冶》的《相地》一章中，从造园师的角度提出了相地工作的主要内容和应关注的重点。计成认为选择园址不必拘泥于方向和地势高低，首先应注重是否有利于造景，或有山林可依傍，或有水系可援引，或避开繁忙的交通干道，或有无可利用的大树和植被等。如果在乡村建园，则要宜于眺望；若在城中，则要便于居家。

在考虑园区的布局时，要仔细分析场地内外各景观资源的特征。

第一关注地形地貌，要利用天然的地势，合于方的就其方，适乎圆的就其圆，如遇长而弯的，则结构应像环碧[83]；在利用的同时还应加之适当的改造，场地高而方正的，则就它的高方处，建造亭台。低而深凹的，则就它的低洼处，开辟池沼。

第二要重视水源和水系的梳理，若场地靠近水体，既要考察水的来源，又要疏导水的出路，尽可能地沟通整个区域的水系，便于水体的流动和循环。并结合园林理水布置园林建筑，例如架设虚阁、复廊，设置水榭，突出建筑与水面配合的优越性。

第三要考察周边环境是否有景可借，以及场地内可观他处胜景的地方，只要有一线相通，就不应隔离，要保证空间的连续性和视线的渗透，方可收无限春光。

最后计成还强调了对场地原有植物的保存和利用，尤其是对大树的保护。如果园区内生长多年的古树，或良好的植被有碍于建筑的建置，则应让建筑退让以保留树木，因为建筑的营造易于植物的移栽，所谓"雕栋飞楹构易，荫槐挺玉成难"。[83]计成从地形地势、水源水系、大树植被和建筑布局几个方面出发，总结出"相地合宜，构园得体"的造园要义。

2. 造园用地类型分析

计成还根据自己的"相地"工作经验，把造园用地归纳为山林地、城市地、村庄地、郊野地、傍宅地、江湖地等六类，并分别进行了评价。

（1）山林地

计成认为最理想的造园用地是山林地，所谓"园地惟山林最胜"。[83]自然山川之地高低不平，曲深有度，或险峻高悬或平坦开阔，无须人力加工便可自成天然幽趣。因此山林地是造园得天独厚的条件，但有时还需引入一定的人工创作，如疏通水系的源流，就低洼区域开辟池沼；建筑物依山形水势布置，使楼阁高低错落，在参天杂树间或隐或现。同时通过人工设施的营建，如架设桥梁、铺设栈道等，可辅助游人欣赏美景。园林选址在山水林泉中，既能使艺术创造的园林美和自然山水美浑然一体，交相辉映，又能便于园主就近亲近自然，不必远游而添跋涉之劳。

（2）城市地与傍宅地

城市地和傍宅地指位于城镇中间或住宅前后的造园基地，这两者均位于人工创造的环境中，可资借鉴的山水田园风光有限，因而最不利于园林布局和造景，所以计成在《园冶·城市地》中开篇便曰"市井不可园也"，作为在城中造园的一个告诫。但为了"护宅""便家"和游赏的方便，古时相当数量的园林，尤其是私家园林还是建于城中。这些园林在布局设计过程中，尽量避免城市环境条件的弊端，主要考虑如何解决人工与自然的矛盾。总的说来有三个原则，一则闹中觅静，即必须选择幽静而偏僻的地方，园虽邻近尘俗，但关门也可隔绝喧哗。铺设迂回的小径穿行于竹木之间，开辟池塘、水渠，叠石成峰，挑土为山，栽植树木花卉，以构成一个竹修林茂和柳暗花明的幽境。二则利用借景，由于城市地和傍宅地地貌条件单一，园林面积有限，不宜营造错落有致丰富多变的园林空间，因此需要依靠借景。如在园中可遥见城墙，郭外如屏风环绕般的青山等，以增强园林景致的纵深感。三则讲求"精"——园不在大而在精，"五亩何拘""片山多致，寸石生情"[83]，在片山、寸石、花木形态、光影变化等元素设计上讲究细节的精雕细琢，在城市或宅傍的狭小空间中，转而欣赏曲折多姿的山石、磅礴的松根、摇曳的蕉影，以达城市小隐，还胜野外巢居。

（3）村庄地

村庄地最大特色是其介于山林与城市之间，拥有质朴的田园风光。这里"团团篱落，处处桑麻"没有参天的古树，也没有精致的亭台楼阁，有的是瓜果飘香的田园美景，安详闲淡的乡村生活。这样的场景在计成看来虽美，但仍需大力改造方可入景成园。他认为对于村庄地而言，"十亩之基，须开池者三……余七分之地，为垒土者四"。即通过挖湖堆山，加之乡村独有的"连芸""绿野""编棘""山犬"，才能形成如画景致。

（4）郊野地

郊野地一般属于城乡结合地带，"去城不数里，而往来可以任意，若为快也"[83]。郊野地造园，既得城市交通、生活之便利，又可享村野安闲宁静之益。在郊野造园，首先是选择具备"平冈曲坞"的起伏地形、"叠陇乔林"的繁茂山林和充足水源的地域为佳。其次造景需与场地特征相符，如顺应地势高低建筑园内设施；围墙宜用土筑；尤应保留杂树，"溪湾柳间栽桃""屋绕梅余种竹"……这样的布局似能增多幽趣，更入深情[83]。

（5）江湖地

计成看来，最易于出彩的造园基地莫过于江湖地，只需"略成小筑"，就"足徵大观"；江湖地是依托水域风光的园林环境，在这里有娴静而渺邈的湖水；有动荡而安逸的云山；有水上浮动的渔舟；有岸旁闲适的沙鸥[83]。还应修筑高台、楼阁等，为人创造登临观景、休憩高歌之所，但应将其掩映于林木之中，达到人造景观和自然景观的互借互融。

综上，中国传统造园中的相地主要注重以下三个方面：

一是基址环境的考察。传统园林选址在环境条件上，多顾及大局，但亦留心细部，珍视场地中一切饶有趣味之自然景物，一树一石，一溪一涧，以至古迹传闻均加以引用，或以对景或以借景，纳入园林组织之中[84]。场地尺度不拘，建园不在大小，主要考虑是否有丰富的天然景致和动人的画面可以利用，加以艺术加工便可达园林之境界。此外还要仔细考察场地的地理因素，如土壤、水质、风向、日照等，其对花木栽植和建筑布局、造型影响很大。

二是相地和布局组景的结合。造园组景要结合环境条件，因地制宜。根据场地中的山水形势，如峰峦丘壑、湖池溪涧及现有植被，综合考虑建筑布局、筑山引水、植物配置等问题，既突出自然景物之特色，又做到"宜亭斯亭，宜榭斯榭"。

三是对原有场地的调整和改造。中国传统园林的主要形式为山水园林，山、水是造园必不可少的两大主要元素。因此挖湖堆山以改造无自然山水之基址的环境，使园内具备山林，湖沼的地形地貌，构成山嵌水抱的理想形势，是南北均采用的造景手法。

3. 皇家园林实例——颐和园

颐和园是中国现存最大最完整的皇家园林，其前身清漪园始建于乾隆十五年（1750），这是一座以万寿山、昆明湖为主体的大型天然山水园。它作为中国封建社会修建的最后一座皇家园林，是中国几千年来建筑艺术和造园艺术的集大成者。以颐和园作为皇家园林的实例，因其继承了中国历代造园传统，博采众长，兼有北方山川雄阔的气势和江南水乡婉约清丽的风韵。其辉煌的宫殿、磅礴的建筑组群、精妙的园林造景以及出神入化的精湛工艺[85]，气象万千而又与自然环境和谐融融，浑然一体（图5-2）。

咸丰十年（1860），清漪园被英法联军焚毁。光绪十四年（1888），慈禧动用海军建设经费加以修复，并改名为颐和园。乾隆时期的清漪园，其总体规划具有完整性和一贯性，而重建后的颐和园，虽未改变大体的规划格局，但是建筑的增损和局部的改动，建设范围的收缩以及造园手法趋于烦琐，现存颐和园并不能完全呈现清漪园的艺术成就。

建设清漪园的前期相地工作主要包含选址和场地山水关系的调整上，为建

图5-2　颐和园

造这座大型的天然山水园奠定了良好的场地基础和空间结构。

（1）选址

清漪园位于北京西北郊，西山峰峦连绵自南趋北，其余脉香山好像屏障一样远远拱列于北京城的西、北面。在西北郊腹心地带，两座小山岗平地突起，这就是玉泉山和万寿山。附近泉水丰沛，湖泊罗布，远山近水彼此烘托映衬，形成有如江南的优美自然景观，实为华北地区所不多见。自元代建都北京以来，就一直引用西北郊丰沛的泉水作为城市供水的主要来源。明朝迁都北京以后，在西湖以东一带开辟水田，贵戚、官僚纷纷占地造园。众多的私家园林增益了这一带天然风景的人工点染，并与玉泉山、西湖的景观连成一片，所谓"风烟里畔千条柳，十里清阴到玉泉"[86]。

万寿山和昆明湖早在建园之前就已经是北京西北郊风景名胜区的一个组成部分。明代，万寿山原名瓮山，昆明湖原名西湖，它们与玉泉山之间山水连属，三者在景观上互为借资的关系十分密切。玉泉山的南坡特为观赏湖景而修建"望湖亭"，登临其上，可一览此湖光山色之胜。至于瓮山，山形比较呆板，是一座"土赤坟，童童无草木"[4]的秃山（图5-3）。

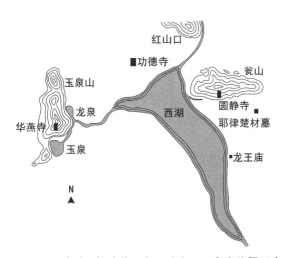

图5-3　清漪园修建前西湖、瓮山、玉泉山位置示意图

（2）场地及周边环境分析

乾隆时期，在西北郊已建成的诸园中，圆明园、畅春园均为平地起造，通过堆筑岗阜、开挖河湖水系，营造富有江南水乡风致的大型水景园。而修建于香山的静宜园纯为山地园林，玉泉山静明园以山景而兼以小型水景之胜。唯独西湖乃是西北郊最大的天然湖，它与瓮山形成北山南湖的地貌结构，朝向良好，气度开阔。并且西湖成湖历史超过3500年，其完整的生态系统孕育了多样丰富的鸟类体系和水生生物体系，是生物多样性最丰富的地区之一，如果适当加以改造，是天然山水园的理想建园基址。它介于圆明园与静明园之间，若总体规划上贯连三者，既能构成一个功能关系密切，景观又可互为资借的整体——一个包含着平地园、山地园、山水园的多种形式的庞大园林集群，可谓一园建成，全局皆活[4]（图5-4）。

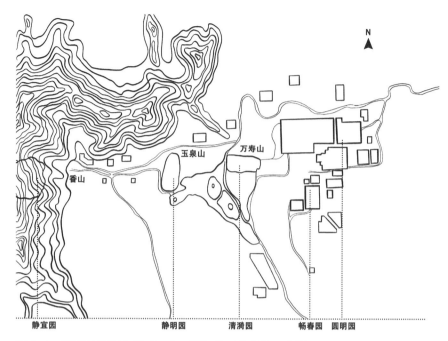

图 5-4 乾隆时期西北郊"三山五园"的环境整体示意图

（3）区域性的整体山水关系调整

瓮山与西湖的位置虽具有北山南湖的态势，但两者的关系却十分尴尬，并没有形成山嵌水抱的理想状态。此外，由于圆明园、畅春园等大小园林的陆续建成，西北郊水量消耗与日俱增。当时，大内宫廷和园林供水主要依靠西湖，而其又是沟通北京城和大运河之间的通惠河的上源，如果因修建园林而将西湖大量截流，势必影响宫廷用水和漕运。同时，西湖堤经常溃决，危害周边农田。因此，乾隆帝将园林建设和解决这一系列问题统一起来，首先对区域的整体山水关系进行了调整。

第一步是详细考察西北郊的水文状况，发现西湖之水源除玉泉山泉眼之外，还有许多西山一带潜藏在地下的水流可资利用。

第二步是增加水源，将西山一带的地下泉流汇集起来，由石渡槽导引向东汇合玉泉山之水，再经过输水干渠"玉河"注入西湖，并易西湖之名为昆明湖，瓮山为万寿山。同时在西湖以西、玉河以南的地带，利用原来零星小河泡开凿成一个浅水湖——养水湖，作为聚蓄这一带的天然水的湖泊[87]。同时由于玉河两岸开辟的稻田日益增多，需水灌溉，乾隆又命在玉泉山以南开辟一湖，命为高水湖，它连同养水湖一并灌溉农田，辅助灌注西湖水库。

第三步是解除泛滥水患，沟通区域水系。水源增加后，又有夏秋泛涨之虑，因此向东扩展湖面直抵原有畅春园西面的西堤，并将这条旧堤更名为东堤。东堤北段建水闸以控制昆明湖向东流泄的水量，于是，堤以东，畅春园以西的一大片低洼地得以受灌溉之利而开辟为水田[86]。而后，在昆明湖的西北角另开河道向北延伸，绕过万寿山西麓，连接至清河，成为昆明湖的溢洪干渠。接着疏浚长河，长河是昆明湖通往北京城的输水干渠，通过清淤和拓宽，保证了输水通畅，通航和农田的灌溉。

　　第四步是调整山水关系，拓展昆明湖湖面以后，又将万寿山北麓原有的小河泡贯通开凿后溪河，并连接于前湖。利用挖湖土方堆筑于前山的东端，以及后湖北岸，改造局部的山形，最终形成了山嵌水抱的形式。万寿山仿佛托出于水面的岛山，同时，经过人工调整，场地内几乎涵盖了天然山水的全部形态：冈、峦、洞、湖、河、泉、涧、瀑等。此外，万寿山原为"童山"，土壤瘠薄，含水量差，嵌于水中，既保持了山体地下水位，又置于湿润的小气候之中，加之大量的人工绿化，草木也因此而繁茂起来。山环水而筑，解决了山洪的输导与排泄[85]，减少了水土流失，形成了理想的山水关系和环境质量，为造园提供了良好的地貌基础（图5-5）。

　　北京西北郊的水系经过这一番规模浩大的整治后，形成了玉泉山—玉河—昆明湖—长河这样一个可以控制调节的供水系统，圆满地解决了通惠河上源的接济，保证了农田灌溉和园林用水，为清漪园的建设作出先期的地形整治[4]。

　　4. 文人私家园林实例——拙政园

　　拙政园名冠江南，胜甲东吴，是中国四大名园之一，也是苏州最大的一

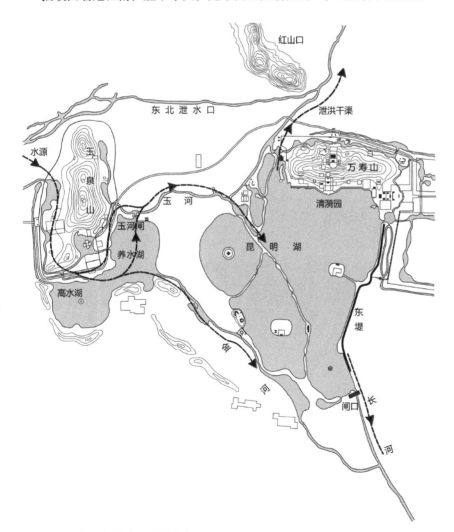

图5-5　乾隆时期清漪园及周边山水关系图

座私家园林。私家造园不像皇家能够利用政治上的特权和经济上的优势，将大片天然山水据为己有，只能移缩模拟天然山水于咫尺之地，因而江南园林素有"城市山林"之美誉。

江南私家园林的选址或隐于闹市，或地处近郊野地，多为平地造园，用地面积狭小，但为了追求自然之趣，园主或造园匠师常运用各种手法，在有限的空间中营造无限的意境。因此，江南私家园林以其精湛的造园技艺、浓郁的诗情画意成了中国传统园林后期发展史上的一个高峰，并深刻地影响了皇家园林的建制。

拙政园始建于1509年，自建园以来的近五百年间，沧桑变迁，屡易其主，分分合合，几度兴废，原来浑然一体的园林现演变为相互分离、自成格局的三座园林[88]。现在全园包括东部（原"归田园居"），中部"拙政园"，西部（旧"补园"）三部分，占地62亩。东部为1959年重建，已非原来面貌。西部现有布局形成于光绪三年（1877），而中部为全园精华之所在，虽历经变迁，但从总体来讲，大致保留了清代改建过的面貌，其山水布置基本上延续了明代的格局。

（1）选址

此园在唐末为诗人陆龟蒙（？—约881）故宅，皮日休（约838—约883）曾称"不出郭郭，旷若郊墅"；至宋代，山阴主簿胡稷言（生卒年不详）建五柳营，地甚荒旷，其子取杜甫诗"宅舍如荒村"而名"如村"；元大德年间建寺，名大弘寺[89]。由此可知，拙政园的建园基址有着深厚的文化底蕴，且旷奥兼备，一派自然野趣。

著名文人画家文徵明（1470—1559）曾参与过拙政园的造园活动，先后四次为拙政园作图，并撰《王氏拙政园记》，文中在描述园址时讲道，园"在郡城东北，界娄、齐门之间，居多隙地，有积水亘其中，稍加浚治"，就可形成"淼漾渺弥，望若湖泊"的池水，再"环以林木"便可造幽胜与野趣（图5-6）。

图5-6　文徵明绘拙政园图之片段——小飞虹

（2）场地调整

依然采用中国传统造园惯用的挖湖堆山的手法。明时的拙政园，开挖沼泽和水洼地，形成了以水为主，池广林茂的疏朗空间。至清初，园内又因阜垒山，因洼疏池，形成了今天人工山水园的布局（图5-7）。

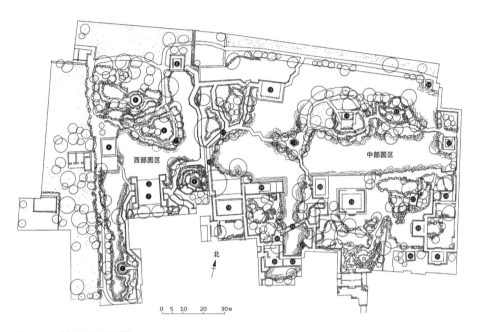

1. 塔影亭
2. 十八曼陀罗花馆
3. 三十六鸳鸯馆
4. 留听阁
5. 浮翠阁
6. 翌
7. 与谁同坐轩
8. 倒影楼
9. 宜两亭
10. 别有洞天
11. 柳荫曲路
12. 见山楼
13. 荷风四面亭
14. 雪香云蔚亭
15. 待霜亭
16. 绿漪亭
17. 梧竹幽居
18. 玉兰堂
19. 香洲
20. 得真意远
21. 志清意远
22. 小沧浪
23. 松风亭
24. 小飞虹
25. 倚玉轩
26. 远香堂
27. 绣绮亭
28. 海棠春坞
29. 玲珑馆
30. 嘉实亭
31. 听雨轩

图5-7　拙政园平面图

（三）西方园林中的场地分析

西方传统园林主要有三大样式——意大利文艺复兴园林、法国古典主义园林和英国自然风景式园林。其中法国古典主义园林在西方园林发展史上占有极其重要的地位。17世纪下半叶，法国绝对君权专制政体的建立及资本主义的发展，使其不仅在军事上、经济上成为欧洲首屈一指的强国，在文化上也达到了辉煌的巅峰，成为全欧洲效仿的榜样。世界的艺术中心亦从意大利转移到了法国，为法国园林艺术提供了最适宜的成长环境。法国古典主义园林以理性主义哲学为理论基础，追求均衡稳定的构图，简洁明朗、比例和谐的整体空间，在历史上对欧洲各国的造园风格都影响至深。在这样的背景下，一位极有天赋的造园家——安德烈·勒诺特尔（André Le Nôtre，1613—1700）得以脱颖而出，他一生设计并改造了大量的花园，形成了风靡欧洲长达一个世纪之久的勒诺特尔样式，标志着法国园林艺术的真正成熟和古典主义造园时代的到来，对欧洲近现代的城市规划和风景园林设计也产生了深远的影响。到了20世纪，在西方现代风景园林的发展过程中，许多设计师仍然从勒诺特尔式园林中汲取着营养，寻求着如何基于传统，创造更符合现时代特征的新的造园手法和造园风格。

在此，我们借鉴西方园林从传统到现代的成功转型，对于"传统"便聚焦于法国勒诺特尔式园林的经典作品——凡尔赛宫苑。

1. 凡尔赛宫苑

对于园林艺术，东西方统治者有着共同的追求，企图以华丽的宫苑，体现出皇权的尊贵。作为法国古典主义园林的巅峰之作，路易十四的凡尔赛宫苑是使勒诺特尔名垂青史的作品，它规模宏大，风格突出，内容丰富，手法多变，最完美地体现了古典主义艺术的造园原则。

那个时代，西方人忙于征服自然，希望通过认识自然规律，去开拓荒野，穿越险阻，索取资源，而古典主义的美学核心也强调人工美高于自然美。在这样一种自然观、美学观的影响下，古典主义园林对于造园选址远不及中国园林那般重视，他们关注自身创造的人工美景。但对于场地已有自然条件和景观资源的观察和利用，古典主义园林依然可圈可点。

（1）选址

凡尔赛距离巴黎西南 18km，原来有路易十三（Louis XIII，1601—1643）为了打猎期间的休息使用修建的小宫殿。法国古典主义园林是作为府邸的"露天客厅"来建造的，对于凡尔赛宫苑，路易十四要求要能够容纳 7 000 人狂欢娱乐。因此，园址首先需要巨大的场地，而且要求地形平坦或略有起伏，便于形成深远的透视效果和井然有序、均衡稳定的空间结构。凡尔赛宫苑基址为占地约 6 000hm² 的缓丘地，符合这一要求。但这里自然条件很差，作家圣西蒙公爵（Louis de Rouvroy，Duc de Saint-Simon，1675—1755）在 1752 年出版的《回忆录》中写道：那儿尽是盐碱化的，光秃秃的不毛之地，"没有景致，没有水，没有森林，只有飞扬的尘沙和池沼。"[39] 选择在这里建造大型宫苑并不适宜。然而，路易十四回答："正是在这种困难的条件下，才能显出我们的英勇刚毅"，很有一种人定胜天的气概。

（2）改善场地水资源条件

由于场地内本身没有水体，要满足皇家园林巨大的用水量，就需要借助人工，增加水源。

第一步，把邻近地区所有的地面水都用管子引到一个储水池，但水量依然不足。

第二步，建造泵房、水塔，但收效甚微。

第三步，17 世纪 80 年代，又在马尔利（Marly）兴建了巨大的水工机械，以 14 个水轮泵抬高塞纳河河水，再以渡槽引到凡尔赛，堪称当时的工程奇迹[19]。（图 5-8）。即便是这样，凡尔赛的供水问题也始终没有完全解决。这也说明环境条件在园林建设中的地位和作用，乃是创造和发挥景观效果的基本前提，如果环境条件不当，或不具备为所造景观提供资源的能力，则艺术创造会十分困难，还会耗费大量人力、物力。在古代，皇家可倾一国之力来建造一座园林，而当今已然不可能有这样的投入，即使科学技术十分发达，这样的做法依然值得我们反思。

（3）对场地现有自然条件的认识和利用

园址是一片缓丘所夹的沼泽地。沼泽地地势低洼，排水困难，故顺应地势，在全园中轴线上开挖大运河，在南端开挖瑞士人湖，成为全园水景用水的蓄水池，并形成以湖光山色为基调的外向性开放空间（图 5-9）。

图 5-8　凡尔赛宫苑的引水机械——马尔利

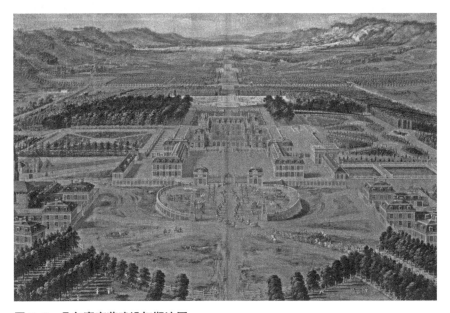

图 5-9　凡尔赛宫苑建设初期油画

同时，园址现有地形更容易在整体上形成向中心聚焦，平缓而舒展的视觉效果。地形结合轴线是勒诺特尔发挥到极致的造园手段。大尺度的轴线一是能强调所谓合乎"理性"的社会秩序，又能展现至高无上的皇权；二是垂直于等高线布置的轴线，随地形变化而起伏，稍加改造，便可形成坡道、台地，产生极富变化的轴线景观。同时对地形的巧妙处理，还能形成奇特的视觉效果，如从人视的角度看去，中轴线上的大运河呈现为斜面，仿佛银河从天而降（图5-10、图5-11）。

图 5-10   从拉通娜泉池看大运河

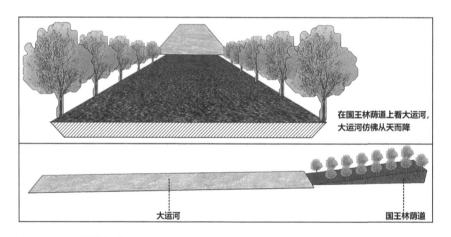

图 5-11   巧妙的视觉处理

那么凡尔赛宫苑作为西方古典主义园林最具代表性的作品，其设计理法对后世有哪些影响呢？我们不妨选取同在法国，但场地、定位、规模都各不相同的苏塞公园和雪铁龙公园作为西方现代风景园林设计的典型案例来进行剖析。

2. 苏塞公园

苏塞公园（Parc du Sausset）是法国 20 世纪 80 年代的风景园林作品，设计师米歇尔·高哈汝是法国当代风景园林的开创者之一，而苏塞公园堪称他职业生涯的里程碑之作。

1979 年，塞纳 – 圣德尼省 (la Seine–Saint–Denis) 要求在城市边缘的农田上兴建一处面积达 200hm² 的大型郊野公园，为市民提供一个以植物群落为主的自然游憩环境。园址坐落在城市近郊的法兰西平原上，地形平坦，一览无余；周边环境是以大片耕地和水面为主的自然景观；园址上的水系有萨维涅湖 (lac de Savigny) 以及名为苏塞 (Sausset) 和卢瓦都 (Roideau) 的两条小溪；已有的基础设施包括数条高压电线、水塔、高速公路、铁路线和一个郊区快速列车站。

　　在这样大规模的场地上，无论是现有的人力或是物力，都不允许设计师任意地以挖湖堆山来改造场地。相反，设计师必须去关注场地本身能给设计提供什么样的帮助，能从场地中得到什么样的启发。

　　（1）场地现有基底

　　农民们世世代代在这片土地上种植小麦，形成了以田野为主的乡村风貌。因此设计一开始就确定下保留场地原有风貌的原则，不轻易改变植被的原貌和场地的肌理。要将一片农田改建成一个森林公园，场地能为设计提供的最有利的条件，便是场地中这些世代耕作的肥沃的良田，十分利于植物的生长。虽然退耕还林的政策改变了场地的功能，但设计师应该通过对土壤的分析，考虑利用这块肥沃的土地营造何种类型的森林。此外，场地中遗留了大量的土埂、田间小径，设计师在进行改造和增补后，可以用来形成公园的园路系统（图 5-12）。

　　（2）现有地形

　　现有地形十分平缓，所有的地方好像都差不多，但实际上，当设计师近距离地观察场地，反复踏查现场后便发现，场地所展现的面貌是多姿多彩的，在各个视点高度看到的景观都是不同的，看上去非常平坦的场地依然有一定的坡

图 5-12　苏塞公园平面图

度。高哈汝像勒诺特尔一样引入一个呈水平面的参照物与场地形成对比，利用视觉原理让公众感受到原有地形微妙的高差变化。不同的是勒诺特尔所用的是壮阔的大运河，而高哈汝用的是土丘（图 5-13）。

（3）现有水体

在场地的低洼处有一条小溪流经，这条溪流就叫作苏塞河。设计师利用它的天然风貌，开辟了一片景区，让周围的居民可以在这里散步、野营，亲近自然。同时设计师提出了利用原有的萨维涅泻洪湖作为水源，营造富有观赏性的沼泽地，为此，设计师将一系列现有水塘串通，并借助堤坝将沼泽地与其他的水面隔开，使其自成一体，随后通过设在萨维涅湖的水泵给沼泽地补水，并使水位保持恒定。如今这片沼泽地已成为公园中如同"诺亚方舟"般的生物栖息地。

（4）现有基础设施

高压电缆铁架和水塔被设计师有机地组织到公园中来，单个的电缆铁架或许对场地的空间是一种破坏，但重复的出现便能够确立一种比例关系形成强烈的标志物，同时也强调了远处地平线的边界（图 5-14）。

图 5-13　苏塞公园中水平土丘对地形变化的展示

图 5-14　苏塞公园中的高压线

3. 雪铁龙公园

雪铁龙公园（Parc André-Citroën）位于巴黎市西南角，濒临塞纳河。它是利用雪铁龙汽车制造厂旧址建造的大型城市公园。在汽车厂迁出巴黎市区之后，这片面积 45hm² 的工业废弃地，被重新规划为"商定发展区"(Z.A.C.: Zone d'Amenagement Concerte)，其中 14hm² 作为公园用地。

（1）选址

与苏塞公园不同的是，雪铁龙公园的园址位于城市之中，因此对于场地，设计师除了考虑场地本身能为设计提供的资源而外，更多的还要考虑公园与城市的联系与结合（图 5-15）。

（2）场地边界

城市和公园之间的联系是通过彼此间的边界来建立的，因此设计师需要

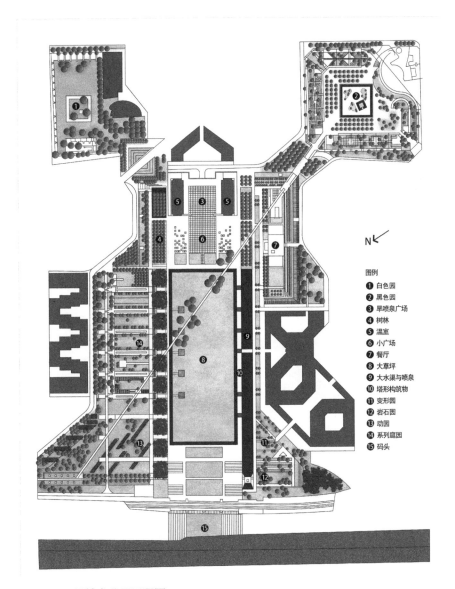

图例
❶ 白色园
❷ 黑色园
❸ 旱喷泉广场
❹ 树林
❺ 温室
❻ 小广场
❼ 餐厅
❽ 大草坪
❾ 大水渠与喷泉
❿ 塔形构筑物
⓫ 变形园
⓬ 岩石园
⓭ 动园
⓮ 系列庭园
⓯ 码头

图 5-15　雪铁龙公园平面图

对公园的围合设施进行了仔细的推敲和处理，运用各种手法，使城市空间与公园空间既相融合，又有所隔离。同时，临近塞纳河是公园基址的又一特征，而河边高速公路的高度恰好遮挡了塞纳河的一个下沉斜坡面，使人无法看到和感受到塞纳河的存在。因而设计师需要克服限制因素，提升公园到塞纳河的通达性。如将高速路改成 400m 长的地下隧道，并且在铁路线上修建了逾 100m 长的高架桥，从而使公园与河流能够真正地连接在一起（图 5-16）。

（3）场地肌理

原址上的一条保留下来的老路，印证了雪铁龙工厂甚至更早的历史痕迹，设计师利用它形成了标志性的斜向道路，并贯穿全园成为园内的景观主轴线和主要步行道。内部的几何图形肌理，也是原旧区的城市街区肌理整理后的所得，以绿地替代了原有的楼房，但街道的轨迹得以保留。

通过苏塞公园和雪铁龙公园的案例我们不难看到，由于自然观的转变，和封建王朝举一国之力建置宫苑以彰显皇权的时代一去不返，加之环境的演变，现代西方风景园林师对待景观设计的场地，已不像古典主义时期那样，把人造的理想景物强加于每一个场地，以此向世人展示无上的权利和人对自然的征服。而是更加关注场地已有的肌理和景观资源，以及场地与周边环境的关系。通过对场地的分析和调研，尽可能挖掘场地自身的或显著或隐藏的环境资源，并结合设计师的艺术加工使其展现新的生命力。正如高哈汝所说："每片土地，不管是自然形成的还是经过历史改变的，都有它自身的价值和优势，有它自身形成的风貌，或者有在土地上生活劳作的人的价值。人类在土地上世世代代地

图 5-16　雪铁龙公园与塞纳河的衔接

居住劳作，必然产生一系列人的价值。我们在设计过程中必须考虑到场地的这些人文或自然价值，不应抹杀这些痕迹，而要将其融入新的设计中去。"

（四）现代启示

1."地"的观念演进

中国古代的文化和科技特征在风水学说中得到了淋漓尽致的表现。这种以古人运用直观和直觉的方式观察万物并总结出来的原始经验为基础，所产生的感性认识，只能产生真理与谬论并存的学术体系。由于古代科技手段的局限，古人对许多自然现象和规律难以理解，便在风水学说中加入了许多主观意会的解释，产生了大量玄之又玄的概念和方法。因此，对于风水学说，我们一方面要从中吸取积极的思想，如尊重自然、强调场地的整体性、平衡性以及从地质、水文、气象、天文等各方面综合地认识场地；另一方面要借助现代科技深化人对自然的认识，抛弃其中存在的玄虚性和模糊性概念以及迷信的做法。

作为现代风景园林师，应从古人那里汲取勘查场地的细致方法和尊重场地的设计思想。同时还要形成对场地更加科学和深刻的认识，全面分析设计场地的各种外在和内在特征。

在联合国 1975 年编制的《土地评价纲要》中，对"土地"做出如下定义："一片土地的地理学定义是指地球表面的一个特定地区，其特性包含着此地面以上和以下垂直的生物圈中一切比较稳定或周期循环的要素，如大气、土壤、水文、动植物密度，人类过去和现在活动及相互作用的结果，对人类和将来的土地利用都会产生深远影响。"这一概念表达出五层含义：第一，土地不仅仅指陆地，也包含地球表面的海洋、湖泊等；第二，土地是三维空间，包含地表以上及以下的生物圈中各个要素；第三，土地是有生命的，也是不断变化的；第四，土地状况是人类与自然相互作用的结果；第五，人类利用土地的方式关系到人类的生存和未来的土地利用 [90]。

现代风景园林师应以科学的土地定义为指导，综合地认识场地，不应停留在狭隘的地理学、地形学或生态学的概念，而应扩大到可见的或可感的空间层面，将感性认识和理性分析相结合，既包括对场地表面自然景观和文化景观等可见因素的关注，也包括对生态环境、地下状况、历史文脉等潜在因素的分析 [90]。

现代风景园林已不仅仅是为人们提供一些娱乐休憩的活动空间，更多的是要寻求最合理的土地利用方式。每块场地都具有某种动力，但有待于设计的介入去使其彰显或调整。严格意义上讲，现代风景园林师在设计之初，进入的不单是一块场地，还进入了一种演变过程。很多时候，风景园林师对景观整治和土地利用存在着彼此对立的两种态度：要么终止原有的景观演变方式，以一种新的演变方式，即设计方案去替代它，将场地仅仅看作是一种界面、一个中性的载体，在场所上可随意布置很个性化、很主观的景物。对于这样的设计，场地处在被动的地位，仅仅适合承载人们的某种意图或固有的思想体系。这样的设计方式所产生的作品或许能够产生很奇妙的景象，但总会与周围环境格格不入，形成孤立的实体；另一种方法便是将设计投入到原有的景观演变之中，那么新的场地推动力将充分包含原有的演变动力，既能突出场地自身的特性，又能为其注入新的血液。

因此，在各种自然灾害与城市病频发的今天，风景园林设计更要尊重土地的自然特性，顺应土地的自然规律和演变方向，将风景园林的自然属性与社会属性相融合，制定人与自然和谐共荣的土地利用计划。

2. 整体角度：指导城市规划

中国传统园林讲求"相地合宜，构园得体"的设计原则，古人无论是城镇建设还是造园，都十分强调对城址或园址特征的保护与利用。而如今，快速的城市化进程，让现代的风景园林设计对园址的选择由主动趋向了被动，不再像古时皇室贵族造园，可以选择风景优美，自然条件优越的地方。即便是私家造园，大多数情况下也可觅得一方幽静和充满自然野趣的场所。现在，风景园林建设的基址更多的是已被干扰或破坏的城市区域，或景观资源并不丰富的地块。风景园林更多的是在国土被破坏后，充当着整治和复兴的医师。那些最适宜造园的用地，如山林地、郊野地、江湖地等，已越来越少，离我们越来越远。而像中国古代那样，将大片山林与水体括入城市，如唐长安城中的乐游原，明清北京城将城市供水与园林理水结合起来的做法，在现代城市总体规划中已越发稀缺。大量的城市规划从经济利益出发，任意地忽视和抹灭城址特征，横平竖直的方格网道路如同枷锁一般架在每一座城市的土地上，使每座城市都呈现出了一致的"现代化"面貌。但城市真正的特质和那些良好的自然景观资源都逐渐地消失了。因此，我们在城市总体规划和绿地系统规划中，对现有的山林、河湖都应予以重视，将其与园林建设相结合，达到保护与城市开发、利用双赢的目标。2018 年，自然资源部设立，专项绿地系统规划纳入国土空间规划体系，区域层面绿色空间的统筹和生态服务供给受到高度重视。但当前，响应国土空间规划的相关研究还不足。如在范围上，多数研究聚焦建城区内的绿地布局，而对市域"其他绿地"长期停留在结构示意的层面。新时代下，对城市环境质量、生态效益有直接影响的"其他绿地"转变为"区域绿地"，对其研究深度也需向明确的选址、布局和边界划定推进。

3. 部分角度：协调场地与周边

不能把设计场地简单地理解为设计范围，要树立整体的区域设计理念。中国古人始终将环境视为一个整体，认为小环境必然会受到大环境的影响和制约。颐和园的成功，在很大程度上正是因为乾隆一开始便关注整个西北郊的景观格局；关注区域间各地块景观资源的相互资借；关注区域水系的疏通与活力；关注不同用地之间的依附和协调。因此，现代风景园林设计不应局限于场地本身，而是要将设计场地与周围环境，乃至更大的区域环境视为一个整体，注重场地与场地之间的彼此联系。中国古代造园师强调"巧于因借"，其一是选址可因借山环水抱之势、人文名胜之景，因地制宜，从而确立园林的基本格局；其二就是要借助视觉加强园林与周围佳景的联系，既有利于扩大园林的空间感，又有助于创造和谐的整体环境。因此，如同风水师强调察山水之"势"一般，现代风景园林师不仅应像传统造园师将考虑的范围由场地扩展到可以一眼望尽的区域，还应从大处着眼，关注地域景观。因为相同地域内部，各场地景观表现出明显的相似性和连续性，这就决定了场地的本质特征，因而要将关注范围进一步扩展为在观察方面具有共同特征，而未必一眼望尽的区域。遗憾的是当今很多风景园林师往往只关注场地内部的设计而忽视了单体景观与整体环境之间的关系，造成园林，尤其是城市整体景观争奇斗艳、杂乱不堪的弊病。太多的设计师将精力只投入到"红线"范围内的景观创造，而对于整个区域环境生态质量、土地利用安排置之不理，使风景园林作品的生命力和综合效益大打折扣。例如某些城市的滨水景观设计，常常在滨水区堆置一系列的人工景物，而忽视了对区域水质、防洪排涝等方面的改善。

4. 个体角度：关注场地内各要素

设计师应将设计场地看作是设计要素和作品特色产生的源地，通过对场地内各种要素和景观资源进行深入细致地调查分析，设计突出并融入场地特征的作品。许多西方现代设计师常说"好的作品就像是从地里长出来的一样"。然而现在仍然有大量的从业者最多只关注到设计场地的一些外在特征，更有甚者简单地将场地理解为承载设计作品的毫无生命的一片土地，进而在设计中任意改变场地的原有属性，造成设计场地原有特征几乎丧失殆尽。

例如近年来，各地兴建的湿地公园，绝大多数都是在不了解湿地水文、湿地土壤、湿地动植物，尤其是鸟类习性的情况下设计完成的，致使原本自然景观独特的鸟类栖息乐园被改造成城市公园中常见的荷花塘、芦苇荡，或者水上乐园，使宝贵的湿地资源遭到极大的破坏。

中国传统造园非常重视基址上的风、土、水、植物等要素的质量，借助观、嗅、尝、堪、测等方法判定基址环境的具体性质。不仅关注山水空间的形态及走势等外在特征，而且重视水文、地质等潜在特性的分析。现代风景园林师在继承这一优秀传统时，更应结合拥有的科技手段，以便能够对场地的特性做出更加全面而科学的分析，包括场地中由表及里的自然要素和人文要素两大部分。

此外，不同于传统园林往往只为少数人服务，空间呈封闭和内向型，基本上都有围墙将园林与外界分隔开来。现代风景园林的服务对象是广大人民群众，空间也呈外向开放型，这就要求设计师尤其要注重对场地边界的处理，关注对场地与周边环境的衔接地带。正如2018年习近平总书记赴四川视察，在成都天府新区调研时首次提出"公园城市"的全新理念和城市发展新范式，今天的风景园林，尤其是对公共绿色空间的设计，要与城市空间有机融合，使得生产、生活、生态空间相宜，从而构建自然、经济、社会、人文相融合的复合系统，促进城市建设的可持续发展。

5. 反思：对"因地制宜"的再思考

中国的国土辽阔，土地类型极为丰富，表现出复杂多变的景观特征。现代风景园林师应具备认知土地特性、形成机制，及产生的景观类型与演变规律的能力，因而针对不同类型的场地采取不同的整治措施，营造不同的园林景观。

计成所归纳的六类造园用地中，最适宜的用地，往往也是自然特征明显、生态环境敏感的地方。如前文所述，我们要优先保护这些地区，避免不恰当的开发方式造成对自然资源的破坏。其次是在设计中要采取更加审慎的态度，应在充分调查研究的基础上制定必要的整治方案。

计成等古代造园家将是否适宜营造山水园作为衡量造园用地质量优劣的唯一标准，对于不适宜的城市地、村庄地，认为必须大动干戈，重新塑造山水骨架，建议十亩之基需三成来开池，四成用于堆山。并且"因地制宜"的原则不过体现在随高就低堆山挖湖方面，"高方欲就亭台，低凹可开池沼"。这些理念在现代看来无疑具有巨大的局限性。因为，一方面，那些最不利于造景，古人完全出于生活便利而选择的城市地和傍宅地，如今却成为现代园林师的主要设计场地；另一方面，随着环境的变迁，水、土、山石等资源日益稀缺，传统造园家的观点有时成为现代风景园林师可望而不可即的奢想。因此继承传统，必须以现实条件为基础。如果依然延续传统的做法，将山水园作为唯一的造园样式，客观上将造成设计场地原有景观特色的丧失和城市园林"千园一面"的弊病。不仅如此，大型山水园的建造和维护，必然要受到当地水土资源条件的极大制约。在那些干旱缺水、土壤贫瘠的地区，一味地挖湖堆山，势必要消耗巨大的水土资源和人力财力，并且带来后期养护管理的困难，甚至造成对环境的巨大破坏和景观的难以为继。

此外，一味地强调中国园林的山水特色，会导致风景园林师在遇到平缓地、乡村地、废弃地等类型的场地时，除了挖湖堆山之外，往往一筹莫展。中国国土上有着十分丰富的自然和文化景观类型，因地制宜的造园原则应着重体现在尊重场地原有的景观特征，或营造与场地的地域特征相适应的园林景观方面[3]。中国古代造园家对场地环境的尊重、适应与选择，可以说是一种朴素的生态观，对当代人居环境的建设有着深远意义。正如明末画家郑元勋为《园冶》的题词所言，"不可强为造作"，而须"使顽者巧，滞者通"。今天的风景园林师既需要对中国传统文化、场地特征进行深刻的探究与理解以便"因借"，也需要"巧于"营造与之契合的空间。

二、立意

在文学艺术作品的创作中，立意占有极重的分量。就写作而言，立意是指作品的中心思想和文章的中心论点及基本观点；就绘画而言，指画家对客观事物反复观察而获得丰富的主题思想。正如唐代王维说："凡画山水，意在笔先"；对于造园艺术，立意是指设计思想，它是造园师在开展设计时思维活动的结果，即固有的观念以及在设计过程中的思维方式。中国人思维方式的整体性、直觉性和意象性特点，造就了中国传统文化"天地人合一"的有机整体自然观，形成了崇尚自然，追求自然美的中国传统园林造园思想。

（一）中国传统造园思想的形成

中国幅员辽阔，自然景色丰富多变，而古人为什么对自然山水情有独钟，用"山水"作为自然风景的代称，产生了山水式园林并且能够几千年来一脉相承呢？我们可以从中国的自然景观特征和传统文化思想中找到答案。

1. 以自然景观为基石

园林艺术在于利用本土的自然条件和资源，再现自然景观特征，并赋予其深刻的精神文化内涵。首先，中国的自然地貌有三大基本特征：一是地势西高东低，自西向东逐级下降，形成一个层层降低的阶梯状斜面，成为我国地貌总轮廓的显著特征。二是山脉众多，起伏显著。我国是一个多山的国家，山地约占全国总面积的1/3。从最西的帕米尔高原到东部的沿海地带，从最北的黑龙江畔到南海之滨，大大小小的山脉，纵横交错，构成了我国地貌的骨架，控制着地貌形态类型空间分布的格局。三是地貌类型复杂多样，我国疆域内地质构造、地表组成物质及气候水文条件都很复杂，按地貌形态区分可分为山地、高原、丘陵、盆地、平原五大基本类型。以山地和高原的面积最广，之后是盆地，丘陵和平原占的比例都较少，在纵横交错形成我国网格状格局骨架的山地中，有四大高原、四大盆地、三大平原镶嵌于这些网格之中[91]。因而，中国大地呈现在人们面前的鲜明形象主要是山岳河川，在山水中产生的各种体验必然在人们的生活中留下深刻的印象。

其次，中国的土地肥沃，四季分明，雨量适度，十分适宜农业生产。大约在一万年前，先民们就开始种植农作物，随着社会的发展和人口的增长，使得河谷、沼泽、平原、盆地、缓坡等适宜居住和农业生产的土地，被大量开垦成农田，而在第二次劳动大分工以后，这些地区又逐渐建立起了城市。而由于古人生产力的限制，不适宜耕作的山地和丘陵大多得以保存下来，同时，大量的河流、湖泊是人们生产和生活不可或缺的资源，人们择河而栖，形成一个个村落和一座座城市。山、水、田、城之间的合理关系，很早就得到人们的尊重，使得这一传统的土地利用方式能够延续几千年[3]。

2. 以传统文化为源泉

除自然地理因素外，中国人对山水的偏爱，并影响园林向着山水园的方向上发展，还离不开传统文化中崇拜自然思想、君子比德思想和神仙思想的极大影响。

（1）天人合一的自然崇拜

千百年来，"天人合一"的思想深刻地影响着中国人的思维方式。对大自然的崇拜，是人类普遍存在的一种意识。在人类发展的初期，自然被人视为有着无限威力且不可征服的超现实力量。自然高高凌驾于人类之上，人类对自然因恐惧敬畏而对之顶礼膜拜。祭祀山岳和河川成为对自然崇拜的最高礼节的祭祀。《尚书·舜典》记载了舜曾巡视五岳的传说；殷墟卜辞中有祀山的确凿证据；成书于春秋战国时期的《山海经》，在它记载的每座山中，都有不同形式和规格的祭祀活动；《史记·封禅书》引《礼记·周官》的话说："天子祭天下名山大川，五岳视三公，四渎视诸侯，诸侯祭其疆内名山大川。"

而后人类逐渐对自然产生了朦胧的认识，发展了"靠天吃饭"的农业生产，世世代代只要传习和继承祖辈在生产实践中，逐步总结的天文历法规律和生产经验，再加上风调雨顺便可获得稳定的收成。而与农业生产息息相关的各种自然现象和变化规律，古人只凭经验无法完全理解和科学地解释，只能顺其自然，追求人与自然关系的和谐与统一。丰富的自然山水必然使中国人在漫长的历史发展过程中，积累大量与自然山水息息相关的精神财富。

此外，从老子时代的思想家们已注意到人与外部世界的关系。老子运用自己对自然山水的认识去预测宇宙间的种种奥秘，去反观社会人生的纷繁现象，并感悟出"人法地，地法天，天法道，道法自然"这一万物本源之理，进而提出了"崇尚自然"的哲学观点。庄子进一步认为，人只有顺应自然规律才能达到自己的目的，主张一切任由自然，推崇所谓"大巧若拙""大朴不雕"，不露人工痕迹的天然美[92]。对自然山水的崇拜，为后世形成我国特有的山水文化奠定了基础，并深刻地影响着文学、绘画、诗词和园林艺术（图5-17）。

图 5-17   北海琼华岛上，集中体现了"天人合一"的造园思想

（2）"君子比德"的美学思想

人类对自然的审美能力是伴随着人类对自然的征服而逐步产生的。由于时代的限制以及帝王们出于统治需要的宣传，人们还不能完全剥去自然神秘的面纱，名山大泽在我国封建社会还长期受到人们的祭祀。但随着对自然认识的逐步加深，宗教性仪式已无法遏制人们对山水的审美意识的不断积累和丰富[93]。春秋时代的孔子率先在理论上突破了对自然的宗教式态度，开始摆脱对山水直接的物质性功利，从超然的精神性功利、伦理道德的角度来认识自然，提出了"知者乐水，仁者乐山"的美学命题。比德山水观以价值判断取代了诚惶诚恐的崇拜，其重大意义在于它第一次自觉地提出了要从主体的内在出发，而不是从宗教信仰的外在出发去考察审美对象[93]。君子比德思想把山水比作一种精神，去反思"仁""智"这类人的品格，认为一定的自然对象之所以引起人们的喜爱，是因为它具有某种和人的精神品质相似相通之处，进而可以相互感应交流。朱熹的解释是："知者达于事理而周流无滞，有似水，故乐水。仁者安于义理，而厚重不迁，有似于山，故乐山。"[94]有智慧的人通达事理，喜欢流动的河水，以碧波清流濯洗自己的理智和机敏；有仁德的人安于义理，喜欢厚重不移的高山，志在稳重博大之中，积蓄锤炼自己深沉宽厚的仁爱之心。

比德思想以"善"作为"美"的前提条件，从而把两者统一起来，把自然山水看作是人的某种精神品质的表现和象征。这种"人化自然"的哲理必然导致人们不仅对山水的形态、色彩等作纯形式美的欣赏，而且更注重其社会文化的内涵。自然山水不再是与人类对峙的客体，而是交织于生活之中，成为生活的一部分[4]，这也造就了中国传统园林从一开始便重视筑山理水的传统。同时带有"道德比附"的美学思想，又使得文学、诗词、绘画等艺术在表现自然山水时能够摆脱其外在形式、尺度的束缚，更多地表现人的主观感受，这就使在园林中表现自然山水成为可能，继而发展成独树一帜的山水园林形式。

3. 神仙思想和仙境传说

中国传统文化中，神仙思想由来已久，早在上古时期，先民就认为"万物有灵"，在夏商周民族大融合时期发展为天神信仰，到了春秋战国，长生不死的成仙之道正式出现，并盛行于秦、汉。神仙思想乃是原始宗教中的鬼神崇拜、山岳崇拜与老、庄道家学说融糅混杂的产物[4]。仙，《释名》曰："老而不死曰仙。仙，迁也。迁，入山也。"即"仙"是迁入山林而生命永存的人，因为仙人具有神通变化的能力，又称神仙。随着神仙思想的产生和流传，人们又把对神仙居处的幻想演化为一系列的神仙仙境，其中以昆仑神山和东海仙山流传最广，昆仑神山上有西王母居住的瑶池和黄帝所居的悬圃，除有华丽的宫阙之外，还有青山碧水、奇花异草。而东海上又有蓬莱、瀛洲、方丈三座仙山，山上住着神仙，并长满了长生不老之药。

这两处仙境成了中国两大神化系统的渊源，并对园林艺术的形式产生了很大影响。在中国历史上，最先奔走于仙界之路的人，便是封建帝王和大批失志之士。普天之下莫非王土，但帝王们唯一未得到满足的就是生命的永恒。秦始皇曾数次派人赴传说中的东海仙山求取长生不老之药，在毫无结果之下，在兰池宫中挖池筑岛，以模仿仙境来表达企望永生的强烈愿望。而后，汉武帝刘彻（公元前 157—公元前 87）在上林苑建章宫中，开凿太液池，并堆筑象征性的"东海三仙山"，反映出他追求万寿无疆和长治久安的梦想。而这一园林格局是历史上第一座具有完整的三座仙山的仙苑式皇家园林，从此以后，"一池三山"便成为历代皇家园林的传统格局，一直延续到清代。而另一方面，许多有志之士出于对现实的不满、生活的艰辛或是理想的破灭等种种原因，也往往借助企求得道升仙来摆脱个人的苦恼和困境。于是，中国大地上的名山大川，纷纷成为方士、信徒们养心修炼、寄托情志的地方。这样一种避世的心态无疑会在私家造园活动中表现出来，在无法完全隐逸于大山大水时，便转而在城市中营造一方"壶中天地"。

（二）中国传统造园的设计思想

以上两个方面造就了中国传统园林崇尚自然，追求自然山水之美的造园思想，在设计上讲求师法自然，以亲近、和谐的态度去对待自然，在造园中往往不愿意彻底改造自然，而是对自然进行增补，使其符合固有的审美观念。注重对自然抽象的模仿和创造，力求表现自然中各种现象、景物的形态和神韵，达到"虽由人作，宛自天开"的效果。

1. 颐和园：兼山水之美，显皇家之盛

上述所言的中国传统造园思想无疑在颐和园的营建中有了最为成熟和完整的体现。乾隆喜好游山玩水，自诩"山水之乐，不能忘于怀"。在前文所讲的造园选址中便可看出清漪园有着优美的自然环境，地势自有高凸低凹，万寿山巍然矗立，昆明湖千顷汪洋，湖光山色，相映成趣；近景有玉泉山，有连片的稻畦，农家村落；远景有晴岚秀丽的小西山[87]。

对于清漪园的选址，乾隆看重的是山水之情。平面上，辽阔的湖区是全园的主体，立面上，巍然的万寿山是景色的焦点，而山与水彼此又相互关联。辽阔的湖跟巍然的山既在体量上、情态上形成对比，又相互资借，呈现出自然山水的多种形态。

乾隆建设清漪园的意图是：创建一处具有皇家气派的、园林化的风景名胜区。所谓园林化的风景名胜区，就是把我国传统风景名胜区的主要特点纳入大型天然山水园林的规划范畴[86]。这从根本上说，一是乾隆深受汉族文化崇尚自然，以自然美为核心的传统造园思想的影响；二是满族驰骋山野的骑射传统，使他们对大自然山川林木别有一番感情，这种感情势必会影响他们的自然观，从而反映在园林建设上。谈及园林乾隆曾曰："若夫崇山峻岭，水态林姿，鹤鹿之游，鸢鱼之乐；加之岩斋溪阁，芳草古木。物有天然之趣，人忘尘世之怀……"[86] 历史上，由于长期的自然崇拜和对自然风景的审美观念逐渐成熟，自魏晋开始，便出现了山水艺术的兴盛和山水风景的大开发，促成了大量的风景名胜区。而乾隆正是力求把风景名胜那种以自然景观之美而兼具人文景观之胜的意趣融汇到清漪园的建设中来，因而，乾隆对它的规划设想是更多地要求保持、发扬其山水特色，但又不失其园林功能。

例如，将人工山水的创作和自然山水的改造相结合，在昆明湖中修筑纵贯南北的另一条大堤——西堤。西堤以东的水域广而深，作为昆明湖的主体，在湖中筑南湖岛；西堤以西的水域比较小一些，作为附属水库，并在这个水域中堆筑两岛——治镜阁、藻鉴堂，与南湖岛成为鼎足而三的布列，构成皇家园林"一池三山"的传统布局模式。此外，乾隆还参照中国大多名山大川，以寺、观为主体而形成全国性或地方性宗教活动中心的模式，在清漪园中模拟类似名山风景区，修建大小佛寺、楼阁和富有象征寓意的景点，以表达对帝王德行、哲人君子、太平盛世的颂扬（图5-18）。

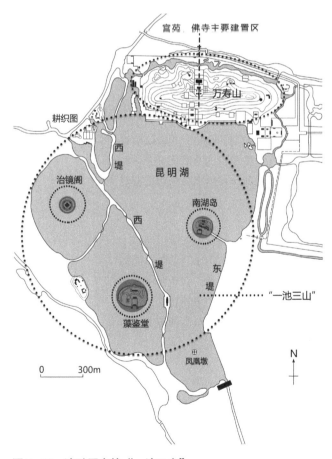

图5-18 清漪园中的"一池三山"

2. 拙政园：池广林茂，有若自然

文人私家园林的造园艺术，同样充满了人对自然美的认识、理解和追求。在"天人合一"的思想的浸润和濡染下，形成了有若自然的写意山水园风格，"君子比德"的思想更是深刻地影响了文人对自然山水的醉心和向往。不同于皇家造园的是，私家造园更多了一份隐逸情怀，情寄山水、回归自然、返璞归真成为文人士大夫力图摆脱世俗尘网所寻求的归宿，以期在大自然中获得精神上的共鸣和安慰。虽不能拥有大尺度的真山真水，但一方小园，仍能成为他们出尘超世的精神绿洲。因而园林所表现的品格必然是淡泊、平和、素雅和恬静。园林营造活动中重视自然、顺应自然，因地制宜，力求与自然融合的亲和态度，成为重要的设计思想和原则[88]。

拙政园的设计就体现了顺应自然、创作自然、有若自然的思想。在设计过程中，匠师们绝不是机械地照抄自然，或被动地顺从自然，而是在展现自然形态之外，还传达自然之"神"，并寄托园主之"情"。

（1）因地制宜，顺应自然

在苏州所有的传统园林里，只有拙政园利用空旷的水面容纳了土山、自然植物群落、建筑，并保持着这一份自然野趣。刘敦桢先生对拙政园的考证说明，拙政园的布局以水为主，此处原是一片积水弥漫的洼地，初建园时，利用洼地积水，浚治成池，环以林木，造成一个以水为主的风景园。明中叶建园之始，园内建筑物疏松，而茂树曲池，水木明瑟旷远，近乎天然风景[95]。

（2）崇尚山水，创作自然

拙政园是典型的人工山水园，"园林之胜，唯是山水二物"，因而造园的首先是山水景观的创作。拙政园中部现有山水景观部分，约占园林面积的3/5，水面有聚有散，岸边藤萝拂水，苇丛回绕，独有水乡之韵；湖中之山以土带石营造，山坡林木浓郁，苍茫葱翠，深得山林之妙；并且拙政园还以"林木绝胜"著称，无论四时、晨昏都有花可赏，春天的玉兰、海棠、山茶、杜鹃；夏天的荷花、莲叶；秋天的芙蓉、红枫、柑橘；冬天还可踏雪寻梅（图5-19）。

（3）移天缩地，有若自然

即使拙政园在苏州传统私家园林中规模最大，但对于自然山水的尺度来说，仍然是一个咫尺之地。因而只能从大自然山水中选择素材，通过对自然景

图5-19　拙政园的山水之景

物的缩移模拟，概括、提炼和艺术加工，以及空间的分割渗透、对比衬托、虚实相间，突破狭隘的空间局限。"缩千里江山于方寸"，营造出"虽由人作、宛自天开"的效果，给人以"小中见大""咫尺山林"的感受，达到有若自然的境界。

（三）西方园林的设计思想

西方人精确性、逻辑性的思维方式以及发达的几何学、透视学，造就了法国古典主义园林的设计思想，即要通过园林艺术，着重表现君主统治下严谨的社会秩序，庄重典雅的贵族气势；要通过明晰统一，层次完整的结构来表达对自然的驾驭。

17 世纪上半叶，路易十三的园艺总管布瓦索（Jacques Boyceau de la Barauderie，1562—1634）撰写了《依据自然和艺术的原则造园》（*Traité du Jardinage Selon les Raisons de la Nature et de l'Art*）一书。书中强调园林的地形、水体和花草树木的种类形态，所有这些元素在具有丰富变化的同时都应该布置得井然有序，均衡稳定，并且彼此之间完美地配合。这是典型的古典主义美学观点，而古典主义园林正是要体现人定胜天、人工美高于自然美的理念。

随着社会的发展，西方人的自然观逐渐发生了变化。生存环境的变迁使得园林设计涉足的领域日益广泛而深刻，这就要求现代风景园林师顺应发展趋势，在理念和手段上都要做出相应的调整。因此，西方现代风景园林师们，倡导以回归自然为主旨的设计理念，这在城市与郊区的各类规划设计中均有所体现。

1. 凡尔赛宫苑：伟大时代的伟大风格

面对路易十四对凡尔赛的热情，圣西门公爵曾说，这位征服者要在凡尔赛领略"征服自然的乐趣"[39]。

（1）反映伟大时代的伟大风格

路易十四的大臣高尔拜（J. B. Colbert, 1619—1683）曾说过："我们这个时代可不是一个汲汲于小东西的时代[39]。"这种精神就是"伟大风格"，是对法兰西民族和至上君权的颂扬。它体现在园林的规模和尺度上，而宏伟的轴线便是展现"伟大风格"的最佳手段，同时也是勒诺特尔式园林的灵魂。轴线作为园林的中枢，反映了古典主义园林追求秩序、统一的人工美以及宣扬绝对君权的设计思想。壮观的中轴线从城市到宫殿，到宫苑，再到大运河，最后直指远处的天边。它一端通向城市，另一端通向森林和原野，这种巨大的结构，使园林成为城市与自然之间的纽带，是从人工到自然的过渡。这样壮观的轴线不但有长度和宽度，还有高度，是立体的轴线。沿轴线展开的是华丽的花坛、辉煌的喷泉、美丽的雕像、巨大的绿毯、壮观的大运河、高大浓密的丛林，还有那可望而不可即的地平线。使人无不感叹法国的强盛和君主的伟大（图 5-20）。

（2）体现变化而统一的人工美

在勒诺特尔式园林中，自然是造园的原料，但必须加以驯化，把它纳入一种构图，使它合于使用，合乎规则，整齐匀称，去掉一切偶然的东西。设计实质上是用数和几何关系，这样理性的思维来确定花园的秩序和比例关系，以使其呈现出人工美。

图 5-20　凡尔赛宫苑的大轴线

　　勒诺特尔用开阔壮丽的中轴线统率全园，再以横轴线和其他次要轴线辅佐它，在轴线之间，有更次一级的笔直的林荫道，从而构成了一个秩序严谨、脉络分明、主次有序的网格。用此网格形成的点、线、面来确定雕像、植坛、喷泉、林园等的位置。而构图的统一又富于变化。简与繁、动与静、开阔与内向的对比，同时还有隐藏在这简洁之下，千变万化的细节，使园林的内容更丰富、形式更多样、布局更完整，体现了统一中求变化、又使变化融于统一之中的高超技巧。在这里展现的是人的力量，欣赏的是人为的艺术，自然的原貌是可怕的，园林里对自然的控制才合乎理想，这是人的机智和意志力的表现，这才是美的。黑格尔说："最彻底地运用建筑原则于园林艺术的是法国的园子，它们照例接近高大的宫殿，树木栽成有规律的行列，形成林荫大道，修剪得很整齐，围墙也是用修得整齐的篱笆建成的，这样就把大自然改造成为一座露天的广厦。"[96]

　　2. 苏塞公园：人工美与自然美的和谐统一

　　古典主义园林主要是特权阶层的活动场所，是特权阶层的社会能力、地位的反映。它强调的是一种张扬、外露的表现方式，让人们看到的是我们改变了什么，征服了什么以及人类力量的伟大。

　　而现代风景园林倡导回归自然，尽量设计简单而富有自然内涵的景物，让设计要素是自然存在于场地之中，而不是人工堆砌的即更多的是考虑设计怎样去跟原有的环境融合在一起，强调人工美与自然美的和谐统一。同时现代风景园林作品也不再是对"伟大时代"的歌功颂德，而是要宣扬风景园林师对自然、对社会、对生态、对艺术、对历史的独特见解。另外，几何学的应用在西方现代风景园林设计中依然十分重要，因为它使设计师几乎能够抓住各个方面的问题，能够感受出空间的尺度，无论多大的空间，并使其明了如何领会、安排场所。在某种程度上，几何学仍然是设计的最基本的准则和手段。

对于苏塞公园，高哈汝的设计思想便是：把自己的设计意图和自然的现状结合在一起，保留自然现存的价值。即通过对自然、生态的认识，来发现、展现场地本身具有的特征。然后按照自然规律和自然本身的属性去营造园林景观，把场地本身所具有的自然景观资源发掘出来，展示出来，而不是去模仿纯粹的自然本身。

同样，高哈汝也把几何学作为领会空间的工具，但又避免它成为设计的主导。例如当我们翻译一个外文语句时，字典的作用是帮助我们了解句子中各个单元的意思，从而明确各个词语在句子中的作用以及它们之间的语法关系，进而理解句子的意思，我们最终的研究对象是这个句子而不是字典本身[63]。几何学的作用就像字典一样，是设计师认识场地和空间的工具。在设计中，高哈汝首先将土地按照需要的精度进行分解，在此基础上可以更好地把握尺度关系，进而去发掘各个空间之间的位置、比例关系，以便更好地认识、控制空间。从而能够分层面地分析研究的对象——场地本身。而不是精力放在追求均衡、稳定、比例和谐的几何构图上（图5-21）。

3. 雪铁龙公园：人工的语言，动态的风景

作为一个身处城市环境的风景园林作品，雪铁龙公园提出了一个自然与人类活动自由都需要被保护和关注的设计理念，公园的一部分受到保护、大部分对公众开放，它追求的是自然与人工、城市及建筑的联合与渗透。

法国古典主义园林是作为建筑与自然之间的过渡来设计的，雪铁龙公园的设计者将这一观念加以发挥，从特定的城市环境出发，提出了公园的设计是要

图5-21　运用几何学分析场地空间

处理自然与人工（城市、建筑）之间的相互关系。在设计中采取重叠和渐变的方式，即每个分区都反映这两者的关系，只是随着各个分区是更接近河流（自然）还是更接近城市（人工）而偏重于某一方面。这样一种过渡，不再是古典主义园林中，将自然的要素经过人为加工，以人工化的形态和建筑的语言来衔接自然与建筑，也不同于19世纪的西方园林传达的仅仅是自然的形式。在雪铁龙公园中，关注的是自然的物理运动特性，因而，即使是临近塞纳河最自然的部分，其中的野生植物，也并非任其自然，随意布置，它是按照植物固有的特性，展示自然本身所形成的活力与运动的花园。而在设计与管理上都要求深刻了解野生植物的生物学特性，花园的维护十分复杂，或者说是一种人工性，而它构成的景观却最强烈地表现着自然（图5-22）。

图5-22 雪铁龙公园西侧的运动花园

雪铁龙公园的设计表明了自然本身是有待发现和深化的，并不是展示性的自然，而是具有活力的、美丽的自然，是变化丰富的，不断生长的具有生命力的和有其内在规律的自然。同时，雪铁龙公园也抛弃了风景园时期"自然厌恶直线"以曲线代表自然的观念，在城市的中心，将林地与建筑结合起来，依然强调几何对称和等级划分的空间布局观念，在两者之间寻求一种平衡以及可能的联合。全园中心部分，强烈的轴线、宏大的空间气氛也有着勒诺特尔式园林同样的精神表达。但更多的是体现如同巴黎圣母院般在喧闹市中心的具有纪念性的象征，同时也是寻求僻静和用于沉思之所的现代城市空间。

（四）现代启示

1. 强本：对自然山水的保护意识

优越的自然环境和自然条件，培育出中国人"天人合一"的哲学思想和崇尚自然、君子比德的美学观念，以及保护山岳河川的行动意识。中国人常常引以为豪的是许多名山大川和原始森林得以保护下来，而西方人在"征服自然"的传统思想指导下，欧洲的自然山水大多经过人工改造，且欧洲的原始森林几乎消失殆尽。但是随着"崇尚自然"思想的弱化和人们改造自然能力的增强，现代中国人对自然资源的疯狂掠夺和造成的生态环境恶化，使得中国的自然山水正面临着极大的威胁，这是值得我们警惕的方面。

从农业文明到工业文明，再到回归自然的生态文明，人类在经历了能源枯竭、环境污染、生态失调等对大自然的过度开发和破坏而导致的种种自然的惩罚和报复后，深刻认识到合理开发建设，建立完善、平衡的生态系统的重要性。因而，人与大自然应回归到和谐共荣的关系已成为全球共识，并开始尽量弥补工业社会对于自然的破坏，新的经济增长建立在最小污染、最小能耗的基础上。现代中国风景园林师更应该传承和发扬中国人崇尚自然的思想，呼吁全社会加强对自然山水的保护意识，珍视我们的自然遗产。尤其是在设计基址靠近第一自然或处在第一自然中时，更要慎之又慎，切忌堆砌无谓的人工景物或大肆改造山水结构，造成对自然不可逆的破坏。

2. 致用：风景园林回归自然

园林是人类追求理想的生活环境的产物。自然条件和自然环境影响到人对待自然的态度，而人对自然的态度又决定了人们利用自然的方式和程度。人与自然的关系必然影响到园林艺术的表现形式，人的自然观始终是园林艺术要着重表现的主题。中国传统园林追求人与自然的最大和谐关系，与现代风景园林回归自然的设计思想不谋而合。现代社会人与自然的关系已从一种"我——它关系"转变为一种"你——我关系"。[①] 在这种时代背景之下，"整治""复兴"与"可持续发展"成为现代风景园林的基本策略和时代主题。第 20 届世界建筑师大会 UIA 发表的《北京宪章》中提到，关于新世纪的时代走向：

——从"工业社会"走向"后工业社会"

——从"工业时代"走向"信息时代"

——从"机器时代"走向"生命时代"

——从"增长主义"走向"可持续发展"

——从"技术时代"走向"人文时代"[97]

世界各国的现代风景园林在全球化的浪潮中，并不是沿着单一的轨迹发展，毕竟每个国家的自然状况、气候条件、风俗习惯、文化传统及地域景观都千差万别。许多人忧心于今天中国风景园林已经忘却了传统，甚至于彻底的"西化了"[50]，而许多西方同行也认为现在的中国风景园林作品已经看不出中国古人崇尚自然的思想了。实际上，大多数的风景园林师正在努力探求着属于中国的原创性和现代性作品，那么，我们不妨从回归自然做起。我们不仅要像古人一样，将广阔的自然山水作为参考和表现的对象，更应该加深对现代风景园林行业本质的认识，向中国自身国土所呈现出的多样的自然景观学习，所创

---

① "我——它"表示人类凌驾于自然之上，人与自然相互对立的关系；"你——我"表示尊重和保护自然，人与自然和谐共生的关系（古特金 E. A. Gutkind. Community and Environment, 1953）。

造的作品，必定是属于时代，也是属于中国的，更是有着长久生命力的。

　　3. 反思：对自然的科学认识

　　在大多数人看来，"中国园林"毋庸置疑是"自然"的另一个代名词。瑞典学者喜仁龙（Osvald Siren，1879—1966）在《中国园林》（*Gardens of China*）一书中说道："中国园林艺术传达的是亲近自然的思想和观念……中国园林保持着与大自然更亲密的接触。"但不可否认，中国传统园林追求的自然美是一种理想美，往往带有臆想的成分，只具有自然的形态，而不具备自然的功能，是一种表面化和符号化的"自然"，反映出时代的局限性。由于古代造园师对自然的认识不够深刻和科学，表现出来的往往是自然山水的外在形式，如蜿蜒曲折的溪流、玲珑剔透的假山和丰富多变的植物。然而，他们创造的"自然"景色常常与园址的自然属性大相径庭，使得这种"人化的自然"难免会抹杀真正的自然。这是现代风景园林师必须引起警惕的。

　　正如苏格兰学者卢顿（J.C.Loudon，1783—1843）在谈到19世纪英国主流思想对于中国园林的看法时说道："中国人不仅对于自然冷酷无情，而且他们还与自然进行对抗。改善自然是我们的杰出之处；中国园匠的卓越在于征服自然：他们的目的是改变他们在自然中发现的一切。他们用树木装饰一块荒地；用河湖浇灌不毛之地；在平地上堆山，挖凿山谷，排布各种建筑。"在很多西方人看来，中国园林不自然、不理性并且过于复杂。"对中国人来说，没有什么是美丽的。反倒是那些枝条扭曲、光秃秃的小树才是奇迹。它甚至可以跟宇宙上的森林相媲美[98]。"

　　随着时代的发展和科学的进步，现代风景园林师对自然的认识无疑应比古人深刻许多。崇尚自然的思想是要借助园林设计表达自己对自然的理解和认识。如前文所述现代风景园林以自然为主体，首先，建立完善的自然认知体系，对自然类型的认识不仅仅局限于自然山水；其次，要关注自然要素的奇特性，更应关心它们的普遍性和内在联系，具备从平凡的场地中发现和把握自然独特性的能力，并以此作为设计表现的重点和园林特色之所在。再次，崇尚自然要体现在使园林设计符合场地中自然的演进规律，注重自然的过程而非静态的自然画面。

三、原型

　　园林是各民族理想生活场所的模型，凡理想，就有其自然背景、历史背景和文化背景，背景不同，理想就不同。因而园林绝非造园师凭空想象、主观臆造的产物，而是造园师在特定的设计思想指导下，参照适宜的设计原型进行的创造性活动。

　　中西方园林艺术的发展史表明，园林的风格与样式是造园师根据本土自然景观的典型形象，结合哲学思想、思维方式、生活方式等人文因素的影响，再经过不断创新、不断完善而逐渐成熟的。哲学思想是人们认识自然的指导，美学观点促使人们关注自然景观的某些类型和特征，并把纯朴的自然转变成"艺术的自然"，进而指导人们的造园实践。

　　因此，我们可以将园林艺术的设计原型分为两类：一是自然原型，即自然本身展现给人的典型形象；二是艺术原型，即由自然原型上升到美学高度所产生的艺术形象。

（一）中国传统造园的设计原型

1. 自然原型

优越的自然条件使得中国的农业文明高度发展，风调雨顺的自然环境使得人们安居乐业。为人们提供了丰富物质基础的田园风光，显然不能满足古人的心理需求，而随着时代发展，大自然山水在脱掉其神秘外衣后，在上述崇尚自然、君子比德、神仙思想的影响下，则更能激发注重感性、长于形象思维的中国人的想象力，在自然山水中游历也能带给人们更多的乐趣。"寄情山水"成为士人的永恒情结，唐代大诗人李白（701—762）自诩："五岳寻仙不辞远，一生好入名山游""一斗百篇逸兴豪，到处山水皆故宅"[4]。"在山泉水清，出山泉水浊"，失意的士大夫们在山水之间又重新肯定了自己，徜徉于山水不仅是欣赏美景，更多的是倾诉自己的进退与荣辱、苦闷与追求，无奈与理想。游山玩水成为文人名流生活中不可缺少的一项活动，进而形成一种社会风尚，甚至影响到皇室，不少喜欢附庸风雅的皇帝也醉心于此。因此，虽然园中偶尔也会展现充满野趣的田园风光，但以游历为核心，强调个体体验和感悟的中国传统园林只会以大自然中的山水为最主要的自然原型。

2. 艺术原型

以第一自然为原型的中国园林产生了两种园林类型，即利用真山真水而兴建的"天然山水园"和人为创设山水地貌所形成的"人工山水园"。无论何种类型的山水园，都受到园址规模或多或少的限制，都难以在有限的空间中表现无限的大自然。这就必然要求在自然原型和园林创作之间引入一种媒介，于是中国的山水画、山水诗、山水游记便成为造园匠师们创作时的艺术原型，营造出"诗情画意"的园林意境。

（1）山水画

山水画和中国传统园林在社会功能上有着一致性，并在多数情况下两者属于同一心理依据，两者遵循统一创作规律和审美规律[99]。因而中国山水画与造园关系密切，这种关系历经长久发展而形成"以画入园，因画成景"的传统，不少园林作品都是以某种画风甚至某幅绘画作为"造园粉本①"。中国绘画讲求"外师造化，中得心源"②的创作思想，其意为绘画艺术必须来源于现实世界，但不是对其简单的仿真摹写，而是必须经过画家主观情思的熔铸与再造，使自然美与人文美相结合从而产生艺术美。因而，中国传统园林所创造的自然也并非现实中的原生自然，而是以其为师，经过艺术的提炼与加工再造的"自然"，如钱学森（1911—2009）先生所说："可以用我国的园林比我国的山水画或花鸟画，其妙在像自然又不像自然，比自然界有更进一层的加工，是在提炼自然

---

① 粉本即画稿。古人作画，先施粉上样，然后依样落笔，故称画稿为粉本。

② "外师造化，中得心源"是中国艺术理论的重要命题，它是由水墨画的创始人之一，唐代画家张璪（？—1093）提出的，在一定程度上，可以说是整个艺术的纲领。

美的基础上又加以创造。"[100]

创作手法上，中国人独特的观察与思维方式，为山水画提供了超越时空的广阔的创作空间，使画家对自然山水的把握与描绘带有超然的主观意象性、模糊性和综合性。画作贵在"似与不似之间"，是主观和客观的辩证统一。

中国山水画构图的空间观念是自由而流动的，采用的是"运动视点"的观察方法。即画家的视点不是定格的，创作不受视域限制，而是根据自己的意图，通过游历般的观察，将内心体悟到的场景重组到画面中来，构成一种模糊的、意象性的整体画面。为此，中国传统山水画家在长期艺术实践中，特别在构图上提出了审美取景的"三远"理论①。从而使得画家可以不受画幅的局限，以"咫尺之图，写千里之景，东西南北，宛而在前"。如宋代王希孟（1096—？）的《千里江山图》，起伏的山峦、辽阔的江河、蜿蜒的溪涧、亭桥林舍皆可融汇于一卷。

孙筱祥先生（1921—2018）指出："中国山水画面采用的运动视点的鸟瞰透视画法，即属于动态连续风景构图的一种，对中国古典园林动态连续风景布局产生了重要影响[101]。"中国传统园林一般是以一系列复杂的游赏空间组合而成。空间主题的多样性、风景形象的丰富性、视线的阻隔，使欣赏者不能于一点观其全貌，它表现出的美是随时间的推移逐步地展现在游赏者面前的[102]。因而全园所带给游赏者的不是一幅幅独立的静态画面，而是一幅步移景异的整体画卷。

在构图规律和原理上，中国山水画一是讲求取舍，即画家根据创作意图，对所描绘的对象进行选择、剪裁、提炼；二是宾主。"主"是主体，"宾"是陪衬，有主无宾则孤独，有宾无主则散漫；三是虚实，"虚实者，各段中用笔之详略也。有详处，必要有略处，虚实互用"[103]。中国山水画善于通过"虚实相生"体现山水自然的无限意境。即所谓以少胜多，以无胜有。但"虚"并非是指空洞无物，还要有景，而"实"仍应有间隙，切不可密不透风；四是开合，山水画面上的各物象如何生发展开，如何承接照应，如何收合聚敛，都必须有全局的安排、严谨的章法，"有分有合，一幅之布局固然，一笔之运用亦然"[104]。

意境的表现则是中国山水画创作的灵魂所在。宋代著名山水画家郭熙在（生卒不详）《林泉高致集》中首次提及意境这一概念："世之笃论，谓山水有可行者，有可望者，有可游者，有可居者，画凡至此，皆入妙品。但可行可望，不如可居可游之为得……君子之所以渴慕林泉者，正谓此佳处故也。故画者当以此意造，而鉴者又当以此意穷之……境界已熟，心手以应，方始纵横中度，左右逢原"[105]。绘画不仅要描述自然风物的外貌，更应注重表现其内在的联系和蕴含的寓意，使主观思想感情和客观景物环境交融而相互转化、升华，营造形神兼具、情景交融、物我合一的意境。

（2）山水文学

山水文学指以山水风景的自然景观和人文景观为题材，反映作者的精神品格、生活情趣和审美理想等相关内容的各种文学作品。包括诗、赋、词、曲、散文、题刻、匾联等文体，其中诗与散文（如山水游记等）所占比重较大。中

---

① 宋代郭熙在《林泉高致·山水训》中提"三远"理论，即："山有三远：自山下而仰山巅谓之高远；自山前而窥山后谓之深远；自近山而望远山谓之平远。"

国古人作诗撰文讲求章法，注重起、承、转、合①和抑扬顿挫。中国传统造园也常常借鉴这一创作手法，如钱咏（1799—1844）所说："造园如作诗文，必使曲折有法，前后呼应，最忌堆砌，最忌错杂，方称佳构。"[106] 同时，中国传统园林还常常把山水诗文的某些境界、场景以具体的形象浮现出来。陶渊明在《归园田居》中写道："少无适俗韵，性本爱丘山。误落尘网中，一去三十年。羁鸟恋旧林，池鱼思故渊。开荒南野际，守拙归园田。方宅十余亩，草屋八九间。榆柳荫后檐，桃李罗堂前。暧暧远人村，依依墟里烟。狗吠深巷中，鸡鸣桑树巅。户庭无尘杂，虚室有余闲。久在樊笼里，复得返自然[107]。"陶渊明在这里所描绘的避世归隐、"壶中天地"般的理想生活场景，成为后来许多文人造园的临摹蓝图。

山水诗文不仅状写山川形神之美，还要富于诗情，即把自然山水的景象通过主观的联想、形容、限定，加以情绪化，人格化，进而表达一定的思想和情感，以"托物言志"。王国维（1877—1927）说道："一切景语皆情语。"情由境发，景为情设，情因景现，一切景物的描写都是为抒发情致做铺垫。换句话说，对于提取的自然景致，不是杂然凑积，而是要经过诗人的重新组合和艺术加工，使得"化平淡为神奇"。有意境之作，其意象取之于自然万象而高于自然万象，脱迹于常规而不羁绊于常规[108]。

中国传统造园师一方面以山水为自然原型，突出"以自然为师"；另一方面又借鉴山水诗画的表现手法，强调"高于自然"。以山水为原型，目的在于"悟自然之机"，营建身临其境的山水空间；以诗画为样板，目的在于"得自然真趣"，创作诗画般的意境。"源于自然、高于自然"，揭示了设计与原型之间的辩证关系；"虽由人做、宛自天开"，反映出艺术与自然的相互作用。

3. 颐和园：刚健之笔仿江南胜景

中国的大好河山之中，乾隆皇帝深爱江南之景。他曾六次南巡"眺览山川之佳秀，民物之丰美"，凡遇佳景，均命随行画师描绘成粉本，"携图以归"作为建园参考和摹本。同时乾隆精通诗词书画，在清漪园的建设中一方面以江南自然山水之景为原型，一方面以诗心画眼进行艺术再创造，运用北方刚健之笔抒写江南柔媚之情。

（1）背山面水地，明湖仿浙西

清漪园的总体规划是以杭州的西湖作为蓝本，昆明湖的水域划分、万寿山与昆明湖的位置关系、西堤在湖中的走向以及周围的环境都是以杭州西湖为原型[4]（图5-23）。清漪园之模拟杭州西湖，不仅表现在园林山水地形的整治上面，还表现在前山前湖景区的景点建筑之总体布局上，以及运用山水画的创作手法，形成犹如长卷般大幅烟水迷离的风景画面。模拟并非简单地抄袭，用乾隆的话来说乃是"略师其意、不舍己之所长"，贵在神似而不拘泥于形似的艺术再创造。在布局上，西堤划分而成的里湖、外湖、后湖水域相当于以孤山、苏堤划分而成的外西湖、里西湖、里湖、岳湖等水域；同时杭州西湖景观之精

---

① 起、承、转、合是旧体诗文的章法结构术语。起是指开端，起始。承是指过渡，承继上文进一步展开申述；转是指转折，从另一方面论述主题；合是指全文的结语。正如诗句中的绝句，首句为起，次句为承，三句为转，末句为合。

华在于用环湖一周的建筑点染湖光山色，而清漪园前湖的规划也在山水格局形成后，着重于环湖景点的布局，如"西堤六桥"写仿"苏堤六桥"[4]（图 5-24）；大报恩延寿寺在场地中的位置相当于孤山行宫等。而在景点设置、空间组织上，更是将山水画动态写景的手法发挥得淋漓尽致。从里湖的南湖岛开始，过十七孔桥经东堤北段，至知春亭折而西经万寿山前山，再转南循西堤而结束于湖南端的绣绮桥，形成一个漫长的螺旋形"景点环带"，犹如一幅连续展开的山水画长卷[4]。

在这个环带上的景点建筑或疏朗、或密集，倚山面水，各抱地势。长卷画面上，东面以南湖岛为主，知春亭和凤凰墩为宾，彼此呼应；北面万寿山前，排云殿为主体建筑，气势磅礴，又与南湖岛上的望蟾阁彼此顾盼；西面西

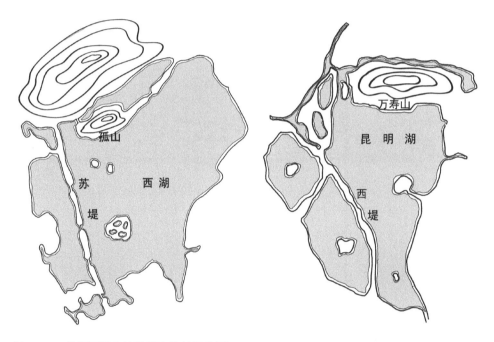

图 5-23　杭州西湖与清漪园之比较示意图

图 5-24　杭州西湖苏堤与清漪园西堤

堤六桥,将西堤分为长短不一的七段,如诗文有抑扬顿挫般,整个西堤也呈现出起伏跌宕的韵律。如果把杭州西湖的环湖景观与前湖的环湖景观作一对比,前者的景点建筑自由随宜地半藏半露与疏柳淡烟之中;而后者的景点建筑则以其一系列的显露形象和格律秩序,于天成的自然中更突出人工的意匠经营(图5-25、图5-26)[4]。

(2)渚墩学黄埠,上有凤凰楼

里湖南半部水域的小岛凤凰墩是对江南名景——无锡城惠山脚下大运河中的小岛"黄埠墩"的摹写。岛圆而小故名为墩,中有佛寺楼阁,风帆左右带以垂杨。昆明湖之筑凤凰墩,上也建置佛寺楼阁,但其绝妙之处不在于岛屿大小、位置均形似黄埠墩,而在于空间背景、入画景致也有神似之处:黄埠墩的西面隔河屏列着惠山、锡山及山顶的龙光塔,而凤凰墩的西北面隔湖屏列着西山、玉泉山及山顶的玉峰塔[86](图5-27)。无疑,对自然原型所呈现出的空间

图 5-25 西湖长卷

图 5-26 颐和园长卷

氛围和视觉效果的模仿与再现，相较于单纯的追随形式要更胜一筹。

（3）山色空蒙雨亦奇，四桥飞跨烟雾里

西北水域沿万寿山西麓一带的河道走向，长岛的穿插，柳桥、半壁桥、荇桥、九曲桥四桥的布局，其造园蓝本便是扬州瘦西湖的"四桥烟雨"一景（图5-28、图5-29）。

图 5-27　自凤凰墩远望玉泉山

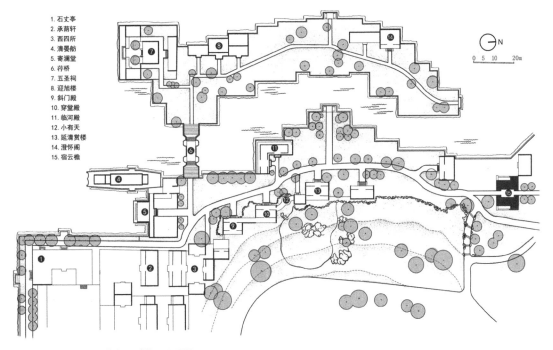

1. 石丈亭
2. 承荫轩
3. 西四所
4. 清晏舫
5. 寄澜堂
6. 荇桥
7. 五圣祠
8. 迎旭楼
9. 斜门殿
10. 穿堂殿
11. 临河殿
12. 小有天
13. 延清赏楼
14. 澄怀阁
15. 宿云檐

图 5-28　颐和园"小西泠"平面图

图 5-29 扬州瘦西湖之景

（4）玉带桥边耕织图，织云耕雨学东吴

位于西北部的"耕织图"景区其设计原型为水网密布，河道纵横，树木蓊郁的江南水乡。景区四面环水，弯曲的河道夹岸桃红柳绿，岸上广种桑树，竹篱茅舍掩映其间，水面丛植芦苇，水鸟成群，轻舟荡漾，俨然一派天然野趣的水乡情调（图 5-30）。

图 5-30 "耕织图"之景

（5）两岸夹青山，一江流碧玉

后山后湖景区中，南岸真山的山脚，根据画论所谓"山巍脚远"之理经过加工，使其层次分明，既能反衬主山的巍峨，也可以和北岸假山的尺度取得协调，形成"两山夹一水"的峡谷景观。谷中河道蜿蜒而过，在近千米的河道上，水面的形态随两岸地势忽宽忽狭，忽收忽放，曲尽幽致。两岸山势平缓，则水面开阔，山势高耸夹峙，则水面收聚。经过开挖水泡地并形成收束有致的山涧溪河后，漫长而相对狭窄的后山后湖景区增加了开合变化的趣味。脍炙人口的陆游诗句："山重水复疑无路，柳暗花明又一村"的意境，在这个水程上得到了最充分的表现（图5-31）。

图5-31　"后山后湖"之景

无论是模拟原生的自然山水，或是江南名景，抑或是诗画中的情景，清漪园的设计都讲求在原有场地基础上，通过以此喻彼的手法来引起人们似曾相识的情思，从而诱发一种在似与不似之间，浮想联翩的意境。同时虽然参照许多不同的原型，但是借用中国画特殊的手法，仍能将千里江山写于一园之内，且不显杂乱。

4. 拙政园：缩移模拟写意江南水乡

明清以来，江南一带的私家园林大多建在拥挤的市井之中，围着高高的粉墙，偶尔在墙头可以见到一角山峰，半截佛塔，便成了宝贵的借景。因此，为了慰藉徜徉山水之间，直抒胸臆的渴望，就只好在一方小园中裁切提炼，片段化地再现典型的山水风光。相比于皇家园林可拥真山真水或其中一角，自然山水的原型在私家园林中便以"一拳则太华千寻，一勺则江湖万里"的写意方式来呈现。

拙政园的设计原型主要是江南水乡的自然风光以及名诗名句中描绘的景致，园虽小，但取材多样，将太湖之神韵、苏州胜景香雪海之一隅、《爱莲说》之情境等都融汇于园中。

（1）岛屿纵横一镜中，湿银盘紫浸芙蓉

拙政园中部布局以水为中心，池中堆筑岛山，意在模拟太湖仙岛之微缩。太湖仙岛卓越多姿，以孤见奇，以小取胜，如翠螺置于玉盘之中，林木葱茏，山径深邃，景观开阔。拙政园也以岛山分隔水池，使水面有聚有分；岛上两亭，半掩半露，形成东西展开相互映衬的画面；山上遍植落叶树间以常绿树，四季景色应时而异，此外还写仿太湖诸岛种植柑橘，每当秋季便形成一片橙黄翠绿之景；岸际散植藤萝、苇丛，使岛山一带极富太湖烟水弥漫的水乡气氛。

（2）路尽隐香处，翩然雪海间

岛山中部"雪香云蔚亭"前梅花成林，梅花盛开时，繁花似雪，暗香浮动，意取苏州郊外的著名赏梅景点"香雪海"（图5-32）。

（3）香远益清，亭亭净植

在拙政园中部主体建筑"远香堂"北水面遍植莲荷，取意宋人周敦颐的《爱莲说》："水陆草木之花，可爱者甚蕃……予独爱莲之出于淤泥而不染，濯清涟而不妖……香远益清，亭亭净植……花之君子者也。"每至夏季，荷藕满池，清香远溢，足以赏心悦目。可见拙政园对于造园原型的提炼，首先是在选择蓝本上体现地域景观特色，皆以江南山水风光为模拟对象。

其次，不仅考虑将不同的原型融于整体空间之中，并相互映衬、协调，对于同一物象，还考虑在四季变化的不同时段，呈现不同的自然景致，将时空的综合艺术展现得淋漓尽致。

再次，运用绘画的手法，布置景物，使人游历其间，犹如观赏长幅画卷。由腰门作步入园区，经黄石假山及一泓小池来到"远香堂"，从"远香堂"沿北岸可观岛山；进而折向北，经"梧竹幽居"，近景为开朗的水面和幽静的岛山，中景为卧于水面的折桥，后有"别有洞天"相呼应，远景为城中的北寺塔，其景深远远超出了园子的边界；再跨桥上岛，置身山林的同时可回望"远香堂"；再至"荷风四面亭"，向北看"见山楼"，向南可望曲折有致的"小沧浪"一带水景。整幅画卷有主有从，虚实穿插，处处呼应，形成了丰富的空间层次（图5-33）。

图5-32　拙政园"雪香云蔚亭"

图 5-33　拙政园中部岛山剖面

（二）西方园林的设计原型

1. 自然原型

西方文化体系的基础是古希腊和罗马文化，虽然源头是在自然条件优越的非洲尼罗河流域发展起来的埃及文明和在两河流域高度发展的古巴比伦文明，但是其发源地则是以巴尔干半岛为中心的地中海北岸地区。这里气候多变且遍地丘陵，贫瘠的沙石土地只能种植牧草，发展畜牧业；或种植葡萄、橄榄等，发展手工业。自然条件限制了农业经济的发展，落后的畜牧经济和不稳定的商业经济造成各族之间频繁地互相掠夺战争，农业文明的发展受到极大的制约。

自然中的穷山恶水，显然不能西方人带来美感，原始的大自然是令人恐怖的，是需要人们去征服的对象。而田园牧场是人们生活的物质保障，也是人们征服自然的产物。对于强调理性，擅长抽象思维的西方人来说，与大自然中的山岳河川相比，兼有自然和人工属性的田园风光无疑更符合人们的审美需求。

在希腊伯罗奔尼撒半岛上，有一个叫作阿卡迪亚（arkadia）的地方。在希腊语中，ark 意为躲避，adia 是指阎王，arkadia 就成为躲避灾难的"诺亚方舟"。当多里安人入侵希腊时（公元前 1100—公元前 1000），阿卡迪亚因远离希腊大陆而未被多里安人占领，人们依旧过着与世隔绝的牧歌式生活。乡村田园为人们躲避各种灾难提供了理想的场所，阿卡迪亚成为古希腊和古罗马田园诗中所描绘的令人向往的"世外桃源"。因而无论是古典主义园林还是自然风景式园林，田园、牧场风光一直被西方造园师视为理想的自然原型。

在古典主义造园时期，对于 17 世纪的法国人来说，"再没有什么比真正的山更不美的了。它在他们心里唤起了许多不愉快的印象。刚刚经历了内战和半野蛮状态时代的人们，只要一看见这种风景，就想起挨饿，想起在雨中或在雪地上骑着马做长途的跋涉，想起在满是臭虫的肮脏的客店里给他们吃的那些掺着一半糠皮的非常不好的黑面包。他们对于野蛮感到厌烦了，正如我们对于文明感到厌烦一样[39]。"因而，在他们眼中，代表人类征服自然的成果——乡村田园风光远比第一自然中的山川可爱和美丽得多。

此外，法国平原面积占国土面积的 2/3，约 60% 的土地适于耕种，有着世界上最好的谷物种植区，中北部地区是谷物、油料、蔬菜、甜菜的主产区；西部和山区为饲料作物主产区；地中海沿岸和西南部地区为多年生作物（葡萄、水果）的主产区；森林约占土地面积的1/4，在树种分布上，北部以栎树、山毛榉为主；中部以松树、白桦和杨树为多；而南部则多种无花果、橄榄、柑橘等。国土境内河流众多，主要有卢瓦尔河、罗讷河、塞纳河。开阔的农耕平原、众多的河流和大片的森林不仅是法国国土景观的特色，也对古典主义园林风格的形成具有很大的影响，成为造园主要的自然景观原型。

2. 艺术原型

（1）文学

西方文学的表达方式是直白而热烈的。中国文人经常会以意会、暗示等方式含蓄地去表达情思，造成一种"此处无声胜有声"的美感。而西方人则更喜欢用直观性的表达。同时相较于中国古代的山水文学，西方从古希腊时代起，歌咏田园生活的田园诗就十分盛行，并对后世的欧洲诗歌有着很大的影响。田园诗的创始人——忒俄克里托斯（Theokritos，约公元前310—约公元前250）传下的诗有29首，诗里描绘了西西里美好的乡村生活和自然风景。古罗马诗人维吉尔（Publius Vergilius Maro，公元前70—公元前19）在诗集《牧歌》中抒发了田园之乐，并将平凡的乡村生活上升到艺术高度。西塞罗更是将田园风光称作"第二自然"以乡村为代表的"第二自然"从此成为西方人造园的自然原型，而田园牧歌则成为园林创作的艺术原型。

而随着西方人探索自然的积极性不断提高，自然科学得到不断发展，人们征服自然的能力不断增强，过去的穷山恶水也有了极大的改观，风景画才在15世纪的文艺复兴时期发展成独立的画种，大自然也才真正转变为艺术创作的源泉，并从此与艺术密不可分。但是直到18世纪，英国人在经验主义哲学和浪漫主义思潮的影响下，才将自然风景作为造园的自然原型，将风景画当作园林创作的艺术原型。即便如此，田园风光的影响力依然十分强大，因此英国自然式风景园看上去更像一个大牧场。

（2）绘画

由于不同的思维方式所产生的不同的美学观以及不同的观察方式，使西方绘画与中国传统绘画有着很大的差异。西方绘画主要采用焦点透视，观察事物往往限于水平视角范围之内，画面的每一部分都可以通过透视线与视觉焦点进行直观的、几何学的联系，画中的物象与形体都很逼真。这种方法所描绘的"空间"是指意象之间的可测度距离，不同于中国画中的空间是喻指一种抽象的精神境界，西方绘画更趋近于"空间"的物理含义。并且西方绘画很注意背景描写，客观物象生动地存在于特定的背景之中，画面几乎不留空白。以这样一种艺术形式为创作原型，使得西方园林更倾向于营造一幅幅如画般的景致。

3. 凡尔赛宫苑：以和谐的比例再现国土景观

西方人将源于各种生产性园圃的实用园，看作是西方园林真正的雏形，因而园林呈现出规则的形式，加之以田园风光为自然原型和受传统的唯理主义哲学思想影响，使得规则式园林从古希腊、古罗马到中世纪，再到文艺复兴时期、巴洛克时期，一直延续到18世纪中叶以前，一直是西方最主要的造园样式。

法国古典主义造园艺术，可以追溯到意大利16世纪中叶以后的园林。其造园手法和造园要素与意大利巴洛克园林几乎完全一样，但是，发展到勒诺特尔的时代，出现了转折，因为勒诺特尔开始以法国本土自然景观风貌为原型，运用和转变既有的造园手法和要素，使园林具有了法国的原创性和"伟大风格"。正如李亚特（G. Riat）所说，意大利文艺复兴式花园变成了法国式花园，正像拉辛的悲剧，模仿索福克勒斯和欧利比德斯，但天才的消化吸收，成为优雅而明净的法国悲剧"[39]。勒诺特尔在凡尔赛宫苑中，艺术地再现了法国国土典型的国土景观。

首先，在布局上，勒诺特尔以法国平原上广袤的田园风光为造园蓝本。凡尔赛宫苑的竖向变化是很大的，虽远不及意大利台地园那般层层叠叠，但绝非一片平地。勒诺特尔运用起伏的地形、壮阔的静水面、规则的绿毯等元素，巧妙地将法国平原的乡村景观艺术化地再现于园林之中，体现的不是乡村的质朴，而是其宏大开阔的空间氛围，仿佛一幅巨大的精心编织的地毯，铺在了法国乡村的微丘平原上。

其次，在水景创作上，他将法国国土上常见的湖泊、河流、运河等形式引入园林，并形成以水镜面般的效果为主的园林水景。园中虽然没有意大利园林利用巨大高差形成的壮观的水台阶、跌水、瀑布等动态景观，但是巨大的静水面却以辽阔、平静、深远的气势取胜。

最后，植物方面，勒诺特尔大量采用本土丰富的落叶阔叶乔木，集中种植在园林中，形成高大茂密的丛林。丛林式的种植完全是法国平原上大片森林的缩影，只是边缘经过修剪，又被直线型的园路限定范围，从而形成整齐的外观，成为与整个宫苑尺度相适应的绿色背景（图 5-34）。

图 5-34　凡尔赛宫苑的丛林

17世纪上半叶，随着几何学和透视学的发展，花园中出现追求空间深远感的倾向，导致花园的中轴线越伸越远。受绘画艺术的影响，勒诺特尔式园林也擅长运用透视原理追求空间效果，但却与巴洛克园林不尽相同，它只追求比例的和谐，均衡稳定，而不过于夸大"近大远小"的透视原则，来追求深远的幻觉。相反，在凡尔赛宫苑的景物布置上，尤其是起主导作用的水景的设置上，勒诺特尔采用的是"远大近小"的原则。从宫殿前的一对水花坛，到阿波罗泉池，再到大运河，越远离宫殿，水景体量越大，且大运河在中间和尾端都再有放大，这是为了使轴线上的系列水体看上去比例更加和谐。大运河的末端距宫殿将近3km，如果不将它放大，由于透视的关系，在宫殿前花园里看起来不免会显得过于渺小[9]。这样的处理就使得大运河与整个构图相称，同时也使中轴线能一直壮阔地延伸到天边（图5-35）。

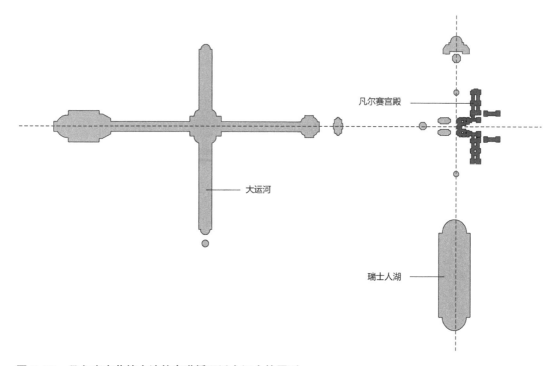

凡尔赛宫殿

大运河

瑞士人湖

图5-35　凡尔赛宫苑的水池轮廓遵循了近小远大的原则

4. 苏塞公园：优美如画的法兰西乡村风貌

苏塞公园中以植物为主形成的空间，同样是以法国国土景观的典型片段为原型，但并不是简单地再现或缩移，而是通过对场地资源的合理利用组成具有合理的使用功能的自然空间。在巴黎的郊区，有很多大片浓密的森林，其间常常有为打猎而开辟的放射型道路系统。而北部森林区的设计便运用规整的树丛结合放射形的园路再现了大巴黎地区这一独特的森林景观（图5-36）。

正如法国画家皮埃尔·欧仁·蒙特赞（Pierre-Eugène Montézin，1874—1946）笔下法兰西美丽的乡村风光。法国的乡村是十分广袤的，这里拥有各种地形，也盛产各种作物。不同农户所有的田地之间的土堤和灌木篱形成的网格，从中世纪起就构成了法国圃制农业下典型的乡村风貌[109]，而公园东部区域正是借用法国乡村特有的灌木篱与现有溪流完美地结合起来，作为分隔空间的要素，形成开敞通透的网络状空间。

公园西南部接近住宅区的部分，体现了法国国土上常见的湖泊景观，其中心是在原有的萨维涅泻湖基础上建成的水面，该区域也成为市民活动的主要区域（图 5-37）。

图 5-36 苏塞公园中的丛林景观

图 5-37 苏塞公园中的湖泊景观

5. 雪铁龙公园：水资源的艺术化展现

雪铁龙公园对设计原型的提炼主要体现在全园水景的营造上。为了强调雪铁龙公园临近河流的特点，设计师以丰富的水景贯穿全园，不仅使公园的每个局部几乎都与水相联系，而且水景的表现形式也十分丰富。公园的水景不单单如凡尔赛那样，以法国乡村常见的水渠、水壤沟为原型，更是以变形和抽象的手法来表现自然界中普遍存在的雨、瀑、河、溪、泉等，并通过艺术的加工，使这些水体形态有着比其自然状态更激动人心的效果。同时，还运用变形处理的手法，如用硬质铺装模拟出河流、河岸、海洋等，使园中水景更加变化多端且富有现代感（图5-38）。此外，受极简主义艺术等现代艺术风格的影响，对于水景的造型或是对山林洞府的表现都以极其简约、现代的形式出现。

图5-38　水景的变形处理——以铺装展现河流的形态

从凡尔赛宫苑到苏塞公园再到雪铁龙公园，我们不难看到，法国设计师都是在深入了解法国国土景观或地域景观的基础上，寻找与场地环境相适应的设计原型，从而使园林作品烙上了深深的法国印记，具有很强的地域性和原创性。

（三）现代启示

1. 向自然学习——关注多样的自然原型

自然是园林艺术永恒的主题，园林设计中的一个不可回避的问题就是如何表现自然以及表现怎样的自然。由于对这个问题有着多种多样的回答，园林艺术因而也有着多种形式。中国现代风景园林师不仅要向传统造园师学习，更要向传统园林的设计原型——大自然学习。绘画大师达·芬奇就反对脱离自然去临摹旁人的作品。他说："画家如果拿旁人的作品做自己的典范，他的画就没有什么价值；如果努力从自然事物学习，他就会得到很好效果"。他还从意大利画史举例证明绘画的衰落总是在临摹风气很盛的时代，绘画的复兴也总是直接向自然学习的时代。他认为画家应该是"自然的儿子"，如果临摹旁人的模仿自然的作品，那就变成"自然的孙子"了。他说："谁能到泉源去汲水，谁就不会从水壶里去取点水喝[110]"。

另外，自然条件的多样性和自然景观的丰富性，要求现代风景园林师不应以自然山水作为园林设计的唯一原型，而应将表现自然的丰富性和多变性作为园林设计的重要目标。遗憾的是，太多中国现代风景园林师满足于模仿中国传统造园的手法，或者照搬西方现代园林作品的构图模式。一提到中国传统园林，就想到"范山模水、一池三山"；一提到西方传统园林，就想到中轴对称、几何构图；一画图必先挖湖堆山，所谓"无山无水不成园"。凡此种种，都表现出追求形式、忽视本质，形式主义盛行的设计风气。

作为现代风景园林师，既要继承中国造园家擅长掇山理水的传统，也要弥补其弱于表现其他自然类型之不足。随着现代交通条件的改善和审美情趣的转变，江南山水已不再是人们唯一欣赏的美景和梦中的天堂，它也不能代表神州大地所有的风貌。每一个地区因为地理、气候条件、生活方式的不同，都会呈现出不同的地貌特征和人文特征。例如在云贵高原地区，其最为显著的地貌便是喀斯特地形。石灰岩在高温多雨的条件下，经过漫长的岁月，被水溶解和侵蚀而逐渐形成了峡谷、天生桥、溶洞、石笋、峰林等地貌；又如在中国的沿海地区，海岸在海浪作用下不断地被侵蚀，发育着各种海蚀地貌，以及近岸物质在波浪、潮流和风的搬运下，沉积形成的各种堆积地貌。这些特有的地域特征都与江南风光迥然不同，但也别具魅力。因而在进行风景园林创作时，应根据当地的自然风貌和资源条件，选择适宜场地的设计原型，突出场地本身具有的或应有的景观特征。如今，自然山水园应该走下神坛，它不是权威，更不是唯一，中国大地上应该出现更多的造园样式。例如体现乡村风光的，展现海滨风情的，模拟自然野趣的，包括已被工业文明改变而呈现出别样的国土风貌，同样值得我们关注。

从西方园林的设计作品中，我们不难看出，设计结合自然、结合本土、结合城市的变革才能不断地创新，才能为传统注入新的活力。高哈汝不止一次指出：每个地域景观都有着自己的特色，是一个动态发生发展的过程，设计师的正确介入其实质上就是分析其动态过程，使其景观特色得以充分体现，并以良性的状态发展下去。

2. 向艺术学习——时间艺术与空间艺术的熔铸

中国传统造园家既以"自然为师"，把自然山水作为造园的原型，又反对拘泥于自然山水，完全照搬自然的局部或典型片段，而是追求"高于自然"，借助对艺术作品的模拟和艺术手法的运用，将自然从原型上升到艺术的高度，表达人作为主体对自然的深刻认识与切身感受，赋予"自然"以人的情感。这是中国传统园林中极具现代性的设计观念，也是现代风景园林师应努力传承的重要思想。

中国传统造园对自然原型的艺术升华，主要体现在运用各个艺术门类之间的触类旁通，使得园林从总体到局部都包含着浓郁的"诗情画意"。文学是时间的艺术，绘画是空间的艺术。园林的景物既需"静观"，也要"动观"，即在游动、行进中领略观赏。同时园林还与昼夜交替、四季转化息息相关，因此园林是时空综合的艺术。

诗情，不仅是把前人诗文的某些境界、场景在园林中以具体的形象复现出来，或者运用景名、匾额、楹联等文学手段对园景作直接的点题，而且还在于借鉴文学艺术的章法以形成规划设计的结构。使整个空间序列的安排有前奏、起始、主体、高潮、转折、结尾，形成内容丰富多彩、整体和谐统一的连续的流动空间 [4]。例如颐和园的设计，从东宫门进入园区，知春亭作为前奏可统揽前山前湖景区的景致，形成对园区的大致印象；而后沿北堤长廊来到园区的重心和主体所在：大报恩延寿寺——佛香阁——须弥灵境；再顺山而下，沿西堤领略湖光山色而渐入高潮——南湖岛，登临望蟾阁，回望中轴线建筑群，观辽阔的湖，巍峨的山，并远眺玉泉山、玉峰塔；再经东堤至惠山园（今谐趣园）转而来到幽静的后山后湖景区，如同前山前湖宏大乐章的余韵般，渐渐平静，最后由北宫门离去。此外，在整个序列中还穿插着一些绘画技巧的运用，如对比、呼应、远近、虚实等手法。

画意，中国绘画所表现的山水风景不是个别的山水风景，而是画家经过个人领会后的，具有较大概括性的风景，因而能够以最简约的笔墨获得深远、广大的艺术效果。造园同样是对大自然的概括与抽象，从立意构思到具体的表现技法向绘画学习，能增强其艺术表现力。例如从假山尤其是石山的堆叠章法和构图经营上，既能看到对天然山岳构成规律的概括、提炼，也能看到诸如"布山形、取峦向、分石脉""主峰最宜高耸，客山须是奔趋"等山水画理的表现 [4]。因此，可以说中国传统园林是把山水画对大自然的概括和升华，以三度空间的形式复现到人们的现实生活中来。

然而，为了追求商业利益的最大化，今天许多风景园林师不仅完全忽视设计场地的原有特征，也不再以艺术为设计原型，或从文学绘画中借鉴造园手法，而是以各种参考图片为样板，乐此不疲地玩弄着拷贝、复制的电脑游戏。照搬照抄各种国内外园林作品的局部，堆砌杂糅于场地中，导致当今在追求高效的快节奏城市建设中，原创性作品却如同凤毛麟角，愈发稀少。长此以往，不仅传统园林得不到发扬光大，而且现代园林也会失去立足于世界的根基。从西方传统园林到现代风景园林的成功转型中不难看出，西方设计师不仅皆以自然为原型，而且从不断演变的艺术风格和手法中吸取灵感，使空间的艺术创作紧跟时代潮流。

借鉴古今中外的优秀作品，应以重回园林设计的自然原型和艺术原型为前提，这里的自然原型不再仅仅是国土风貌中的自然山水，它是指场地所在地域独有的自然景观和人文景观；这里的艺术原型也不仅仅是山水诗、山水画，更应该是经过中西融合后的现代艺术的各种技法和各种理念，最终熔铸时间艺术的"诗"和空间艺术的"画"于现代风景园林艺术，才能使我们优秀的传统园林文化活起来，传下去，亦才能使我们的现代风景园林作品具有真正意义上的中国特色，不断推动经济社会发展。

3. 反思：从奇特到平和

中西方不同的设计原型，产生各不相同的园林风格。田园风光有着贴近生活、清新可爱的特点，使得西方园林具备平和的景观特色和舒适的园林空间；而自然山水有着千姿百态、争奇斗艳的特点，造成中国园林追求奇特的景观特色和多变的空间特征。不同的园林品质，反映出不同的时代追求，适合不同的使用人群。

追新求异是人的本性，但在中国传统文化中表现得尤其明显。古代文学绘画讲求"情理之中，意料以外"，作品应有惊人之笔，方能扣人心弦。文人骚客在作诗或著文时极力追求寻觅惊人的佳句，如唐代诗人杜甫（712—770）《江上值水如海势聊短述》中"为人性僻耽佳句，语不惊人死不休"的诗句一直为人所津津乐道。同样出名的还有李贺（790—816）《南国十三首》中的"寻章摘句老雕虫，晓月当帘挂玉弓"。最有名的当数贾岛（779—843）的《题诗后》："两句三年得，一吟双泪流"。中国传统造园师同样追求"语出惊人"的效果，不仅反映在奇特的园林形式方面，如造型奇特的建筑、假山、铺地，而且体现在园主对奇花异木、奇石盆景的喜好，并广泛收罗于园林之中。例如，法国丹麦裔地理学家康拉德·马尔特·布戎（Conrad Malte-Brun，1775—1826）的著作所写到的那样："他们（中国人）以一种生动而又奇特的形式来精确地复制自然。突出的石头，好像随时有落下的危险，桥梁悬于深涧之上，矮小的冷杉散植于陡壁，还有平湖、激流、飞瀑，和在这个大杂烩中竖起的锥状宝塔，这就是大尺度上的中国风景和小尺度上的中国园林"[98]。从这段描述中，不难看出中国传统园林以自然山水为原型，同时更竭力展现自然山水的奇特性。在西方人看来，中国造园师似乎把自己的任务定位为能够创造出多少跌宕起伏的地形，多少有趣的小桥，多少图案各异的花窗和铺地。

自然景观的奇特性与奇特的建筑、假山、奇花、异木相结合，产生了丰富的园景，这对于处于高墙围合之内的传统园林来说，能形成一方与城市隔绝的人间仙境，满足古人对隐逸生活的追求。但在倡导开放的现代社会，传统园林的这种奇特性往往会与现代城市空间发生矛盾。

我们不能将作品的"原创性"和"奇特性"混为一谈，认为把各种奇形怪状的东西凑在一起就是"原创"，导致"东拼西凑"的作品随处可见。追求"奇特"的建筑师营造了一座座千姿百态、夺人眼球的城市"地标"，结果便是城市整体风貌的杂乱无章；市政工程师兴建的高架桥往往"造型各异"，使车辆不知如何上下，造成城市交通更加拥堵；风景园林师若再突出景观设计的独特性，将大量的雕塑、小品、奇石等引入城市，并且与建筑、道路、桥梁等毫无过渡地罗列在一起，必将造成空间尺度的失调和设计语义的混乱，使城市景观的整体性荡然无存。

城市功能的多样性和城市环境的复杂性凸显了城市园林的重要性，因此，创造和谐的城市景观应成为现代风景园林设计的主要目标。和谐的城市景观来自城市中各种建筑物、构筑物与城址自然环境之间的协调，城市园林应成为城市风貌与城址之间和谐的纽带。这就要求建筑师、市政工程师、风景园林师皆以城址的自然风貌为设计原型，创造与城址特征相融合的城市作品。随着城市开放空间的作用日益凸显，现代风景园林师应在城市设计中发挥更大的作用。

近年来，全国各地都在深入践行"绿水青山就是金山银山"理念，以生态视野在城市构建山水林田湖草生命共同体，布局高品质绿色空间体系，将"城市中的公园"升级为"公园中的城市"，从而有机融合公园形态与城市空间。公园城市建设推动公共空间与城市环境相融合、休闲体验与审美感知相统一，为城市可持续发展提供了中国智慧和中国方案。

四、要素

在现代科学中，"要素"这一术语通常用来表示同其他客体相结合构成一个统一的综合体，即系统的任何一个对象或客体。简单地说，要素是组成系统的基本单元。而园林设计要素是指构成园林空间的基本单元，来自对设计的自然原型和艺术原型的提炼。通常所说园林由五大要素构成，即地形、水体、植物、园路和构筑物，实际远不止这些。

园林的设计要素大致可以分为两类，即自然要素和人工要素。自然要素是指自然材料构成的设计要素，通常是有生命的，如水、土、植物、动物等；人工要素是指人工材料或人工化的自然材料构成的设计要素，通常是无生命的，如园路、建筑、雕塑等。也有一些例外，比如绿色雕塑或整形树木，原本是自然要素，但被当作人工材料使用，因而更具人工要素的属性。

（一）中国传统造园的自然要素

自然要素是构成园林自然景观的基本单元。所谓自然景观，是指境域的风光，由自然物质的形象、体量、姿态、声音、色彩和气味等组成。江河湖海、瀑布林泉、高山悬崖、洞壑深渊、古木奇树、斜阳残月、花鸟虫鱼、雨雪风霜等都是自然景观。园林中的自然景观可以是天然的，也可以是人造的，它是园林的主体，也是欣赏的主要对象。同时又是有生命的，不断发展变化的，要求园林师采取更加审慎的设计态度。

在中国传统园林中，常见的自然要素又可分为两类：其一是水、土、石、动植物等自然材料构成的设计要素，如溪、泉、丘、林、塘等；其二是日月、星辰、光影、风雨等自然天体或自然现象构成的设计要素，如明月、清风、风花、雪夜等等，起到突出主题或烘托气氛的作用。

无论东西方园林，水、土、植物都是最重要的造园材料，也是营造富有自然气息的园林空间的基本保障。在以"山水"为特色的中国园林中，山、水的作用十分突出。在模拟大自然的地表塑造中，山与水是两项基本内容，山水之间是相互依赖、衬托的关系，正所谓"山以水为血脉，……故山得水而活；水以山为颜面，……故水得山而媚。"中国传统造园师视山为骨架，水为血脉，植物为毛发，造园必先挖湖堆山。

1. 山石

中国古典园林山水的营造讲"山贵有脉，水贵有源"[111]，堆山讲"未山先麓"，重"自然地势之嶙峋"[83]。园林内叠山无论模拟真山的全貌或截取真山一角，都能够以小尺度而创造峰、峦、岭、洞、谷、悬岩、峭壁等自然景观，体现自然山岳的构成规律。

　　在人工山水园中，掇山是一个十分重要的造园环节，主要有两种做法，其一是以土为主以石为辅，俗称"土包石"；其二是以石为主以土为辅，俗称"石包土"。前者往往规模较大，也有利于植物生长，在覆土中露出内部岩石，尤其是在山顶或涧、洞、麓等部位多见石骨。土山着重于山林环境的空间处理，除靠自然石的配置以外，主要用植物衬托其峰峦气势和山林幽境，而植物的种植也以突出山势来龙去脉为原则（图5-39）；后者通常规模较小，由于可作悬崖、峭壁、洞窟之类，其景象结构较土山复杂，其间的游览路线也更为曲折有致。一般临水峭壁下设矶滩、盘道，婉转入谷涧，谷内隐藏可供小憩的洞府，并有石级盘道上山，经涧上所架石梁到达山顶平台（图5-40）。因而石山不仅在于欣赏山石景色的构图，更多在于身临其境的游玩感受。设计手法常

图5-39　拙政园东部归田园居土山

图5-40　环秀山庄石山游览图

是：欲上先下，欲左先右，看来似通，实为绝境，疑惑无路，恰是通途[45]。大多数传统园林都以土山为主、部分叠石，即营造葱翠的山林趣味，又有丰富的山景变幻。

计成在《园冶》中用"掇山"和"选石"两个篇幅介绍掇山的手法和各类石头的特点。自古以来，造园师选石多着重奇峰孤赏，追求"透、漏、瘦、皱、丑"。计成则提出了"是石堪堆，遍山可采"和"近无图远"的主张，强调最好能就地取材、创造地方特色，因而突破了选石的局限性。

中国传统园林掇山常用的石品有五类：其一是湖石类，即有溶蚀空洞的石灰岩，体态玲珑通透，表面多涡洞，形状婀娜多姿，以太湖洞庭西山所产最负盛名；其二是黄石类，体态方正刚劲，石纹古朴拙茂，无孔洞；其三是卵石类，体态圆浑，质地坚硬，表面风化呈环状剥落状，又称海岸或河谷石；其四是剑石类，指利用山石单向解理而形成的直立型峰石类，如斧劈石、钟乳石、石笋石；其五是木化石、松皮石、宣石等其他石类。

园林造山俗称假山，所谓"假"，即非现实本身之意，亦即艺术的再现。山体不仅可供观赏，而且可以登临远眺，同时还具有实用功能和组织空间的作用。譬如其盘道、峰、谷可供登攀游嬉；而其间清凉幽静、遮阴避雨的石洞又可视为一种特殊的园林建筑；假山还可分隔空间，增加景象层次，如隐蔽围墙，使空间产生不尽之意；此外，山体还使游览路线立体化，变平面为三度迂回的路线，拓展空间丰富游览程序。中国传统园林中的掇山叠石主要有以下几种形式。

（1）麓坡

描写大山余脉的一角。主要用低矮的土坡种石，再配以花草树木，引发人们对山林环境的遐想。其位置多靠围墙或建筑环境的边界（图5-41）。

（2）悬崖

悬崖峭壁为石山最主要表现的景象。它多组织成山的一部分，或壁立、或悬挑，也有用以掩饰园墙边界，靠墙叠掇的，即《园冶》所谓的峭壁山。临水叠掇的悬崖，有倒影的衬托，更显高耸生动。崖下临水常设盘道，可供人临崖游览，更富情趣。

（3）峰峦

山巅突起谓之峰，山巅参差不齐的起伏之势谓之峦[45]。传统园林中常以土山带以石，营造微缩的自然界峰峦景象。也有以独立的单块峰石作为鉴赏对象，

图5-41　留园汲古得绠处麓坡

更为抽象地展现峰峦景观（图5-42）。

（4）洞隧

山洞是引人入胜的园林景象。一种是供游览穿行的隧洞，另一种是可以驻足停留，具备坐卧小憩等功能的洞窟或洞府。洞隧空间的创作，不但有使用价值，可以丰富游览内容，而且又可以节约石料，扩大叠山体量（图5-43）。

（5）谷涧

反映自然幽谷或终年溪流不断的山涧，或描写高山峡谷，洞底湍流，或描写绿荫渲染的深山幽谷。

（6）矶滩

是与水体密切联系的一种叠石，描写大自然中岩石河床、湖岸略凸出水面的景观。在园林中多与湖岸相结合作为活跃岸边、衬托水型的一种处理。在水位不稳定的情况下，湖岸叠石往往作层层低下的不规则阶梯状处理，以便在不同水位时都能保持亲水的效果[45]。矶滩不仅是一种耐人寻味的叠石形式，而且还可供人们坐石临流、嬉弄碧波（图5-44）。

2.水体

古代造园师将园林中对各种水景的处理统称为"理水"。风水学说将山与水的结合看作是阴阳两极的结合，稳重的、固定不变的山与流动的、无定形的水形成鲜明的对比，使园林景色生动活泼。由于掇山与理水密不可分，因此计成在《园冶》中将池山、溪涧、曲水、瀑布等等做法全部列入"掇山"一篇。

在雨量较多、地下水位较高的江南地区，掘地开池有利于园内排序雨水，并产生一定的调节气候、湿度和净化空气的作用。而且水景还能丰富空间层次，例如湖泊型的水体能增加空间的开阔感，当水静如镜时，湖光一片晶莹，明澈映天，可以拓宽空间，增加景深。同时水较之山更能给人以亲切感，因而是园的灵魂所在。中国传统园林内开凿的各种水体都是对自然界的河、湖、溪、涧、泉、瀑等的艺术提

图5-42　留园的冠云峰

图5-43　狮子林中的洞隧

图 5-44　留园中的湖岸叠石

炼和概括，在有限的空间内尽显天然山水的风貌。

自然界的水是靠地势、形态及所在环境而构成其风景面貌的。因此园林理水对各类水体特征的刻画也主要在于与山石的结合、水体形态以及所处空间的整体营造。中国传统园林中的水景主要包括以下几种形态：

（1）池塘

池塘形式简单，有整形式和自然式两种。整形式池塘多成矩形，一般置于庭院环境之中，以条石、块石砌筑成整齐的驳岸；自然式池塘平面较方整，没有岛屿和桥梁，岸线较平直而少叠石之类的修饰，水中常植荷花、睡莲、荇、藻等观赏植物或放养观赏鱼类，再现林野荷塘、鱼池的景色。

（2）湖泊

湖泊指陆地表面洼地积水形成的宽广的水域。但园林中的湖，一般比自然界的湖泊小得多，基本上是一个自然式的水池，常作为传统园林的构图中心。湖泊水体常有聚有分，开合有致。聚则水面辽阔，分则层次丰富，并可形成不同氛围的空间。通常，小园的水面聚胜于分，常用垂直驳岸，扩大水的绝对面积，或以叠石悬挑出水岸，使人不见水的边际，增加深远的幻觉。同时还要和临水台榭相结合，统一考虑。如苏州网师园内池水集中，池岸廊榭较低矮，给人以开朗的印象（图 5-45）；大园的水面在留出较大的水面后，常结合岛、桥、水中建筑等设置划分空间使之主次分明，如北海与琼岛白塔。营造湖景应凭借地势，就低凿水，既减少土方工程量又能保证水源；湖中常设岛屿、矶滩、步石、桥梁、码头之类；岸线宜自然曲折，可多用土岸或散置矶石，小湖亦可全用自然叠石驳岸；沿岸标高宜接近水面，使产生湖水荡漾之感；湖水常以溪涧、河流为源，水尾作成狭湾，逐渐消失，产生不尽之意。

（3）江河

传统园林中常以水流平缓的带形水面描写江河景色。河道常弯曲，有宽有窄，有收有放，以使构图活泼，并形成源远流长之感。河流多用土岸，配置临水植物，也可在两岸叠山形成"峡谷"；临河可设水榭，局部设条石驳岸和台阶，便于亲水；水上可划船，窄处架桥，从纵向看，能增加风景的幽深和层次感（图 5-46）。

图 5-45　网师园水景

图 5-46　拙政园归田园居河流景观

（4）溪涧

同样为带形水体，但较河流狭窄，多盘曲迂回，树木掩映，时隐时现，且有时利用地势，突出水的流动之感。驳岸多为自然石岸，以砾石为底，溪水宜浅，可数游鱼；游览小径时缘溪行，时而跨溪；有时河床、河岸石骨暴露，以衬托空间的深邃，使得山水相得益彰。

（5）渊潭

小而深的水体，水面集中而空间狭窄，一般在泉水的积聚处和瀑布的承受处。岸边宜作叠石，不宜坡土，光线处理宜阴沉幽暗，水位标高宜低下，石缝间配置斜出、下垂或攀缘的植物，上用大树封顶，造成深邃气氛（图5-47）。

（6）泉瀑

泉为地下涌出的水，瀑是断崖跌落的水。山泉、瀑布在传统园林理水中常依赖于竖向设计和叠石的衬托，瀑布有线状、帘状、分流、叠落等形式。由于古代水工条件的限制，水源主要依赖雨水，无雨时，只是欣赏被泉瀑冲刷的叠石，有雨时，可观赏飞泉流瀑的景象。为取得水源，泉瀑叠石都是背靠较高的房屋墙壁，这样便于汇集一定流量的雨水。如《园冶》所述，"瀑布如峭壁山"；为造成高山落瀑之势，要取"高楼檐水"，利用墙头做天沟，先将水集中在山顶小坑内，再"突出石口，泛漫而下"[45]。此外，文震亨（1585—1645）在《长物志》中还介绍了另一种做法："蓄水于山顶，客至去闸，水从空直注者"（图5-48）。

中国传统造园，总是进行多种水体的组合创作，以争取景象的变幻。在以山为主体的景象中，水景多为河流、溪涧、渊潭等带状漤涧和小型集中的水面，而在以水为主体的景象中，水体多成湖泊，周围辅以其他水景。

图5-47　沧浪亭御碑亭下的渊潭

图 5-48 狮子林瀑布景观

3. 植物

风水学说认为："草木郁茂，吉气相随""益木盛则风生也"。受其影响，古人们十分重视在城镇、村落、宅院中广植树木，以期起到挡风聚气的作用，有利于营造生机勃勃的环境。

在中国传统园林中，植物是组成园景不可缺少的要素。对于植物要素的设计，手法不外直接模仿自然，或间接从我国传统的山水诗画得到启示，而内容则包括三个方面：一是植物种类的选择；二是植物在空间中的配置；三是植物的艺术功能。

首先，在植物选择上，对于花木，讲究近玩细赏，因而比较重视枝叶扶疏，体态潇洒，色香清雅的花木；对树木的选择常以"古、奇、雅"为评判标准。同时受比德思想的影响，古人不仅欣赏植物本身花容叶茂的自然美，更十分重视其"品格"。即将植物的特征、属性与人的品格、理念、哲理融合交织，使植物成为人们精神的寄托和抒发感情的对象。如竹子"未曾出土先有节，纵凌云处也虚心"，具有虚心、高洁、坚贞、有节的高尚情操，被喻为君子，因而苏东坡曾有"宁可食无肉，不可居无竹"的感叹；松柏"经隆冬而不凋，蒙霜雪而不变"，常被作为崇高和不朽的象征；再如菊花，傲霜独放，自陶渊明"采菊东篱下"，它便成为高傲、雅洁、隐逸的同义语；此外，还有种植吉祥草、如意兰代表吉祥如意，玉兰、海棠、桂花表示"玉堂富贵"等。不同的植物，除了表现不同的自然情趣之外，还被人们借以抒发不同的情感。这是中国传统造园独有的艺术思想，但也使花木种类选择受到一定的局限。

其次，在植物配植方式上，主要有孤植、群植和丛植、对植和点植，栽植形式多取材画意画理，在师法自然之"真"的同时创造富有"诗情画意"的景点。

（1）孤植

孤植是发挥单株花木色、香、姿的特点，适合于小空间近距离的观赏，常作为庭院景物的主题。孤植要求植物姿态优美，或造型奇特，植于山崖，能衬托山的险峻；植于池畔，能形成美丽的倒影；植于庭前，能成为配景或对景。

（2）群植和丛植

分为同种植物的群植和丛植以及多种花木的群植和丛植两种形式，是中国传统造园中最常见的植物配置形式。同种植物的群植和丛植，能强调某种植物的自然特性，并形成林的效果，在氛围上容易营造雄浑的气势。如留园中闻木樨香轩周围的桂花林、怡园的梅林等。多种花木的配置，则犹如作画构图，树种选择和搭配要考虑各种植物生态习性的差异和树种色彩的调和对比、季相配合等，也要有画意美感，要做到植物和植物之间，植物和环境之间成为一个有机的整体（图5-49）。

图5-49 拙政园与谁同坐轩周边植物

（3）对植和点植

对植指左右对称的栽植方式，一般用于建筑入口，也有选用形态或季相具有强烈对比的两种植物进行对植，相互衬托、对比。点植指植物个体相对独立，但意境上统一为整体的植物栽植方式，各具形态的植物共同组成一个饶有情趣或富含寓意的景点（图5-50）。

图5-50　留园古木交柯

对于小空间而言，常配置形态、色香俱佳的花木，有时还配以置石，以白墙为纸，形成入画的景致，随着时间和季节的变化，植物还能在白墙上映出不同的阴影，又构成了一幅动感的画面。大空间的植物配置，则多采用高大的乔木和丰富的灌木，使之构成起伏的轮廓线，并形成多样的层次，增加景深。

再次是强调植物的艺术功能。植物要素能充分调动人的视觉、嗅觉、味觉、触觉、听觉等多种感官，具有不同于其他造园要素的特有的艺术功能。

（1）拓展、分隔空间

植物能软化边界，如《园冶》所说："园墙隐约于萝间"，高低掩映的植物可形成含蓄莫测的景深幻觉，从而扩大园林的空间感。植物还可分隔、组织空间，在划分空间时，植物要素比其他人工要素更为灵活。例如乔灌木的高低搭配，可以完全阻隔视线；稍稍降低种植密度，又可达到似隔非隔，增加相邻景物相互渗透的效果；若更为疏朗的配置，则可对景物略加掩映，使景象更为含蓄。

（2）丰富光影变化

高大的乔木既可形成空间的背景，还能形成浓郁的绿荫，不同的种植密度，如滤光器一样，可使阳光经过它，或投射下斑驳的阴影，或留下几束阳光，或完全被吸收形成幽暗的深山幽谷。而更为绝妙的是，古人以粉墙为纸，以植物、山石为笔墨，随着昼夜的转化，在日光或月光之下，墙移花影，可营造出别样的意境。

（3）装点山水、衬托建筑

植物要素在山石之间或水中岸畔，能够起到补足和增强山水气韵的作用。植物群植于土山，能形成一定景深的山林，还能烘托强化山势；植物点植于石山或石峰，可增助生气，遮挡石峰或叠石的不足之处，起到藏拙或补足气势的作用；水体配置植物，可打破环水叠石的单调以及形成美丽的倒影和增加湖光天色。同时，亭、廊、堂、榭等建筑的内外空间，也要依靠植物的衬托和过渡，来显示与自然的融合。并且植物也常常作为建筑主要的观赏景象，它是融汇自然空间与建筑空间最灵活和最生动的手段（图5-51）。

（4）入画点景

植物不仅在品质上具有色、香、韵的画意，中国传统文化中"象形""比喻""含蓄"的特点在园林植物造景中也能得到充分体现，植物能够富有"寓意""比拟"和"联想"，既能作为鉴赏对象，又能作为景象的主题。

图5-51　狮子林植物与山水、建筑的融合

（5）凸显自然变化

描写大自然景象的园林，应该与大自然现象一样具有四季变化，而表现季向的更替，正是植物所特有的作用。中国传统造园强调园景能收四时之烂漫，春天的繁花、夏季的浓荫、金秋的硕果、寒冬的枯枝都可通过适当的植物配置，尽显于一园之中。此外，植物还能表现风雨等自然现象的魅力，风吹过杨柳，能展现风的袅娜；雨落芭蕉，能显示雨的清脆。

4. 动物

动物和植物一样，是自然生态的主要内容，在自然界中，它和植物之间以及其自身各种类之间，保持有一定生态平衡关系[45]。在中国造园史上，很早就有饲养动物的做法，如周文王的囿里有野生的兔、雉，还有作为观赏之用的鹿、鱼等。秦汉时期的上林苑饲养了各种动物，用于观赏和狩猎。动物的效果，不仅在于其自然趣味的活动形态可以加强景象的野致和生动感，而且在林泉之间的一声鸟语、蝉鸣、鹤唳，花间的蜂吟，如天籁一般，可起到加强园林艺术感染力的作用。同时还能渲染自然景象幽邃的意境，正所谓"蝉噪林逾静，鸟鸣山更幽"。如同对待植物一样，中国古人将动物也赋予了人的品格，如鹿、鹤、龟象征长寿；孔雀象征幸福、富贵；鸳鸯象征忠贞和恩爱等。这些动物与山水、植物、建筑要素一起统一构成了一定的主题思想和意境。

5. 自然气候与自然现象

与注重物质空间营造的西方传统园林不同的是，中国传统园林十分重视日月星辰、雨雪风霜等自然现象的造景作用，突显出浓郁的浪漫主义色彩。

首先，气候是非常重要的造园要素，舒适宜人的小气候不仅有利于植物的生长，也利于园居和游园活动的展开。古人因改变自然气候的手段有限，因而传统造园师更关注光影、气流、温湿度等影响人体舒适度的自然因子，努力在设计中改善局部的小气候环境。在传统的城市和园林中，这样的例子俯拾皆是，中国的大部分地区具有明显的大陆性气候，夏季炎热，盛行东南风和西南风；冬季寒冷，多偏北和西北风。因此，园林的叠山理水、植物配置、亭廊构建，乃至住宅的布局，都要考虑小气候的作用。比如水面多布置在园子的东南或西南部，使吹拂的夏风更凉爽；而堆山多位于园子的西北角，既利于游人在小山之巅享受微风拂面，又可阻挡冬季的寒风。还有后期，在门窗上安装的彩色玻璃，能透射出景色的四季效果，同样具有心理作用。小气候环境的创造，在中国传统园林中可谓无微不至。

其次，传统造园还常借助于自然天象使园景更富自然之理，得自然之趣。《园冶》论述中有许多涉及自然天象的词语，如"紫气东来""溶溶月色，瑟瑟风声""竹树风声""悠悠烟水""风月清阴"等，反映了作者对自然天象在造园中的作用的重视[88]。例如"雨打芭蕉""明月清风我""留得残荷听雨声"等景观。

古代造园师运用敏锐的洞察力，发现园林山水、植物景观随着晨夕阴晴的变化，常会呈现出另一番景象和风情，因而通过景物的组织、视线的引导、匾额、楹联的点题结合天象的变化，创造出似实似虚，亦真亦幻的景象。如网师园的"月到风来亭"，位于中心水面的西侧，临水而筑，有联曰："园林到日酒初熟，庭户开时月正圆"，指明这里的景观是清风夜月。每当明月东升，便展现出一幅如诗如画的"长风送月来"的美景[88]（图5-52）。

图 5-52　网师园的月到风来亭夜色

（二）中国传统造园的人工要素

郭熙对山水提出的"可行""可望""可游""可居"的评判标准，使得深受山水诗画影响的山水园林也要求有满足游览、居住等使用功能的设置，这就需要在自然景象中引入人工要素。同时，人们游览休憩和生活起居的必要设施，还可在园林造景中起到画龙点睛的作用，突出园林的主题和意境。但在现代的很多风景园林作品中，人工要素的作用和占比往往胜于自然要素，这是对传统园林设计的特性认识不足而产生的误解。

1. 建筑及构筑物

中国古人在享受城市生活舒适便利的同时，又向往自然山水体验的乐趣，因而产生了建筑与山水相结合的宅园类型。通常私家园林囿于规模，加之居住功能十分突出，因此形成建筑包围山水的布局风格。而大型的皇家园林常常利用真山真水，形成建筑融入山水的布局形式。无论私家园林还是皇家园林，也无论建筑多寡，其性质、功能如何，都有着建筑和山水、花木相融合的特征，这与园林和建筑相分离的西方传统园林截然不同。

建筑及构筑物在中国传统园林中的重要地位，往往又是山水等自然要素所无法比拟的。在《园冶》的十个篇幅中，与建筑元素有关的篇幅占到六个，从《立基》到《屋宇》《装折》《门窗》《墙垣》，乃至《铺地》，计成都做了十分详尽的介绍。建筑设计也往往是决定园林成败的关键，多变的样式，适宜的尺度，绝佳的布局，都反映出以建筑为中心的中国传统园林格局。为了避免大量的建筑破坏了园林的自然气息，造园家十分注重建筑与山水、植物等自然景观的融合，所谓"宜亭斯亭，宜榭斯榭""花间隐树，水际安亭，斯园林而得致者"。中国传统园林所追求的建筑美与自然美相融揉的特征，完全不同于西方规则式造园家将自然要素作为"建筑"材料所表现出来的自然美与人工美相结合的特性。

第一，建筑在中国传统园林中有以下两方面的突出作用：

①点景和观景：中国传统园林的一大特征就是建筑美与自然美的融揉。郑绩（1813—1874）的《梦幻居学画简明》称"凡图中楼台亭宇，乃山川之眉目也"，这说明以建筑来点缀风景，能起到画龙点睛的作用。园林建筑的造型结合其匾额、楹联，可点出此处风景的特征和内涵，有助于明确景观的主题和意境。例如苏州沧浪亭，主体空间为一座土石山，山上古树参天，郁郁葱葱，仅点亭一座，名为沧浪亭。亭为四方，结构古雅，亭檐飞出，高远突兀，柱刻楹联曰："清风明月本无价，近水远山皆有情"，点出了山林生机与高逸遁世之意（图5-53）。同时还要借助建筑观赏园内园外的风景。《园冶》："轩楹高爽，窗户虚邻，纳千顷之汪洋，收四时之烂漫[83]。"便说明园林中亭台楼阁的设置，是为了让人更加惬意地观赏周围的山水景色。

图 5-53　沧浪亭

②组织园林空间：即由建筑配以山石、花木围合组织而成的半建筑空间。既不同于庭院设置花台、峰石这种以建筑为主体的相对封闭、独立的空间，也不同于完全由山水、植物围合而成的自然空间，它是通过这几种要素的组合，调整搭配比例，形成一系列不断转换、相互渗透的自然空间、半建筑空间、建筑空间的整合。

第二，传统园林建筑还充分利用了木结构灵活性和随宜性的特点，结合功能要求，创造了千姿百态的建筑形象，更加利于建筑与自然环境的嵌合。中国传统造园主要的建筑类型有：

①厅、堂、轩、馆：厅堂[①]是园林中不可缺少的设置，是进行各种娱乐活动、宴请宾客的主要场所，空间体量较大，一般是园林建筑中的主体。《园冶》说："凡园圃立基者，定厅堂为主，先乎取景，妙在朝南"。[83]可知厅堂是全园主体景象的主要观赏点，与其相对的一般为湖山景色，而朝南又保证了室内良好的日照、通风条件（图5-54）。轩与馆属于小型厅堂，常处于次要部位，作为观赏性小建筑。

图5-54　退思园退思草堂

②楼、阁：传统园林中只要地块大小和经济条件允许，都会建置楼阁[②]。楼阁既有可供登临眺望的功能，又有富于表现力的形体而可供观赏[45]。在园中观

---

① 厅堂按构造分类：用长方形木料做梁架叫厅，用圆料者称堂。

② 中国古代建筑中的多层建筑物。早期楼与阁有所区别，楼指重屋，多狭而修曲，在建筑群中处于次要位置；阁指下部架空、底层高悬的建筑，平面呈方形，两层，有平坐，在建筑群中居主要位置。后来楼与阁互通，无严格区分。

楼，楼阁高出林梢，可以丰富园林的天际线，它以天空为其背景，巧妙地将天空作为造景元素引入园中；置身其间，游人又可远眺园外无限风光，还可居高临下俯瞰园景，获得襟怀开敞的感受。楼阁形态修长，体量较大的，一般紧靠园林的边界建置，作为背景处理；体量较小，形态精致而多变化的，则作为园中的构图焦点，常常与山水结合起来成景（图 5-55）。

图 5-55　留园明瑟楼

　　③榭、舫：榭与舫多为临水建筑。榭的创作原型主要是干栏式民居[①]，置于水畔，加强与水的亲近感，建筑基部一半在水中，一半在池岸。舫俗称"旱船"，一般在体形、空间构图上借鉴画舫。在江南园林中，舫的设置犹能体现水网密布、舟楫往来的城市水乡风貌[②]。舫常分为前、中、后三段，以象征较高的头舱，略低的中舱和最高的尾舱。但为了使尺度与和形式与周边环境协调，又常常以一种含蓄的手法建造，与山水景象一样，妙在似与不似之间。而也有一味追求形似的做法，但逼真奇特的外形往往会与周围自然环境格格不入，无助于水景意境的营造（图 5-56）。

　　④亭：亭在园林中随处可见，因其形象变化多端，体量结构能因地制宜，山间、水畔可停之处，皆可设亭。田间避雨、间歇的休息棚以及村野途中供旅人小憩的路亭，是园林景亭的创作原型。它造型简易，通透开敞，常作为

---

① 在木（竹）柱底架上建筑的高出地面的房屋。"干栏"式建筑主要应为防潮湿而建，长脊短檐式的屋顶以及高出地面的底架，都是为适应多雨地区的需要。

② 画舫：装饰华丽的游船。舫是船的意思，而且常用来泛指小船，画舫就是装饰华丽的小船，一般用于在水面上荡漾游玩、方便观赏水中及两岸的景观，有时也用来宴饮。

图 5-56   拙政园香洲与狮子林石舫对比

凭眺、休憩和观赏的对象。在古代，路亭常作为送别亲友、饯行之地，因而亭置于园中，又为景致增添了一份感伤和富有诗意的情调。同时，"江山无限景，都聚一亭中"[①]、"惟有此亭无一物，坐观万景得天全"[②]，通透的亭与景的巧妙结合，便能吸收无限山川美景，体现一分纳宇宙于芥粒的哲理。

⑤廊：廊在园林中既是联系建筑之间的脉络，又是风景的导游线。它不但为在不同天气情况下游览提供便利，而且其对空间的似隔非隔，又增加了景深层次。行进中，廊的列柱横楣还构成了一系列的取景画框，能聚焦人的视线，同时提升廊外景物的观赏性。廊的布置根据景象组织的需要多做曲折形式，在空间上也随地势而有起伏变化，有楔入水面、飘然凌波的"水廊"，婉转曲折、通花渡壑的"游廊"，还有蟠蜒山际、随势起伏的"爬山廊"[4]等各种样式，它们如纽带般把建筑与自然贯穿结合起来。

第三，园林建筑还包括作为附属建筑的小品点缀。如各式洞门、空窗和漏窗，以及各种形态的桥、梁。

①洞门、空窗：洞门和空窗是指园林中的院墙或走廊、亭榭等建筑物的墙上，往往不装门扇的门洞和不装窗扇的窗孔。除了便于出入和通风采光外，它们还可构成取景的画框，使景象入画，让人在游览过程中不断获得生动的画面；同时沟通室内室外空间，使自然景观与室内空间重叠交错（图 5-57）。

②漏窗：多用于围墙和亭、廊、轩、榭等建筑的墙上。漏窗可增添墙面的变化，并且在分隔景区时还能产生似隔非隔的效果，使景物若隐若现。若中心花孔较大，还能形成更为精致的框景。而漏窗本身的图案，在不同的光照条件下，能产生富有变化的阴影，点缀园景。

③桥、梁：桥、梁是水景创作不可缺少的点缀。一般桥多与湖泊、河流水景结合，梁则多用以配合溪涧等景象。桥除了具有跨水的交通功能而外，还能起到划分水体空间，烘托水景的作用。桥的形式有很多，如石板平桥、梯形桥、折桥、石拱桥等。这些形式均来自江南水乡现实中的桥式，只是在园林艺术中对形态做了提炼与概括的处理，尺度的增减，以及加工更加精细。例如江

---

① 张宣题倪云林画《溪亭山色图》。

② 苏轼《涵虚亭》。

南水乡江河港汊很多，旱路与水路交接处，为使大型船舶通过，常架设高高拱起的拱桥，因而拱桥成为江南水乡风景的一个特征，也成为以江南山水为原型的皇家园林和私家园林描写的对象。再如廊桥，原是山野、田间的风雨桥，兼有交通及遮风避雨，供人小憩的功能，其造型也极有观赏价值，因而在园林中也多有表现。另外，传统园林中，溪流、水湾常设置两三块石梁随意搭接，较之石桥更具自然野趣，而高架于谷涧之上则更显濠涧之幽深（图5-58）。

第四，园林建筑艺术的规律部分从属于造园艺术总的规律。

①尺度：一般的建筑设计都根据已有的人体模数有既定的尺度，但园林建筑除了满足人的使用需求外，还要与自然景象相融合，因此便要求其体量尺度要与周边自然景象相适应。北方皇家园林多利用自然真山真水建园，其建筑常按古建的正常尺度，有时为了突出中轴线的皇家气派，还通过大型建筑组成院落来形成建筑群与山水的尺度相协调；而江南私家园林由于地段狭隘，一般人造山水景象尺度很小，因而要求建筑也缩小尺度与之相适应。例如颐和园万寿

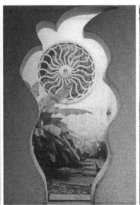

图 5-57　中国传统园林各式洞门和空窗

图 5-58　中国传统园林中各式桥、梁

山上的湖山真意亭与苏州拙政园的雪香云蔚亭建筑形式类似，两者都能与周围的山林环境相契合，但在尺度上后者便有所缩减，以便融入"咫尺山林"。

②方位：中国传统园林的建筑创作，对于光照和朝向也有特殊的理解，即充分利用自然条件，将风雨、日月等自然景象组织于建筑之中，营造别样的感受。主厅通常坐北朝南，面对厅堂布置亭轩，点缀的湖山景象，从早到晚，随着光照角度的变化，产生不同的光影效果，从而加强观赏景象的立体感和空间感。同时由水面反射的光线还可使室内产生烟霞浮光、金波闪耀的效果。如果在窗前栽几株竹树，在日光或月光的照映下竹树投影到室内，尤其是微风拂过，更添斑斓摇曳、迷离若梦幻之境。

另外，由于中国传统园林的自然式布局，建筑散置其间，不可能都为南北朝向。而借助植物、山水对小气候的改善，不同的朝向也可产生宜人又特殊的艺术效果。例如对于东西向的建筑，若在室外植以芭蕉、梧桐、竹等植物，午后西晒的阳光，正是理想的光源，透过植物，恰可形成既明亮又优雅的淡绿色的光照[45]。

2. 园路

园路是游园活动的凭借，具备通行和开展其他园居活动的功能，它表现为引导人们游园的各种形式的通路。园路结合各种休息设施和建筑，使人在游览过程中，对不断变化的景象作连续或不连续的观赏，从而组织游览情绪和感受。在中国传统园林中，园路是连贯性与变换性的对立统一，不仅是为了通行的需要，更为了把游人引入所创造的景象之中。

第一，园路具有诱导性和与景象的对应性。所谓"因景设路，因路得景"，传统园林中观赏对象一般安排在主要的游览路线上，而园路在设计上，其形态本身又常被作为一种观赏对象，包含于景象之中。好的游览路线与观赏对象有着密切的对应关系，使人在行进过程中，随着视点的转移，能看到无穷多的画面，即"步移景异"。这种对应关系可以通过三种方式建立。

第一种是游览线与视线一致，循序渐进地引人入胜。

第二种是视线相通，而游览线不通，从而产生可望而不可即的诱惑效果。

第三种是游览线相通，而视线不通，即所谓的"欲扬先抑"，从而产生豁然开朗，出其不意的惊奇效果。

第二，园路具有迂回曲折性。中国传统园林无论大小，其园路设置都是贯通一气、首尾相接的，从而避免了走回头路或形成死胡同。而这样的回环之中又充满了曲折与迂回，这种曲折既是二维的，又是三维的，其平面的曲折和高程的变化是由形式错落的景象内容所决定的。随着游览的进行，景象逐步展开，这样避免了一览无余，又可使景象含蓄，丰富景观层次。同时曲折的路径还可延长游览时间，尤其是对于私家园林而言，可以起到拓展空间的作用。

第三，园路具有形态的多变性和铺装的多样性。传统园林中园路的形态总是不断变化的，它从来都不是一条宽窄一致的道路。它时而进入一段游廊，时而与堂前月台融为一体，时而又变为山间蹬道，时而成为涉水的汀步，时而又扩展为一个可供集散的庭院或场地，路因此与景成为不可分割的有机整体。同时，园路的铺装形式也十分多样，但并非任意选择铺装图案，而是要服从于景象环境，通过铺装给人的视觉和触觉感受，强化空间的主题和氛围。例如登山的步道常使用碎石、块石或条石，以体现山林野趣，而主体建筑外或庭院内的铺装，常采用镶嵌图案的装饰性铺地，可产生富丽、华贵的效果等。

（三）中国传统造园对设计要素的运用

1. 颐和园：景色变幻无穷的皇家园林博物馆

（1）筑山理水

在乾隆时期，清漪园的筑山、理水主要分为两个方面：

一是将人工山水的创作和天然山水的改造相结合，进行全园范围内的地形整治；二是在小范围内，运用开挖水体和掇山叠石，对地形进行局部补充和细致加工。乾隆皇帝通过全园地形整治，使得清漪园在保持原有西湖风景特色的基础上，又改善了原瓮山与西湖若即若离的关系。首先，是将昆明湖东扩直抵万寿山东麓，打破原有"左田右湖"的格局；其次，利用浚湖的土方向南加筑前山东端，形成兜转之势，如同前山的余脉，从而形成西面"湖包山"，东面"山包湖"的山水嵌合关系；再次，开挖后溪河，并绕后山接于前湖，形成一条环绕北麓和东麓的水带，最终构成了被堪舆家视为上乘风水的"山嵌水抱"的地貌结构（图5-59）。

大范围的地形改造和小范围的掇山叠石，构成了多样的地貌类型。如：

①峰峦：整个万寿山为西陡东缓的走势，再加之人工就势堆筑制高点，如构虚轩一带，以及堆筑前山东麓余脉，使得真山经过人为加工后，更加符合画理，形成更为理想的峰峦景象。

②岗坞：后山西区，西桃花沟以西，原地形平缓单调，通过加筑土丘，使空间形成回环曲折的岗坞地带，宛若自然界起伏的丘陵地形。

③悬崖：后山东区，原地貌平板，因而将邻接后溪河的天然山脚截取，再砌以石挡土墙，形成一段高约10m的断崖，变平夷为险奇。再配合后溪河流经此处的急转弯直逼断崖之下，形成"江流有声，断崖千尺"的景象[86]。此

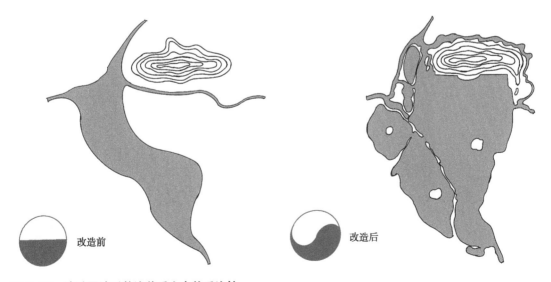

改造前　　　　　　　　　　　　改造后

图5-59　清漪园地形整治前后山水关系比较

外，在山间或临水突起的台地，均以叠石因就于真山山势堆筑为峭壁悬崖（图 5-60）。

④洞隧：在台地叠石中均设置蜿蜒的洞穴，既是游赏的对象，也作为联系不同标高之间的交通隧道。

在叠石方面，清漪园更多的是将其作为画龙点睛的地形改造手段，原则是以少胜多，创造精致的局部景观而又不破坏自然山水的天成之趣。一是在峡口处，利用叠石表现被水冲刷而裸露的石骨景象；二是作为山地建筑的基座和踏跺，成为人工建筑与自然山地之间的过渡；三是由于万寿山本身裸露岩石甚多，因而多将人工叠石与天然岩石巧妙结合，加强山地的嶙峋之感，同时构成建筑群和小园林中的叠石小景。同时在石材的选择上，遵循因地制宜的原则，多用京郊出产的青石间以少量黄石，显出刚劲凝重之感。它们置

图 5-60　众香界前的断崖

于真山之中，更能表现北方自然景观所独有的"幽燕沉雄之气"。而在堆叠手法上，根据不同的环境氛围，也有所变换。在前山寺庙建筑所形成的雄伟的中轴线上，堆叠手法偏于刚健；而在后山，叠石均随自然坡势，叠法流畅，以突出幽邃气氛。

在理水方面，清漪园形成了序列完整的水景系统，这个水系包含涧、河、港、汊、湖等天然水景的主要内容。

①湖泊：开拓后的前湖湖面十分辽阔，并布列三大岛、三小岛和西堤划分湖面，使其不显空疏，并形成主次分明各具特色的三个水域。里湖与前山轴线相对，最为宽阔，为主体水域，两外湖作为客体，衬托主水域。

②港汊：在西北水域以港汊纵横的水网地带而呈现一派江南水乡风貌。

③溪河：后溪河若襟带般包绕万寿山北麓，因河流南岸真山和北岸假山相互呼应，南山凸则北山凸，南山凹则北山亦凹，所以时而形成被激流冲断的峡口，时而形成开阔的水面，可谓"虽由人作，宛自天开"。

④山涧：在后山形成两道山涧：东桃花沟和西桃花沟，以此汇聚天然降水形成的地表径流。

经过改造完善后，清漪园的水系构成了一个有源有流的完整水系：山涧仿似源头，顺势而下汇聚形成后溪河，再经由港汊的穿插而最终流入浩瀚的湖泊，形成涓涓细流汇为巨浸的典型天然水系的全面缩影[86]。

（2）植物配置

清漪园建园之前，原西湖以荷花和堤柳之盛而著称，但瓮山则是一座秃山。因而造园在植物配置上，水景区延续了原有柳桃间种、荷藕连天的植物景观，又将秃山改造为"叠树张青幕，连峰濯翠螺"的繁茂山林。清漪园时期的植物配置原则大体上是：按不同的山水环境、土壤条件，采用不同种类的植物大片栽植以突出各区域的景观特色，渲染各自意境；兼顾季相变化，达到终年长青，且四时有不谢之花。相比私家园林关注一花一木的色香姿态，清漪园的造园更注重创造"满山松柏成林，林下缀以繁花。堤岸间种桃柳，湖中一片荷香"[112]的天然植被景象。

第一，是在山地区域形成松柏常绿的整体格局。松、柏向来是"高风亮节""长寿永固"的象征，符合封建帝王的江山永驻的统治思想。因而万寿山的植物以松柏为主，但前山与后山由于地貌环境和造景要求不同，又有所区别。前山以耐盐碱、瘠薄而又喜阳的侧柏为主，辅以松树间植。在中轴线上的寺庙庭院和广场上，采取行植和对植的方式；建筑周边采用较为整齐的丛植，远离建筑逐渐过渡为松柏混交的自然式山林。由此，松柏凝重的暗绿色形成了前山的基调，与皇家建筑的红垣、金瓦形成鲜明的色彩对比，更烘托出前山景观雄浑华丽的皇家气派（图5-61）。

而在后山后溪河栽种松槲混交林，并配以桃、杏、枫、栾、槐等植物，使林冠线深浅起伏，富于季相变化，较之前山的凝重，后山则更接近于天然植被的景象，具有浓郁的山野气息。后山的松树以油松和白皮松为主，油松适宜于阴坡生长，白皮松多以孤植和丛植的模式作为点缀。每至春天，山桃、杏树开花，暗绿丛中便闪耀霞海一片；而夏季，则浓荫蔽日，岸柳拂水，更加幽邃；深秋，枫、栾、槲等秋色叶树种使得层林尽染；冬季，长青松柏在一片白雪皑

图 5-61   前山的松柏林

皑中，益发显得苍劲。

第二，在河湖区域，水域均划出一定范围种植荷花，并辅以菰、蒲之类的水生植物，尤以西堤以西的外湖水域最为繁茂；沿岸和堤上大量种植柳树，与水光潋滟相映衬，以表现宛若江南的水乡景观。而西堤上，除柳树外，更以桃树间植而形成桃红柳绿的景观；西北水域的"耕织图"一带，在水际岸边大片种植芦苇，配合陆上的桑麻、稻田，更突出田园风光的野趣。

第三，在平地和建筑庭院内，多种竹子和各种花卉，引种南方植物的同时，仍以北方的乡土花树为主。庭院的植物配置，视建筑的功能、性质、规模而有所不同。凡殿堂、庙宇的庭院，多种植柏树以突出庄严肃穆的气氛；而游憩、宴饮类园林建筑，多以花卉为主，如玉兰、海棠、牡丹等。

（3）建筑设计

清漪园在被英法联军劫掠后，所有建筑几乎都被焚毁殆尽。现存建筑大部分是光绪十四年重建颐和园时期按清漪园原状恢复，少数有所增损。

颐和园的建筑形式之多，几乎包罗了中国古典建筑个体的全部型式，如彰显皇家气派的宫廷、寺庙建筑——殿；用于游赏、宴饮、居住的堂、馆、轩、斋、室；临水的榭、舫；形象丰富的楼阁，或分布在前湖岛堤上，以其耸直的建筑形象消除了湖面过于平远的感觉，丰富了前湖的天际线。或置于后山某些制高点上，作为远眺观景的场所和山地的重要点缀；还有随使用性质和环境不同的大小园亭和游廊；此外，由于中国山地的险要地段或交通枢纽处，多建置城关作为军事设防的据点，城关因而成为山地险奇和要隘的象征，后山的建筑即利用这种特殊的建置来渲染山地险奇的景象。

颐和园湖面广阔，水体众多，园内共建置大小桥梁 30 余座。主要有拱桥、亭桥、平桥三大类，既适应交通需要，其优美的桥身和在碧波中的倒影又成为园林景观的重要点缀。

颐和园中的建筑作为造园要素，既要满足皇家休闲游憩之需，又要符合皇室规制以及宫廷仪式的功用，因而呈现出两个显著特点：

一是宫廷制式与民间形式的交融。虽然个体建筑的形象仍以北方样式和皇家的富丽为基础，但在尺寸、色彩和细部处理上吸取了江南民间的技艺。同时在建筑群体的布置手法上，发展了皇宫建筑不常见的自由式布置，使空间尽量变化、通透。总体而言，在前山、后山的中央建筑群采用皇家的大式做法，如琉璃瓦屋顶、汉白玉基座、殿式彩画；而散布于前山、后山、昆明湖的大量游赏和居住建筑则采用灰瓦屋顶、叠石基座和苏式彩画，将皇家的小式做法与民间风格相融合，于华丽之中增添了几分雅致的乡土气息。

二是建筑尺度因地制宜。前山前湖景区是全园的主体，其空间极其开阔，在这样的环境中配置的建筑尺度都较大。后山后湖景区，北进深很浅，东西方向水面狭长，地块又被起伏的山丘划分为几块各具特色的幽邃区域，因而所配置的建筑，除中央的须弥灵境外，均尺度较小，亲近宜人。此外，极个别地段还有特小尺度的建筑，纯为反衬山水环境，扩大空间感觉而建，失去了真正的使用功能。

（4）园路游线

清漪园的园路作为组织景观的手段，很注意突出景观动观效果的连续展开，形成将距离、时间、景观感受巧妙结合的游览路线。全园一共有四条主要干线，分别为前御路、中御路、后御路和前湖路。

前御路为万寿山前山南麓的园路，其最主要的一段为长廊及其两侧的道路，在前御路上可以欣赏整个昆明湖景色。若在长廊中行进，左右立柱和梁楣以及栏杆会将侧旁湖景剪裁成为一幅幅连续的框景画面，形成动观组景（图 5-62）。

中御路为山脊上的主路，行进过程中的观赏方式主要为远眺。西端的"湖山真意"可以远借玉泉之景，东端的"昙花阁"可俯瞰圆明园、畅春园以及无限的平畴田野。整个山脊道路随山势而转折起伏，或俯或仰，尤其是西半段，自始至终均借玉泉山玉峰塔作为对景导引[86]。

图 5-62 清漪园前御路及长廊形成的框景

后御路位于后山，力求表现深山密林、曲径通幽的意境。景点之间的距离均在一二百米之间，恰是步行游山的适当行程。后山西部的地形变化较大，在后溪河与干线之间设置了若干条支路，形成一套多样的回游路线。而后山东部，地形变化较小，垂直于等高线的园路便做成曲尺形，配合植物和山石的遮挡，使沿线景点在人们的行进过程中时隐时现（图 5-63）。

前湖路即昆明湖中的西堤全程，是陆上游动观赏昆明湖全貌的最佳路线，并能远望秀丽的西山山形与玉泉山的玉峰塔，视野极为开阔。西堤一带，园外之景和园内的湖光山色浑然一体，是传统造园艺术借景手法的杰出典范。蜿蜒曲折的西堤，犹如昆明湖上的项链，堤上婀娜多姿形态各异的六桥，如同镶嵌其上的宝石。而朝午夕夜与风霜雪雨的叠加，更使得西堤在大自然的孕育下，其湖光、山色、塔影、桥韵展现出不同的韵律与更深的景致（图 5-64）。

图 5-63   清漪园后御路

图 5-64   清漪园西堤

2. 拙政园：壶井天地，吐纳自然

（1）山石

拙政园中部园区掇山叠石主要有五处。自腰门进入，有黄石假山一座，峻奇刚挺，山上林木错落有致，一带翠嶂，将全园主景隐藏不露，石山逶迤而东，与"绣绮亭"土山相接，给人以山势连绵不尽之感。"绣绮亭"土山隔水与湖中岛山相呼应，此处最宜于俯视池北秀丽的山景[89]。

全园主山为设在湖中的两座一溪相隔的岛山，作为主体观赏点"远香堂"以及四岸观赏的主体景象，是一种远山的处理，因此着重于山势轮廓和植物高低层次的设计。岛山原为土山，多自然野致，而近代对北山进行整修，添置叠石，原景象已被改变。西部岛山较大且坡度平缓，其上筑雪香云蔚亭；东部岛山较小而高耸，则设体量较小的待霜亭。正如《园冶》所说："池上理山，园中第一胜地，若大若小，更有妙境[83]。"西山"见山楼"一带叠山，构成了主要停留点远香堂眺望的远山背景。

拙政园的掇山多以土山为主，山脚以叠石护坡，沿坡堆砌石蹬道。园中山石既作为观赏对象，又作为分隔空间的手段。如借山石把中心湖区分隔成为前后两个空间，前部空间较开敞，景观内容集中，变化丰富；后部空间则狭长、幽静；而前后两个空间中部又有沟壑相通，似隔非隔，增加了景深。

（2）水体

拙政园理水，务求迂回曲折，一览不尽。因园址面积比苏州其他私家园林大，因而采用化整为零的方法，将整个水体由池中二山及建筑、折桥、叠石、树木等划分为相互连通且大小、形态各异的若干水域，使空间层次重重，景物深远不尽。以水为中心的各空间环境既自成一体，又相互连通，从而营造一种水路萦回，岛屿间列的江南水乡气氛。

以远香堂北面池水为中心，水面有聚有分，形成多种水体形态。远香堂北面为以辽旷见长的湖泊型水体，而绕过岛山则形成较窄的溪河景观（图5-65）。两岛之间，形成水峡，在主池以外，或以支流潆洄于亭馆、山林之间，或导为水院，更觉变化殊多。

中国传统园林理水讲求"疏源之去由，察水之来历"，拙政园中部水景也在东、西、西南留有水口，伸出如水湾，有深远不尽之意。例如中心水体向南延伸出一带状水面，略成濠濮，其尽端临一半亭下，略示源流。此濠濮上架设风雨桥——小飞虹，增添水乡情趣。同时主体水面东南隅向南折，处理作溪流港汊，并架石桥，水尽端临轩榭——海棠春坞，也做不尽源流的处理[45]。

（3）植物

拙政园在植物选种方面，主要选用当地传统的观赏植物和经济植物，发挥地方性特色，如松、榆、槐、枫、柳、桃、海棠、荷花、梅、竹、女贞等，兼种玉兰、广玉兰等外来植物品种。故园林中的花木，多半以落叶树为主，配合若干常绿树，再辅以藤萝、竹类、芭蕉、草花，构成植物配置的基调。

拙政园在植物的栽植方面，主要建筑外常选择形态优美的乔木进行孤植，

图5-65 拙政园中心水池南北水形比较

如远香堂侧的广玉兰；园中更多的是将同种花木丛植或群植，以突出某一景点主题，或将季相、色香、姿态不同的乔灌木群植，配合周边建筑及山石、水景，形成层次丰富的植物群落；而在由建筑组成的小庭院中，常用点植的方式，构成富有诗情画意的小景。

在植物的艺术功能方面，充分施展了植物拓展、划分空间的作用，尤其是对墙垣的遮挡和软化，以消隐园区边界（图5-66）；而在主体山水部分，通过植物的创作，用高大乔木造成荫翳，并加强山势而构成山林天际线；用灌木封闭山路间的水平视线，并用箬竹及攀缘植物配置点石，共同构成浓荫蔽日的山林气氛。

早在明代王献臣建园时，就多以观赏花木为主题或借花木而抒发意境和情趣。文徵明的《王氏拙政园记》和《拙政园图》中所记述的园中景点，其中一半以上是以花木命名的。现园中许多建筑物仍以周边植物景象的特征或所传达的寓意命名，如远香堂、倚玉轩、雪香云蔚亭、待霜亭、梧竹幽居、松风亭、柳荫路曲等等；不同季相的植物使园中四时、晨昏皆有景可赏，如春天有海棠春坞的海棠，绣绮亭下的牡丹、杜鹃；夏天可在荷香四溢的远香堂赏荷；秋天可见待霜亭前的红枫、橘林；冬天可上雪香云蔚亭踏雪寻梅……

（4）天象

拙政园除了利用植物、山水来营造宜人的小气候外，还借助自然天象营造富有诗意的园林景观。例如筑于拙政园西院小岛上的与谁同坐轩，面朝东南，

图5-66　拙政园中部用植物隐藏北面园墙

背倚葱翠小山，前临碧波清池。建筑呈扇形，如文人的折扇般打开；而背墙和两侧设洞窗和洞门，使四周景色皆可渗入室内；轩名取自苏轼的"与谁同坐，清风明月我"的诗句，表达明月清风为知音的意境和园主超尘脱俗的高雅品格。每当月夜降临，清风徐来时，恬静的园林空间，展现的是风、月、人之间的相通与和谐，达到了自然美与人格美的统一（图5-67）。又如园区中部东南角的听雨轩，为著名的"雨打芭蕉"景观，轩前一泓清水，边植芭蕉翠竹，每逢雨天便能营造出"芭蕉叶上潇潇雨，梦里犹闻碎玉声"的声色兼备的意境。

图5-67　拙政园与谁同坐轩

（5）建筑

拙政园中部为主要的建筑分布区，建筑类型甚多，可谓"集宾有堂，眺望有楼有阁，读书有斋，宴请有馆有房，循环往还，登降上下，有廊、榭、亭、台[45]（图5-68）。园内水体较多，故建筑物大多临水，藉水赏景，因水成景。中心部分建筑疏朗，主要为点景和观景所造，以烘托山水花木为主的自然景象。而靠南建筑密度较大，因临近宅邸，主要是作为宅邸的延伸，满足园主生活和园居活动的需要。整体布局便是以"密"来反衬主景区的"疏"，更显中心山水的自然情调。

园中建筑多互为对景，如远香堂与雪香云蔚亭隔水相对，构成园林中部的南北中轴线；而在西南的水尾处，廊桥小飞虹横跨水上，过桥南经得真亭，又有水阁小沧浪。它与小飞虹南北呼应，两侧配以亭廊，构成了一个空间内聚的独立幽静的小水院。自小沧浪凭栏北眺，这段纵深为七八十米的水尾上，透过

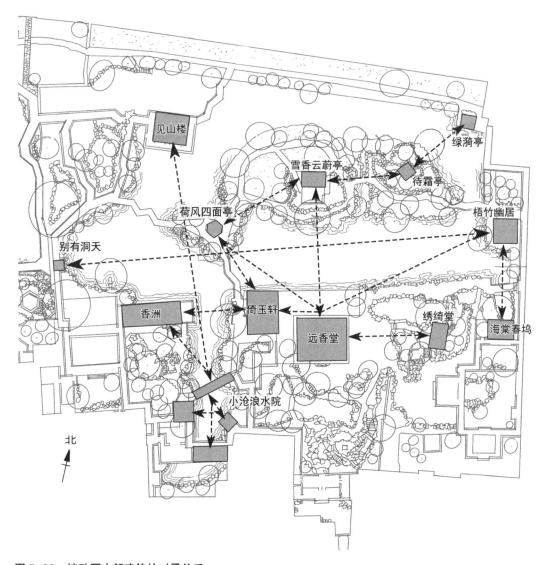

图 5-68　拙政园中部建筑的对景关系

亭、廊、桥三个层次，可以看到最北端的见山楼，益显景观之深远[4]（图5-69）。
水院往西北，便有黄石假山一座，山北为舫厅香洲，香洲与东面的倚玉轩隔水
相望。香洲西北面是位于中心水池的西端半亭别有洞天，它与水池最东端的小
亭梧竹幽居体量相仿，遥相呼应成对景，形成主景区的东西轴线（图5-70）。

而对于单个建筑的布置，则多强调错落有致。例如小飞虹并不平行于小沧
浪布置；松风水阁的位置是斜出的；互为对景的见山楼与香洲、远香堂与雪香
云蔚亭，双方建筑的轴线也不是一条直线的，是略有错落的对景。这样便使观

图5-69 由小沧浪北眺

图5-70 由梧竹幽居望别有洞天

赏时看到的不仅仅只是建筑的一个立面，更加丰富了景观层次。

此外，园中水多则桥多，桥均为平桥，与平静的水面相协调，并多用于分隔较长的水面。而由门洞、窗洞和花窗所形成的框景也形式多样，最为绝妙的便属"梧竹幽居"，小亭四面均开圆形门洞，可"坐观万景得天全"（图5-71）。

图 5-71　梧竹幽居框景

（6）园路

拙政园园路古朴素雅，材料多就地取材，种类较少但根据场地性质不同图案拼法较多。如海棠春坞的铺地是海棠，与海棠花呼应，表达了园主淡泊从容的情愫；玲现馆前的铺地是冰裂纹，与馆内的玉壶冰相切，更见幽雅。此外，园路所形成的游览路线表现了以"动观"为主，"静观"为辅的诗一般的韵律，如前文设计原型一节中所述，具备前奏、转承、高潮、收束等环节，形成开合变幻的趣味。

（四）西方园林的造园要素

1.凡尔赛宫苑：自然要素的人工化

在造园艺术的运用方面，勒诺特尔以法国国土典型的国土景观为原型，将自然要素人工化，并通过对要素的协调和组织，使构图更显完美。

（1）地形

由于法国古典主义造园的设计原型为法国国土上的平原景观，因此并不进行掇山叠石。然而，虽然场地面积巨大，看上去十分平缓，但事实上却有许多丰富的高差变化。因此勒诺特尔在园林的建造过程中，对场地加以改造、调整，形成平整的台地或连贯的坡道，并巧妙地运用大运河、绿毯、林荫道等，结合透视原理，将场地的竖向变化呈现得更加明显，同时又解决了场地的排水问题。

（2）水体

由于地势比较平坦，凡尔赛宫苑的园林水景以水镜面般的静水为主。除点缀形形色色的喷泉，以烘托出花园的活泼热烈气氛之外，园中较少运用动水水景，偶尔依就地势在坡地上营造一些跌水和瀑布。大量的静态水景，从建筑外的水花坛到水渠、泉池，再到大运河，水景的规模和重要性逐渐增强。园中虽然没有意大利文艺复兴园林中利用巨大高差形成的壮观的水台阶、水剧场、瀑布等动态景观，但是却以辽阔、平静、深远的气势取胜，营造出庄重典雅的气氛，与古典主义的美学思想相一致。

大运河的运用是勒诺特尔式园林中不可或缺的组成部分，在凡尔赛宫苑的水景中大运河是最为壮观的部分。它突出并延长了中轴线，使视线消失在水天交界处，产生无限深远的感觉。而水面反映着天光，将天空作为景观元素也融入园林中来了。此外，凡尔赛宫苑中还设置了大量其他水景，如水池、喷泉、池或湖，以及小型跌水或瀑布等。在主轴线的空间节点上，一般布置有喷泉水池作为强调，起到标志空间序列的作用。林荫路的交叉点也布置有小的喷泉池，作为装饰和引导。

虽然自然界中的水体总是变化无定形的，但在西方古典园林中，由于强调人工美的比例、秩序，泉池和水景均采用整形式设计。因而凡尔赛宫苑的水景外形大量使用一些基本几何形，如矩形、正方形、圆形、六边形、八边形等，因此显得非常简洁。

（3）植物

凡尔赛宫苑中的植物要素主要是丛林、花坛、地毯式草坪以及作为建筑要素来处理的绿墙、绿廊和绿雕等。

丛林是凡尔赛宫苑植物要素的主要形式，它在如此宏大的场景中，能形成整个宫苑的绿色背景，以及对空间进行划分，这是任何一种人工要素所不具备的特点。为了尽快形成空间骨架，当时的种植设计曾采用移植大树以及将慢生树种和速生树种相结合的种植手法，即在丛林外围移植森林里的大树和种植速生树种，以便尽快成林，然后在林缘内部种植慢生树种。丛林中每棵树都失去了原有的个性特征，展现出的是一个由众多树木枝叶所构成的整体形象，并具有明显的季相变化。其尺度与巨大的场地和宫殿相协调，产生了完整而统一的艺术效果。中轴线两侧，由参天大树形成的丛林，彰显出宏伟的气势；而在丛林内部，还开辟出许多尺度宜人、丰富多彩的宴会、娱乐活动场所，即各种主题的丛林园。它们是凡尔赛宫苑中真正逗人流连的地方，方格网状的道路把丛林分隔成12块，中轴南北两侧各有6块。每一块都位于密林深处，有其别开生面的构思和鲜明的风格。或是一座喷泉跌水的露天剧场，或是由优雅的大理石柱围绕而成的柱廊园，或是热闹的喷泉，或是妙趣横生的回纹迷阵。它们是园林里更深一层的小天地，但又在浓密的树林包围之下，统一在整体之中（图5-72）。

图5-72　凡尔赛宫苑中的丛林及各式丛林园

在凡尔赛宫苑中，花坛是重要的装饰性元素，一般布置在宫殿前的平台上，从宫殿建筑中俯瞰，有很好的观赏效果。花坛中最奢华的当属刺绣花坛，在法国温和湿润的气候条件下，以鲜花为主的大型刺绣花坛，统一在全园的整个构图之中，既庄重大方，又形成了欢快热烈的气氛。刺绣花坛常使用矮种黄杨作构图材料，彩色砂石或碎砖作底衬，色彩对比强烈，有如图案精美的地毯。

地毯式草坪是指犹如绿毯式的平整草地，常常位于轴线上或宽阔的林荫路中间，作为延长透视线的一种手段，多呈矩形。凡尔赛宫苑最大的绿毯位于宫殿与大运河之间的斜坡上，结合两侧的丛林和雕塑，具有优美的透视效果。

绿墙、绿廊和绿雕是将植物塑造的空间作为建筑空间的附属或延伸，使全园在整体上宛如一座绿色的宫殿，常常作为丛林的边界或雕塑和喷泉的背景。

（4）建筑

凡尔赛宫是凡尔赛宫苑的主体建筑，坐东朝西，建造在人工堆起的高地上；南北长400m，中部向西凸出90m，长100m。从宫殿中延伸出的中轴线，向东、西两边伸展，形成统领全园的主轴线。宫殿在东面以主座和厢房围合出前庭，正中是骑在马背上的路易十四雕像，面对着东方。前庭向东是宫殿的主入口，称为"军队广场"，从中放射出三条林荫大道，花园则布置在宫殿的西面。在主楼二层正中朝西的位置原来是观景平台，后改为著名的镜廊，有如伸进花园中的半岛，作为花园中轴上的视觉焦点。由此处眺望全园，空间极其深远，如此恢宏气势，足以令人俯首称臣[19]（图5-73）。

（5）雕塑

凡尔赛宫苑中，设置有大量的雕塑，它们装饰在泉池中、路边或园路的交叉口，犹如一串项链上的粒粒珍珠，令人目不暇接。雕塑的题材大多来源于古希

图5-73　从花园望凡尔赛宫

腊的神话传说，同时又与颂扬君主的目的结合起来。如阿波罗泉池中金色的太阳神阿波罗驾御巡天车的雕塑，和拉通娜泉池中阿波罗母亲拉通娜的雕塑都来自古希腊神话传说，目的在于歌颂"太阳王"路易十四以及他的母亲。

园林中还有不计其数的白色大理石雕像和瓶饰，用来点缀庭园、烘托气氛，或成排成列地与林荫道、绿墙相结合，加强空间产生序列感。雕像的主题各异，有来自神话传说，也有出于装饰性目的的动物和儿童雕像。

（6）园路

凡尔赛宫苑中的园路系统是各种直线的平行和交叉，并均以林荫路的形式出现，两侧列植树木，或修剪成整齐的绿廊，或以植物的自然形态出现。长长的直线林荫路在浓密的丛林中开辟出一条条纵横交错的绿廊，具有深远的透视线，引导参观者的视线通向无限远处。同时又常常在交叉点上设置雕像或喷泉，作为视线的停顿。

林荫路通常是园中最狭窄的部分，它与开阔的花坛、运河形成了暗与明、合与开的对比。同时园林之外通向城市的林荫大道，是花园构图在外围环境中的延伸，是园林与周边环境联系的纽带。凡尔赛通向城市的林荫大道，在第二帝国时期成为巴黎城市改造所参照的样本，后来也对西方许多国家城市绿地系统的发展产生了重要的影响[9]（图5-74）。

图5-74 凡尔赛宫苑中的林荫道

2. 苏塞公园：返璞归真，呈现场地记忆

（1）地形

苏塞公园的园址如同凡尔赛一样，平缓而开敞。由于强调挖掘和呈现场地已有的景观资源，因而，在这个看上去非常平缓但仍有一定坡度的场地上，设计师引入了大型土丘形成空间的结构。呈水平面的土丘与场地形成对比，高差最大处便设置台阶，让公众感受到天然地形原有的倾斜度。

（2）水体

苏塞公园中的水景主要有宽阔的湖景，狭长且充满乡村气息的溪流，以及展示野趣和湿地生境的沼泽，景观与积蓄洪水的低洼盆地完美地结合了起来，设计不落痕迹。中心湖面在原有的萨维涅湖基础上建成，其上架有红色木桥，成为景观焦点；水体形式根据现状进行适当调整，不再设计成几何式；湖面一侧的低洼处是大片的沼泽湿地，生长了不同种类的水生植物，吸引了大量的鸟类，周围的高台则成为适于观鸟的场所[113]（图5-75）。

图 5-75   苏塞公园中的水景

（3）植物

植物是苏塞公园中最主要的造园要素。如同凡尔赛一样，设计师高哈汝采用了丛林的形式来形成公园的整个空间骨架。并吸取了法国古典主义园林中的丛林园、绿毯等植物景观形式，但做了一定的变通。

苏塞公园中的植物种植是从处理场地与相邻场地之间的边界开始的。设计师从公园建设的经济性和景观变化的持续性角度出发在公园中种植了 30 万棵只有 30cm 高的小树苗，并且运用塑料地膜确保小树苗的迅速生长，通过这种方式确定了公园的边界，避免在长期的建设过程中公园用地遭到城市开发建设的蚕食。

场地中种植的 30 万株幼树苗，从 1981 年开始，至今已近 40 年了，尽管有野兔的啃咬，但绝大部分成活了下来，而且长势良好，形成了茂盛的丛林景观。高哈汝采用了凡尔赛宫苑的种植手法，在外围种植一些速生树种，如杨树等，它们在一两年内就形成一个外围的轮廓，这样就能很快让公众感受到公园的风貌。而中间种植多种法国本土的慢生树种，以形成稳定的植物群落，如椴树、橡树、鹅耳枥等。苏塞公园的丛林外围不再修建成整齐的绿墙作为边界，而是保持植物的自然形态，因而较之凡尔赛宫苑的丛林更多了份自然野趣，也更能融入周围的自然环境。因为植物是在不断生长的，其最后形态要受到各方面因素的综合影响，如土壤、气候、光照等因素。因此大片的丛林为苏塞公园的整体面貌带来了不断变化的新鲜感，并行成了公园最终（或最近）的风貌。

场地中以列植的树木围合成的林间空地，类似凡尔赛宫苑中的丛林园，但空间更为通透开敞。中心景象或是现有的高压线架，或是疏朗的树阵，或是由整形绿篱形成的迷宫。此外还有如绿毯般的草坪，但并不像凡尔赛那样修建成规整的矩形，而是结合草花地被作为整个公园的绿色基底。

设计师还在湖泊一侧营造了富有观赏性的沼泽地，设计了不同水深的基床并栽种了各种喜湿植物和水生植物 27 种，随后对沼泽地实行封闭管理，使植物的演进几乎完全处于自发状态。13 年后，沼泽地中的高等植物已达到 61 种，除了人为后期引入的 2 种植物，其他 43 种都是自发产生的，而最初栽种的 11 种植物已自然消失了。20 多年由于沼泽水位的变化，动物物种的消耗，入侵物种的竞争以及人为的有选择性地清除水草、野生柳树等，植物自身的演替几乎完全推翻了最初的种植设计，但生态系统正朝着物种数量、多样性都增加的方向演进。

（4）建筑

苏塞公园中的建筑主要是服务管理型建筑，多用钢、木材料，根据环境需要，散置于公园的林间空地中。建筑体量适中，形象也很朴素，完全融于环境之中，而不是以高大的形象作为全园的核心和视线的焦点。

（5）园路及其他硬质元素

苏塞公园中的园路大多由原有的土埂和田间小径改造而成，因此多为直线形，但部分为自然式的曲线形道路，如环湖园路和溪边小径。直线形的道路在这样的大尺度公园中能使游人便捷地从一个景区到达另一个景区，而不至于消耗过多体力。同时，园路延续了凡尔赛宫苑中林荫道的做法，营造优美的透视效果。此外，在这样大尺度的场地中如何使人感到空间紧凑，是一个比较困难的事情，设计一些硬质的元素便成了很自然的选择，比如挡土墙、石砌平台、栈桥、雕塑小品等，既能够满足交通、观景等使用功能，同时又增强了空间的可识别性（图 5-76）。

图 5-76 苏塞公园中的园路和其他硬质元素

3. 雪铁龙公园：传统园林要素的现代演绎

雪铁龙公园作为一个城市公园，在功能齐全、布局合理的基础上，还要使其具有园景突出、景点丰富并富有诗意的特点，而这些特点又强烈地反映在多变的水景、细腻的地形以及丰富的植物景观上。水体、地形、植物始终是西方园林造景中最重要的自然要素，雪铁龙公园的设计表明：协调地处理好这三个要素，就可能创造出一个明确的、富有特色的现代城市空间。同时雪铁龙公园也以尽可能多的且丰富的自然要素结合适当的人工设施，营造出一个富有创意的功能空间。

雪铁龙公园把传统园林中的一些要素用现代的设计手法重新展现了出来。两个大温室，作为公园中的主体建筑，如同凡尔赛宫；温室前下倾的大草坪又似宫殿前大花坛的简化；临塞纳河设置的巨大的广场型绿地让人联想起凡尔赛宫苑中通向大运河的绿毯；水渠边的 7 个小建筑是文艺复兴和巴洛克园林中岩洞的抽象；6 个下沉式的序列花园如同凡尔赛宫苑的丛林园；林荫路与大水渠更是直接援引自勒诺特尔式园林。

（1）地形

雪铁龙公园的地形处理如同凡尔赛那样，以平缓开阔见长，但又充满了丰富的空间层次，主要以坡道、台地、下沉式的空间来体现竖向上的变化。

（2）水体

公园中的水景全面吸收了西方古典主义园林中几乎所有的典型样式，并与现代艺术的处理手法相结合。既有像大水渠及水壕沟那样完全勒诺特尔式的静水景观，又有像序列花园中的水坡道那样富有意大利特色的跌水，以及像大温室之间的喷泉广场，以 80 股高低错落的水柱构筑成古罗马柱廊园中那样的动水景致。而序列花园中水的主题更以抽象的方式得以表现，如硬质铺装模拟出的河流、河岸、海洋等变形处理手法，使园中水景更加变化多端。

为了使公园不至成为城市或者街区的尽头，就必须创造出一个能令空间延伸的场所。南面的水渠既是视觉上令人赏心悦目的景观，也是伸向塞纳河的空间，使公园成为塞纳河的一个延续。同时，为了让人感觉它将流向某个地方，临近河流的一端便处理成瀑布，让人觉得它汇入了塞纳河。

（3）植物

雪铁龙公园以十分丰富的植物群落和巴黎稀有的植物品种，形成其与众不同的植物景观特色，并且根据确定的主题来有序地安排。植物要素的形式包括：地毯式草坪、丛林和序列花园以及偏向于作为建筑要素来处理的绿墙和绿色柱廊等（图 5-77）。

公园中央地毯式的大草坪被看作是大都市中的原野，但不同于凡尔赛宫苑将绿毯作为中轴空间序列的一个组成部分，宣扬"伟大的风格"，雪铁龙公园的大草坪更多的是在城市"水泥森林"中营造一个开阔的绿色空间和自然景象的载体。在这个大草坪上，游人可走、可躺、可玩，欣赏的不是人造的景物，而是头上蔚蓝的天空和前方的塞纳河。

在公园与城市的北部边界，用丛林形成了一道绿色的屏障。丛林采用乔、灌、地被相结合的自然式种植手法，对外界干扰起到了很好的屏蔽作用。同时在丛林中开辟直线形的道路，成为城市与公园的便捷通道。

图 5-77　雪铁龙公园中的植物景观

　　在北部丛林和南北向列植的树木及水坡道的围合中，是 6 个下沉式的序列花园，并由一座人行天桥起着联系作用，而地形的处理便于从不同高度观赏园景。如同勒诺特尔的丛林园一样，这里也是雪铁龙公园中最独特、最可爱的部分，由于空间尺度小，树木笼罩，显得格外亲切宜人。序列花园的主题表现在采用的植物与色彩上，植物种植形式十分丰富，与构成公园空间的规则式种植形成对比，并采取顺其自然的设计思想，形成动态花园。植物色彩与金属相联系，成为创造每个小园独特环境气氛的基础。其对应关系为：铜（绿）、锡（兰）、汞（紫）、铁（红）、银（银白）、金（金黄）。具体而言，金色园运用了多种彩色叶植物在春天来临之际呈现出鲜嫩的金黄；红色园的乔木主要运用海棠和桑树，既有明艳的红色海棠花，又有暗红的桑葚；绿色园上有数种槭树科及墨西哥橘等高大的绿色乔木，下有大叶黄杨等厚叶浓绿的灌木，形成了一派饱满欲滴的深绿[114]……此外，序列花园还通过铺装表现自然界水体的六中主要形态，即海、雨、泉、溪、瀑、河。以银色园为例，银色的概念主要依靠类似日本枯山水庭园般的白色卵石来体现，而且白色卵石所铺设的河流状园路，在视觉上十分悦目，同时还在"河流"两岸衬以色彩浓暗的常绿灌木，两侧列植枝干为银色的小乔木。

　　公园在大草坪的北侧和东部建筑两侧，采用了修剪整齐的绿墙和几何式种植的广玉兰树廊来形成人工与自然之间的过渡，同时规整式的植物栽植能形成自然元素整齐、精致的边界，既没有硬质元素的强烈人工感，又能将自然元素纳入统一、均衡、秩序的空间布局中。

（4）建筑

雪铁龙公园中主要有三组建筑，这三组建筑相互间有严谨的几何对位关系，共同限定了公园边界部分的空间。第一组建筑是位于南部的 7 个混凝土立方体，设计者称之为"洞窟"，它们等距地沿水渠布置，其原型来自文艺复兴时期园林中的充满神话人物的洞窟，而在这里并不是要表现神话传说，而是以洞窟中的水景来表现神话的基本特征，即变化、神秘、改变、变形等。同时它又相当于意大利园林中的望景楼，可以让游人在高处欣赏园景（图 5-78）。

与这些洞窟相对应的是在公园北部边界的七个轻盈的、方形玻璃小温室，它们是公园中的第二组建筑，可以成为游人遮风避雨、休憩的场所。洞窟与小温室一实一虚，相互对应（图 5-79）。

第三组建筑是设计师为了使大草坪东面空间相对封闭，所建造的一对大型观赏温室，用于展示地中海植物与柑橘类植物。透过温室，背景的城市建筑隐约可见，使公园自然地过渡到城市。温室借鉴东方庙宇的形式，造型简洁明快，在尺度、比例、细部构件上都给人以和谐、平衡的感觉。在两座温室之间是倾斜的花岗石铺装场地，也是公园中唯一的一块硬质广场，场地中由喷泉组成的水柱廊园形成了欢快的气氛，减弱了几何形平面构图的僵硬感（图 5-80）。

（5）园路

公园中主要游览路是对角线方向的轴线，它把园子分为两个部分，又把园中各个主要景点，如黑色园、中心草坪、喷泉广场、序列园中的蓝色园等联系起来。这条园路在平面中是一条笔直的斜线，但是在高差和空间上却变化多端，因此并不感觉单调。此外公园中的其他园路均为相互平行和相交的直线，使游览更为便捷，同时由于竖向上和周边景物的变化，在行进过程中也可形成步移景异的效果。

公园整体上的丰富层次、各种几何形体的外观、透明或不透明的材料，都是以建筑的手法相互联系在一起的，再加以自然要素所起到的作用，显示出一

图 5-78　雪铁龙公园中的洞窟

图 5-79　雪铁龙公园中的小温室

图 5-80　雪铁龙公园中大温室及喷泉广场

个有秩序的、柔和的又非常均衡的整体效果。在垂直方向上的过渡、从厚重到轻巧的过渡、从地面向天空的过渡、从地被植物到高大乔木的过渡等，都处处反映出在自然要素、硬质景观、人工建筑等方面的协调处理。

从众多当代西方风景园林作品中我们不难看到，景园中主要的造园要素仍与传统园林相同，并且设计手法也一定程度上传承了传统的做法。但由于现代风景园林需要与更大、更复杂的城市环境相融合，满足大众的多元需求，因而设计师需要对这些传统的造园要素进行艺术的提炼，使其更富时代特征。

对于地形的处理，勒诺特尔式园林主要是通过适当的竖向调整及结合其他造景元素，强化原有地形的变化，以形成绝妙的透视效果，营造恢宏的气势。而现代法国设计师所接触到的场地不再如凡尔赛那样巨大，因此常采用更加明显或夸张的方式将原有地形的变化显现出来，或运用地形的改造增加空间的强烈对比和丰富变化。

在水景的设计中，现代风景园林往往不再具备大面积开挖水体的财力和物力，更多的是利用场地内外现有水资源来营造水景。如苏塞公园对原有泻湖进行改造，通过岸际调整和植物配置形成优美的湖泊景观，而雪铁龙公园更是从改造外围边界出发，将塞纳河风光巧妙地引入公园中。同时水景的形式不再局限于几何规整的外形以及单纯的动静结合，而是结合功能和周边环境的需要，抽象展现自然界中各种水体形态的特征，以形成不同的景观氛围。

西方传统园林和现代风景园林都是以植物要素来形成空间的背景和骨架。并且现代风景园林在植物景观的类型和设计手法上，有很多源于传统园林。但是随着植物学和生态学的发展，现代风景园林更加关注植物要素的自然特性，不仅仅是植物的形态、色彩，更多的是各种植物之间的配合，以及植物群落的自然演变过程所形成的不断变化的景观，苏塞公园的丛林和沼泽地无疑是成功的案例。

对于人工要素，现代风景园林强调有节制的建筑物、构筑物与丰富多彩的自然要素形成一个平衡体。建筑在功能、材料、结构、体量上都有了很大变化，力求在平面布置和造型上都融入周围的自然环境；园路的设计更加注重竖向上和平面上形成的游赏序列和视觉变化；雕塑小品则多与功能相结合，同时更加简洁。

（五）现代启示

1. 手法：造园要素的融糅

西方传统园林以建筑的处理手法将各种自然要素和人工要素统一在一个均衡和谐的整体中，各种要素往往各司其职，以其独有的质感、形态行使不同的造景功能。而中国传统园林则是采用源于自然又高于自然的手法，力求将各种造园要素互相融糅穿插，形成有机的整体。中国传统园林中，山与水共同形成园林的空间骨架，山的不同部位或不同形态配合不同的水体；而植物要素则作为毛发，装点山水；园林建筑在山、水、植物共同构成的自然景象中又起到画龙点睛的作用；园路作为纽带组织串联起所有的景象；最后植物的选择、配置，建筑的形态、方位又将自然天象引入园中。其中每一种元素都不是孤立存在的，它们相互协调、补充积极的一面，限制彼此对立、互相排斥的一面，这是值得我们传承的。

在现代风景园林设计中，对造园要素的融糅既包括关注各造园要素在体量、数量和形式上的协调，更应注重所有元素之间的内在关联。如果不尊重元素之间的相互关系，就会破坏各元素之间的连接。假如所涉及的是非自然环境，那么这种影响可能还不会很严重，不过是原有环境的消失而已。但对于一个以生物为核心的自然环境来说，如果忽视了元素之间的内在关系，设计作品的生命周期可能将极为短暂，如同嫁接失败一样，会遭到排斥。

例如植物要素所形成的植物群落能综合反映各种生态因子如水、土、气候的作用情况。因而，对于植物要素不能仅停留在烘托山水景象、营造荫翳上，由于植物对水量、水深、流速等的不同需求，应根据场地条件的不同，选择相应的植物种类，形成不同的植物群落，如旱生、中生、湿生、水生植物群落等，展现不同特征的植物景观。同时，地形要素也不单单是与水体等要素结合形成各样的山水风貌，还应与风向、光照结合起来，分析不同的地形和与之相伴的小气候特点，可更合理地布置建筑、栽植植物。此外，植物、地形、水体等要素所形成的不同生境，还需与场地内的生物活动相结合，营造多样的生物栖息地，从而提升生物多样性，以达到人与自然和谐共生的目标。例如利用废弃的采石场兴建的日照银河公园，采石后遗留的深坑注满雨水，呈现出水库般的景致。经过人工开凿的岩石肌理、石滩及石缝中顽强生长的植物，显示出自然强大的生命力。在设计中，设计师利用浅水坑设计了野趣横生的水塘景观，并在贫瘠的山坡上采用野花组合，营造出充满自然山野气息的草甸景观（图 5-81）。

图5-81　日照银河公园中的水塘景观和草甸景观

2. 宗旨：宜人环境的营造

当前快速城镇化在推动经济增长、改善人民生活等方面取得卓越成绩的同时，也引发了严重的环境问题。尤其是大型城市，人类活动的强力干扰和建筑物的高度密集，致使大气成分、热力环流、下垫面性质与结构等发生了显著变化，由此产生的风、热环境问题，已成为城市安全与居民健康的主要威胁。与此同时，城市病态气候的产生迫使居民更多依赖于人工封闭环境，这无疑又将加剧城市整体能耗。因此，如何通过有效的环境设计策略，利用现有自然资源和气候条件来改善城市风热环境，从而提升宜居性、降低城市能耗，已成为刻不容缓的任务与课题。

在传统园林中，创造舒适宜人的小气候环境，是享受园林乐趣的前提。就江南而言，闷热的夏季和阴冷的冬季都令人感到不适，因此园林的叠山理水、植物配置、亭廊构建、乃至城市布局，都在很大程度上考虑到如何利用自然气候条件，营造出舒适宜人的小气候环境。融入山林的建筑、窗前扶摇的树影、淡雅的庭院色彩、幽深的山涧林泉，无不让人在心理上和感官上感到心旷神怡。实际上，东西方园林都有许多注重小气候环境改善的佳例，尤其是在自然气候条件不尽宜人的地区，营造小气候环境良好的园林显得尤为重要。如波斯人营造的伊斯兰园林，由于地处荒芜的高原地区，且气候炎热，干旱少雨，波斯人利用厚重的土墙，密植的高大庭荫树，狭窄的空间和大量从高山上引入的清凉雪水所营造的水景，形成了贫瘠环境中相对舒适宜人的庭院环境，为开展户外活动提供了便利。

同样，现代风景园林师也需要为公众在城市的无序、嘈杂，污染以及城市热岛效应中营造出安宁和谐、舒适宜人绿洲。因而应向传统造园师学习，将光影、气流、温度、湿度等影响人体舒适度的自然因子，作为极其重要的设计要素。巧妙地利用地形、水系、植物等要素，营造出更加适宜的园林小气候，并结合色彩、照明等手法，给人以更加舒适的空间感受。甚至有意识地为动植物营造适宜的小气候环境，提高园林中植物种类的多样性和植物景观的丰富性。例如第四章所提及的巴黎拉维莱特公园的竹园便是一个成功的案例。

此外，中国传统园林大多针对的仍然是相对封闭的小环境的改善，园林对周围环境的影响甚少。而现代风景园林不仅是提供游憩观光的场所，它更应成为城市的绿肺，充分发挥其在产生氧气、防止大气污染和土壤侵蚀、涵养水源及减灾防灾等方面的作用。因此，现代风景园林师必须以更加开阔的眼光看待园林绿地对宜人环境的营造，将城市、乡村或自然环境作为一个有机整体，其至向广阔的国土范围延展，探讨园林绿地的营建方法。

3. 反思：建筑要素的退让和植物要素的入主

随着现代园林居住功能的基本丧失，以建筑为中心的中国传统造园手法必须加以变革。一方面，传统园林中的大量建筑物往往因失去使用功能而成为摆设，并且养护维修费用不菲，但出于对文物的保护和传统木结构建筑的研究，这些园林建筑仍具有极大的价值；另一方面，随着现代建筑在功能、材料、结构、造型等方面的拓展和转变，传统的园林建筑形式与以现代建筑为主所形成的城市风貌往往显得格格不入，必须在两者之间设置山体、林地等过渡空间，使得传统园林难以走出园墙与现代城市相融。因此，现代风景园林师对传统园林建筑美与自然美相融糅的理解，就不能片面地强调园林建筑的重要性，而是要扩大视野，关注以自然要素为主体的园林景观与城市建筑环境之间的融合。如在城市公园设计中，首先应考察园址边界附近的用地性质，是商业用地、居住用地还是工业用地等，结合这些用地的功能和面貌特征，来考虑公园边界如何与城市衔接，从而使公园与城市相融合，并逐渐过渡到以自然景象为主的园林空间中。

不仅如此，随着环境的变迁，风景园林在缓解热岛效应、改善城市生态环境方面的作用日益显著，这就要求现代风景园林师坚持以自然要素为主体的设计原则，进一步提高表现自然的设计能力。同时根据城市气候与环境特点，布局城市园林绿地，并进一步确定特定园林绿地的设计要素和空间结构。

而对于植物要素而言，影响中国传统造园植物景观的主要因素是传统思维方式、美学观念和山水诗画。从《园冶》各篇对植物的论及不难看出，传统园林中植物要素的功能主要是烘托山林野趣，构筑庭院小景，以及对四季变化的展现和小气候的改善，并通过拟人化赋予情感、强调诗情画意来满足人们的心理需求。然而，由于历史的局限性，古人对自然文化的理解停留在形式上，中国传统园林所表达的对自然山水的艺术再现，更多的仍是表现自然景观丰富奇特的形态，而缺乏对山水成因及生态功能的认识，因而忽视了自然景观更多本质的功能。因此传统园林注重植物要素与建筑、山水、道路等的局部组合搭配关系，而忽略对于园林植物景观整体结构的把握，所以，植物要素在中国传统园林中实际上始终处于配景的地位。

这样的观念对于现代城市公园、郊野公园等尺度较大的场所，以及太多被工业化进程干扰过的土地而言，往往是无能为力，或无法发挥出植物的环境效益和生态效益的。因此现代风景园林设计必须走出植物景观的"配置"观念，应在保持传统的重视植物景观视觉效果和营造小气候两个优点的同时，注重植物景观整体结构，营造出适应当地自然条件，具有自我更新能力，体现地域自然景观风貌的植物群落类型，使植物景观成为一个风景园林作品，乃至一个地区的主要特色。

第一，现代植物景观设计要符合当地的自然条件状况，不同的环境，植物的生命活动过程和外部形态都会有很大差异，如在山地、平原、水际、旱地或强光下、背阴处均有各种适合此类环境的植物，它们组成了森林、疏林草地、灌丛草地、高山草甸、沼泽及各种水生植物景观[115]。因此应按照自然植被的分布特点进行植物配置，体现植物群落的自然演变特征。

第二，应充分体现当地植物品种的丰富性和植物群落的多样性特征。从营造丰富多样的环境空间出发，通过对水、土的治理为各种植物群落营造更加适宜的生存环境。

第三，应关注植物群落的指示性作用，尤其是在对受损湿地、废弃地等场地的整治中，一定的植物群落可以反映出水土条件、环境质量以及人为干预和管理水平的变化。例如我国现在大多数湿地公园的营造都千篇一律地种植芦苇、凤眼莲、千屈菜等适应能力和耐污能力极强的水生植物，但看似生机勃勃的水景实际可能已经污染严重。这样的植物景观无法反映水质和环境状况的恶化或改善，因而应引入对污染敏感的植物群落对环境进行监控，将其生长情况作为观察环境变化的一个标志。

第四，还应注重植物景观随时间、随季节、随年龄逐渐变化的效果，强调人工植物群落能够自然生长和自我演替，反对大树移栽、反季节栽植等不顾时间因素的设计手法。

最后，强调植物景观在养护管理上的经济性和简便性。应尽量避免养护管理费时费工、水分和肥力消耗过高、人工性过强的植物景观设计手法[116]。

五、空间

园林通常是由实体和空间这两部分组成的。实体是指建筑、山石、植物等造园要素，是产生视觉形象的主体；而空间是指包围实体的空场，是人们休憩游赏所必需的。实体构成空间，空间围绕实体，这是两个相互依存、不可分割的组成部分。老子在《道德经》第十一章中对实体与空间的作用做出了极为精辟的阐释："三十辐共一毂，当其无，有车之用。埏埴以为器，当其无，有器之用。凿户牖以为室，当其无，有室之用。故有之以为利，无之以为用。"就是说"有"（实体）可得利，"无"（空间）可为用。

由一系列造园要素构成园林空间，再由一系列园林空间组织成园林整体，这是风景园林设计的基本内容。设计师既要善于运用造园要素营造优美的园林空间，更要精于各个园林空间的组织，创造整体和谐的设计作品。实际上，单个园林空间之间、园林空间与园林整体之间以及园林整体与周围环境之间的关系处理，才是园林设计的核心所在，循序渐进的空间格局，才是作品的杰出性之所在。遗憾的是许多现代设计师往往关注实体的营造，却忽视了实体与实体、实体与空间之间的协调，将园林设计等同于实体景观的罗列，从而产生杂乱堆砌的空间感受。尤其是空间与空间、空间与整体、整体与环境之间的关系十分混乱，进一步导致设计作品的质量低下，园林的整体性丧失殆尽。

（一）中国传统造园的空间布局

1. 中国传统造园的空间形态

构成中国传统园林空间的实体是上述的自然要素和人工要素。由各种要素组合而成的基本空间单元主要有三种形态：围合型空间、向心型空间和线型空间。

①围合型空间：是以边界要素围绕中心要素形成一定的闭合度的空间形

式。其空间结构包括边界和中心两大部分，边界形成围合空间的范围，中心则为边界围合的空间范围内的形式[①]。

在传统园林中，适应不同的用地环境的大小及造景的需要，这种围合的空间形态可以有极其丰富的变化。在平面上，边界要素的曲直正变、围合程度的变化、空间开口位置等都会引起空间的形态变化；同时在竖向上，边界要素和中心要素的高度也直接影响到人们对空间的感知。

一般而言大尺度的传统园林，尤其是自然山水园，空间的边界主要是山、岛以及与山、岛结合的建筑要素，而中心一般为水池或池岛的形式；而在中等尺度的园林中，如私家园林，往往是建筑、围墙或山体，与植物栽植相结合作为主要的围合要素，而中心要素为小尺度的叠山或水面，或两者的结合；而在更小尺度的空间中，如庭院，常常是建筑、围墙为边界，中心或为空，或设置石峰、花台等园林小品。

在大多数中国园林中，水面都是整个园林布局的主导因素，它占据了狭小空间中的大部分面积，强化了"空"的意象，却又无所不包，它是园林的核心，是戏剧的舞台，是使"空"变为"有"的媒介[117]。

②向心型空间：空间形态上是以一个与周边环境相对分离的独立的点状景象作为视觉主导，支配着空间中的其他点。在传统园林中，这种点状的景象多表现为水中岛屿、建筑、山石等形式，作为景观中心，控制着其他的景观点，彼此之间常形成对景、框景的效果，成景上表现为互为因借的关系。中小尺度的园林中这种景观点可以是单体的建筑、植物、山石等；在大尺度的园林中则多为各造园要素组合而成的景象，如建筑组群、岛山结合建筑等。

③线型空间：是空间限定要素在空间两侧线性展开，界定出有一定方向性、延展性或引导性的深远的空间形态。在园林中这种线型空间两侧的限定要素可以是山体、植物，也可以是建筑、围墙等。与西方园林中的线型空间不同，中国传统园林中的线型空间强调引入不同的造园要素对空间进行划分，以形成多样的空间层次，以及通过限定要素的变化形成空间变化的节奏，从而产生步移景异的效果。而西方园林中的线型空间往往表现为景观轴线的形式，通过规整、对称的限定要素，强调单点透视的深远效果和恢宏气势。

在中国传统园林中，这种线型空间的形态取决于限定要素的类型选择，及形式的曲折、收放。大尺度园林中往往表现为线形的水体及两侧利用山、建筑所形成的有节奏变化的空间。而在小尺度的园林中，有时是利用建筑或列植的植物形成的夹道、溪涧或廊等空间形式。

2. 中国传统造园的空间组织

一座园林是由造园要素所形成的若干景象空间构成的，空间与空间、空间与园林整体之间都保持着一定的结构关系。这种关系体现为游览过程中游览者视觉所感受到的一系列景象，因此园林中各个空间的位置是固定的，但其结构关系则是一个变幻和流动的概念。因而，造园的空间布局，实际上是对各种形态的空间的编排。所谓"曲径通幽""豁然开朗"等园林艺术效果，都不是一

---

① 本文对空间形态的划分和定义主要参考：何佳. 中国传统园林构成研究 [D]. 北京：北京林业大学，2007.

个单一的空间所能展现的，而是需要把若干空间按照一定的序列组织起来，创造出"步移景异""引人入胜"的动态感受。一系列单体空间给人留下的连续性体验，是中国园林有别于西方园林和伊斯兰园林的重要方面。因而从空间序列的组织分析入手，无疑更易于抓住中国传统园林的空间特征。

众所周知，中国山水园的空间布局受到山水画的极大影响。如本章第三节所述，中国的山水画不同于西方的风景画，它摈弃了单一视点和固定光源的表现手法，而是采用漫射光和多视点散点布置的表现方式，艺术性地再现画家在自然山水中游历的空间感受。这一独特的表现技法虽然不完全符合科学的透视原理，但却可以将自然山水的多个片段，乃至不同的自然山水表现在同一幅画中。为了实现整幅画面的和谐统一，画家们巧妙地运用"留白"处理自然山水片段之间的过渡，不仅形成中国山水画的独特布局方式，而且给观者留下了更多的想象空间。

同样，对于中国传统造园家而言，如何将表现自然山水的各种类型的空间有机地组织成一个园林作品，使人产生连续性山水体验，进而产生对山水的整体认识，是考验造园家造诣的主要方面。杰出的造园家能够像杰出的山水画家那样，使游人在园林中闲庭信步，犹如在自然山水中游历一般。"画中游"因而成为评判山水园与山水画品质的标准之一。

为了确保园林作品的整体性，造园家不仅关注单个空间形态，更注重组织各个空间进行主题的演绎，进而形成循序渐进的山水景观。无论是山石、水体、植物配置，还是建筑的体量和形式，都随着空间序列的变化而依次演进。中国传统园林对于空间的组织主要是通过对相邻空间的划分与连接，以及不相邻空间的联系，并在此基础上形成一个空间序列来实现的，其手法包括障景、对景等。

障景是处理相邻空间的分隔与过渡的手段。园林空间的写实性使得造园家不能完全像画家那样，在各个空间之间"留白"，只能代之以粉墙、回廊、山体、植物等要素形成障景，分隔空间。但又强调"隔而不绝"的空间过渡，不仅弱化了每一个庭园空间的边界，而且使庭园空间相互渗透，难分彼此。障景有实障和虚障之分。所谓"实障"是隔断性的障景，实障的处理一般用于两组不同氛围的空间之间。但实障只可隔断视线或游赏路线，不可围死，即使要围合也必须留有预示相邻空间景象的缺口，如在障景界面的局部或一点上设置沟通景象的诱导点，如漏窗、门洞、窗洞等。所谓"虚障"是指渗透性的障景，是一种似隔非隔的处理。这种手法多用于对两组氛围相近的空间的划分，但更多强调的是空间的渗透。若用建筑要素，则常选用游廊或有连续漏窗或洞窗的园墙；若用植物要素，则多为疏林或竹幕。因此可用洞窗的数量，植物的疏密来控制渗透的程度[45]。

对景是相邻空间或不相邻的空间之间建立联系的手段。也可分为两种形式，一是两个空间的景象之间有明确的呼应关系和轴线对位。这种对景通常是以建筑物的柱、楣、栏杆所形成的框景，使对景显得明确和集中（图5-82）。二是对于园林中的休憩停留点而言，或远或近的观赏对象，这类对景不一定有明确对应的完整景面，随观赏者的方位不同，对同一对象所看到的景面也不同。

图5-82　苏州拙政园远香堂对雪香云蔚亭

中国传统造园对空间序列的安排大致有三种形式：闭合的回环式序列、贯穿式序列、辐射式序列。

①回环式序列：一般小型园林是根据这种形式来组织空间的。从园门先经过几个建筑围合而成的较封闭的庭院空间，而后经由廊或墙限定的曲折、狭窄的线型空间的引导进入园内，同时可借对比作用而获得豁然开朗之感。园中心常设水面，隔水布置山林，林间点缀小亭，面积再大点可水中设岛、近岸布置矶滩等以为中景。与山水相对为主体建筑，在此观赏园景，空间开阔，可一览园林的全貌，从而形成游览高潮。过主厅堂，绕园一周，并进入纵深处，再小有起伏，进而接近入口，回到起点。

②贯穿式序列：空间呈串联的形式，沿着一条轴线使空间一个接一个的依次展开。这一手法在西方传统园林中也能找到佳例，如意大利兰特庄园中轴线上的水景，造园师艺术性地表现出从泉经池、渠、溪、河，最终入海的水景序列。表现自然山水各个片段的庭园，以自然山水或季相变化为设计主线，在渐变、动静、虚实、错落等设计原则指导下，形成变化统一的园林整体。

③辐射式序列：以某个空间院落为中心，其他各个空间环绕在它的四周。经过适当引导首先来到中心空间，然后再由这里分别到达其他空间。中心空间一般位置适中，又是连接各空间的枢纽，因而在整个园林空间序列中占有特殊地位，若稍加强调，便可成为全园的重点。

因自然条件、园址规模、功能需求的不同，传统园林的空间序列常常又是由这三种模式形成的许多"子序列"相互联系而成的。

由一系列相互掩映、彼此交融的空间构成园林整体的手法，形成中国传统园林独具特色的"园中园"格局。不仅易于满足园主不同的使用要求，而且有助于使游览渐入佳境，实现视觉和心理体验上的自然演进。丰富多变的庭园空间，表现出自然山水的丰富性特征；从局部到整体的景观演变，也符合人们游历山水的真实体验。变化与统一、对比与呼应、均衡与稳定、循序与渐进等古典主义美学原则，在中国传统园林中同样得到了完美体现。

3. 中国传统造园的空间景深与层次

在中国传统园林中，既要营造一个个功能各异的单体空间，又要组织各个空间以创造连续性的山水体验，因而各个空间的巧妙衔接与过渡就显得尤其重要。在此方面，借景手法发挥了重要作用，它强化的景象的深度和层次。

同时，在处理园林与周边环境之间的关系时，借景的作用也十分重要。计成在《园冶》中强调："借者，园虽别内外，得景则无拘远近"，要求"极目所至，俗则屏之，嘉则收之"。要在进行园内景象创作的同时，组织园外的有利因素于园林景象之中。借景意味着园林景象的外延。中国传统园林大多建造在相对封闭的城镇环境中，与自然的联系相对较弱，为了避免园中的山水景致孤单突兀，有必要借助视觉和心理的借景，加强园林景观与自然山水之间的联系。即使是那些利用自然山水营造的天然山水园，也要借助于借景手法实现园林与自然山水的融合。此外，中国传统园林的规模通常比较狭小，也需要借景园外以扩大园林的空间感，将周边的自然山水、田园风光、亭台楼阁等借入园中，也有助于形成整体性园林景观。这种整体观念是传统园林创作中极为宝贵也是极具现代意义的思想。

计成将借景的手法分为"邻借""远借""仰借""俯借""应时而借"五种。从空间关系上有邻借和远借之分，所谓邻借是指借用邻近之景，所借的对象或与园址毗邻，或距离很近。其具体处理手法一般是隐蔽园墙，使园外景物如在园中，隐蔽手段或用茂密的树林，或堆山叠石，或采用沿墙的半廊之类的建筑。而对于园外水景的借用，则需做沿水的引导，如苏州沧浪亭，是采用面向园外的沿水亭、廊，以借得园外水景的[45]（图5-83）。

远借是将距园址较远的景物组织到园内的观赏中来。其具体处理手法或是留出透景线，使园内某些观赏点与所借景物能在视线上保持联系。或提供山亭、楼阁之类，可作登高望远的建筑，以便欣赏园外远处的景象。

所谓仰、俯，则是从游赏者的动作来区分的。通过高耸的假山、挺拔的树木、建筑屋檐的起翘，将人的视线引向天空，观赏蓝天白云，或满天繁星，或

图 5-83　苏州沧浪亭借景园外水系

一行白鹭；宽阔的湖面诱人俯视水中明月或拟入鲛宫的倒影。仰借和俯借可将天象这一更为广阔的要素融入园林中来，或构成园林景象的背景，或构成独特的视觉效果，增添自然审美享受，同时使庭园空间倍增。

此外，四季、晨昏、晴晦等天时所带的景象情趣，可以应时而借。如春花、夏荫、秋实、冬枝，运用植物季相变化，点染园林色彩，烘托季节变迁。《园冶·借景》以大量的篇幅描述借景"切要四时"，从"片片飞花，丝丝眠柳""红衣新浴，碧玉轻敲"，到"醉颜几阵丹枫""木叶萧萧"。除四时之外，朝晖、夕照、夜色等天象也给园林中的景物带来不同光影变化下的美。例如承德避暑山庄的"如意洲"，近水陆地上有石舫建筑名曰"云帆月舫"。借云为帆、借洒满月光的地面为水，使得石舫恰如驾轻云而浮明月。雨雪风霜等气象因素在园林中也是十分重要的借景因素。气象变化往往带有无序性与偶然性，因而给园林景物无形中增添了无穷的变化，以及可遇而不可求的奇特景象，如前文所述的"雨打芭蕉"景观。

可见，在中国传统园林中，借景手法的运用十分广泛。庭园景色之间的相互因借，加强了庭园之间的相互联系；庭园之间彼此渗透、呼应，还起到空间的引导作用；而借景园外有利于加强园林景观与城市环境或自然景观的联系，创造完整统一的园林作品。在"巧于因借、精在体宜"的原则指导下，一系列上下联系、前后呼应、彼此渗透、内外结合的庭园空间，营造出动静有致、引人入胜的园林景观，实现了从庭园到园林、到城市、再至风景的巧妙转换。

借景不仅运用于视觉方面，而且涉及心理层面，园林中的诗词楹联产生的隐喻、联想、影射、暗示等，进一步使人突破园林的局限，表现出传统造园家博大的胸怀和开阔的视野。这种立足于庭园空间广纳四周美景的手法，使以封闭为主的中国传统园林表现出一定程度的开放性，其实就是中国传统园林具有的现代性之所在。

4. 颐和园：何处燕山最畅情，无双风月属昆明[①]

①区域整体空间形态：前文已述乾隆对清漪园的设计已把考虑范围扩展到了北京西北郊"三山五园"的整体环境中去。清漪园西面以香山静宜园为中心形成小西山东麓的风景小区；东面为万泉庄水系流域内的圆明园、畅春园；瓮山、西湖、玉泉山鼎足而三者居于当中的腹心部位。清漪园建成，昆明湖开拓以后，构成了万寿山和里湖的南北中轴线。静宜园的宫廷区、玉泉山的主峰、清漪园的宫廷区又构成一条东西向的中轴线。再往东延伸交汇与圆明园与畅春园之间的南北中轴线的中心点，这个轴线系统把三山五园串缀成为整体的园林集群；在这个集群中，清漪园所处的枢纽地位十分明显，万寿山濒临昆明湖而突出水取其近的优势，沿湖不舍宫墙则又能以东、南、西三面的平畴、村舍、园林作为景观的延展；西面屏列的玉泉山，它与万寿山里湖中轴线之间的距离相当于后者与圆明园、畅春园中轴线之间的距离，再往西大约一倍的距离便是

---

① 颐和园继承了我国历代皇家园林的传统，又大量汲取江南私家造园艺术菁华，在掇山理水、建筑布局、植物配置及借景效果等方面都达到了极高的成就。乾隆皇帝徜徉于万寿山昆明湖之间，情不自禁地吟出了"何处燕山最畅情，无双风月属昆明"的诗句——颐和园官方网站简介（http://www.summerpalace-china.com）。

西山的层峦叠翠，山取其远而形成两个层次的景深。这样的布局形式打破园林的界域，显示了西北郊整体的环境美[86]。

②清漪园的空间形态构成：清漪园可分为三个大型空间和若干各异的小型空间。三个大型空间区域分别为由建筑围合形成的宫廷区；以万寿山为中心，形成景观控制点，南湖岛、藻鉴堂、治镜阁三岛与万寿山呼应成景，所形成的向心型的前山前湖区；以及由后山北麓和堆筑的土山所夹后溪河，而形成的线型的后山后湖区。

同时，清漪园不仅从宏观的角度就总体山水环境形成三大空间，而且还从微观的角度因借于局部的地形而创设许多不同形态的园林小空间，形成"园中园"规划格局。它们有的为山石、建筑形成的围合型庭院空间，如赅春园、惠山园（今谐趣园）；也有的是倚山或临水而设单体建筑所形成的向心型空间，如湖山真意、昙花阁等；还有由岛和山所夹水形成的较短的线型空间，如小西泠一带。这些小空间并非完全自成一体，它们又作为大空间的组成部分而彼此呼应。

③清漪园的空间组织：清漪园由于园址规模巨大，因而空间组织也极为复杂。主要的空间序列包括四条：前山中央建筑群序列、后山后湖序列、前山前湖序列以及山脊线序列。

前山的中央建筑群是前山前湖的构图中心，浓墨重彩的建筑点染，意在弥补、掩饰前山山形过于呆板、较少起伏的缺陷。从山脚到山顶依次为天王殿、大雄宝殿、多宝殿、石砌高台上的佛香阁、琉璃牌楼众香界、无梁殿智慧海，连同配殿、爬山游廊等形成一个个围合型的单元空间，密密层层地将山坡覆盖住，构成纵贯前山南北的一条明显的中轴线，同时也创造了一个完整而富于变化的贯穿式的空间序列。这个序列有前奏、有承接、有高潮、有尾声，结合山势逐级展开，不仅成了与山水尺度相协调的点景，同时其中的佛香阁、转轮藏、宝云阁居高临下，视野开阔，成为观赏湖景和园外景色的绝佳场所（图5-84）。

后山后湖序列同样为贯穿式的空间序列，但突破了对称，而富有自然的情趣和变化。后溪河两山夹水，从园西部大船坞至东部惠山园，形成了一个狭长

图 5-84　清漪园中央建筑群的节奏

的线型空间。从大船坞起北向而东，从半壁桥到绮望轩、看云起时，两岸界定空间的要素由山而建筑，继而又是两岸青山[118]；到买卖街是沿岸鳞次栉比的铺面建筑，仿佛进入江南小镇；过买卖街水路曲折向南而东，过了云辉城关，两岸又是青山对峙，前行水面再次聚拢过桥，而后，水面开阔，两侧的限定要素变为南岸平谷之上的云绘轩一组建筑和北岸山体；再往前便又是夹岸青山，水面再次收放后，来到了后溪河和前山前湖景色转换的节点——惠山园。在这近千米的距离上，随着空间尺度、界定要素的变化，使整个空间序列开合有致、富有节奏。

前山前湖序列为回环式空间序列。从宫殿区进入院内，由夕佳楼开始向北而西，经前御路，统揽前湖景色，望西堤和南湖岛；至石丈亭折北，过小西泠，再跨半壁桥向南进入西北水域的耕织图景区；而后沿西堤向东南前行，置身西堤，向西可观治镜阁、藻鉴堂两岛，向东可望南湖岛，向北则观雄伟的中央建筑群；而后经由绣漪桥向北到东堤，在东堤中段可由十七孔桥上南湖岛，最后折回继续向北到夕佳楼。在这个大回环的空间序列中，便可饱览整个前山前湖景色，同时大回环中又包含了许多小回环的空间序列，如小西泠、耕织图、南湖岛，使得游览更富变化和节奏。

山脊线序列也为贯穿式的空间序列，即整个中御路的游赏线。对这一游赏序列规划遵循"喧中有寂""旷中存幽"的原则，避免了空间体验的单调性。同时，结合山麓建筑疏密有致的节奏变化，无论从哪一透景线望去，都能够看到以南湖岛为心、西堤为辅的广阔湖景。

④清漪园的空间对比：柳宗元（773—819）在《永州龙兴寺东丘记》中写道："游之适大率有二：旷如也，奥如也，如斯而已。其地之凌阻峭、出幽郁、寥廓悠长，则于旷宜；抵近垤、伏灌莽、迫邃回合，则于奥宜。"在柳宗元看来山水风景之可游者，必须旷奥兼备。清漪园的空间布局也十分注重建筑的显隐与山水环境旷奥之间的关系。

清漪园前山前湖景区，山北水南，呈北实南虚之势，而玉泉山拱卫于西，又呈西实东虚之势。由于不设园墙，南面和东面的虚景仿佛一直延伸至天际。整个环境虚实相辅相成，具有自然界大尺度的开朗景观的典型特征。而以建筑为主的景点布置亦以显露为主，若为建筑群则空间多外敞，若为个体建筑，则多为楼阁。而西北水域则利用岛、堤、港、汊穿插为相对狭仄幽静的水景，景点多半隐藏布置，突显江南水乡强调。所以说，前山前湖以开朗为主，局部则旷中有奥。

后溪河是自然界幽邃景观的典型，而由于后山坡势较缓且略具丘壑起伏，设计中利用这些地形条件加工为许多小尺度的幽闭景域，穿插少数视野开阔的制高点。如建置在水畔、山坳、谷地的景点，空间以内聚为主，形象隐蔽；而山坡景点一般都呈半隐半显的形象。在少数制高点上则为完全显露的布置，可极目远眺园外之景，本身又具点景作用。这个区域既以幽邃空间为基调，又因穿插着许多显露的布置而使人们的视野不受局限，感受到空间效果的丰富多变，幽邃但不闭塞，总的说来是奥中有旷。

⑤借景：清漪园的建设十分重视借景。在开拓前湖的宽度和纵深、经营岛的位置和堤的走向时，都将最大限度收摄园外景观作为主要考虑因素。清漪

园的主要借景对象远为西面的玉泉山和西山，近有北面的红山口双峰。为了保证这两处借景画面的完整性，在西堤以西都不建置高大建筑，同时它们还分别与园内景点有着轴线对位的关系，进一步强调了这两组借景在园林成景中的重要性。同时，建筑的安排，游线的设置也为观赏借景提供了不同空间感受的场所，俯、仰、远、近均各得其宜。如前山山脊西部的湖山真意，以形成框景的形式远眺玉泉山（图 5-85）。

后山虚构轩、花承阁之隔着林海俯借圆明园到红山口的广阔平畴；前湖西堤、藻鉴堂、治境阁、南湖岛隔着烟波浩渺远借红山口、玉泉山、西山。这些园外借景与园内之景浑然一体，嵌合得天衣无缝（图 5-86）。

图 5-85　清漪园由湖山真意远眺玉泉山

图 5-86　清漪园前湖远望玉泉山

5.拙政园：咫尺空间得自然真趣

李格非（约1045—约1105）在《洛阳名园记》中说："园圃之胜不能相兼者六：务宏大者少幽邃；人力胜者少苍古；多水泉者艰眺望"。拙政园中部无疑是兼有此六方面之长，这得益于其精巧的空间布局。

①空间形态构成：较之清漪园，拙政园虽小，但要在有限的面积内构成富于变化的风景，避免日久生厌，就要形成若干风景主题和形态都各异的空间。拙政园中部中心为水中岛山形成的向心型空间；北部绿漪亭至见山楼为园墙与岛山所夹的线型空间；南部梧竹幽居至别有洞天也是一个线型空间，北侧为岛山，南侧的限定要素或为山，或为建筑；西部小沧浪以南至最北端的见山楼，构成了主要厅堂远香堂以西的南北方向上的一个纵深的线型空间。在这个线性空间中，空间两侧的界定要素为建筑、廊和植物。除这四大空间而外，局部还有由建筑、园墙或山石形成的围合型小空间，如枇杷园、小沧浪水院等，又形成"园中园"的格局。整个园林呈现自然随意之态，时时处处有可观之景象，但又不能窥全局，宛若一幅具有郊野之气的山水画（图5-87）。

②空间组织：在空间的划分和联系上，入口内的黄石假山，如同一座影壁遮挡了院内景象，不使入园伊始就一览无余，形成了入口与院内的一个障景；而从远香堂看来，这组山石作为南向观赏线的归宿，也构成了一个对景。对于东部小沧浪至见山楼的线型空间，在见山楼以北布置了荷风四面亭、香洲增加空间的层次，同时用折桥和廊桥划分水面，以南再置小沧浪横跨水面之上，整个空间隔而不闭，层层递进，突出景域的深邃特征。而东西方向上的两个线型空间，北部空间变化稍显单调，而南部，界定空间的边界十分丰富，南北均有

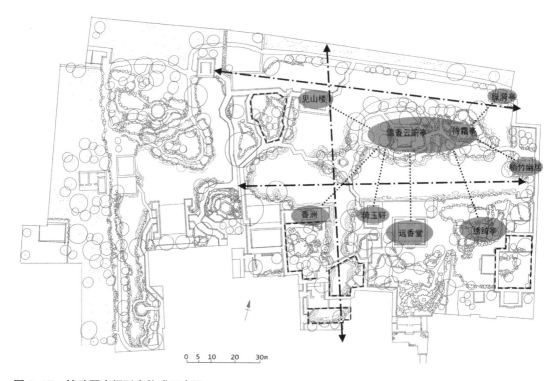

图5-87 拙政园空间形态构成示意图

折桥划分水面，使其不显狭长、呆板。同时还有与其他景域沟通的开口。

在空间的联系上，主要通过对景的方式。拙政园中，没有孤立设置的景象。景象之间相互资借又相互制约、应对成景。如主厅堂远香堂北向湖山空间，东经绣绮亭、到梧竹幽居、再跨水至北山亭和雪香云蔚亭，荷风四面亭，折回至倚玉轩，形成了一个犹如横向展开的山水楼台画卷，这种景象布置和展开方式与清漪园中心建筑群和前湖诸多景点之间的布置方式有异曲同工之妙。虽然园林尺度相差很大，形态、意境各有不同，但内在的空间结构关系却有相似之处。而除了和远香堂之间的呼应外，其他景象之间也互为对景，联系紧密。

通过空间的组织和划分，使得拙政园的空间序列也十分复杂，为大型的回环式空间序列，但其中又包含了许多小的回环式、辐射式、贯穿式子序列。空间序列的安排，使相邻空间敞闭、大小以及特色等各不相同，通过对比，以取得主题明显突出、整体和谐统一的效果，同时又构成了富有诗词韵律的连续流动空间。

③空间对比：在各空间之间，造园家巧妙地借助大小、高低、开合、明暗的对比手法，使园林产生丰富的视觉体验和心理感受。运用尺度适宜的山石花木、透迤幽深的濠濮溪涧、曲径通幽的游线布置、错落有致的亭台楼阁，精致小巧的院落空间，通过对比衬托，使主体空间显得更加疏朗、开阔。使游人得以在"咫尺空间中，得自然真趣"。例如远香堂前山水和小沧浪、柳荫路曲、海棠春坞等空间的对比。远香堂前，山水疏旷，和小沧浪幽深的水院空间、柳荫路曲建筑与山体形成的回环曲折的空间、海棠春坞由建筑围合的庭院空间形成了旷奥的对比。

④借景：拙政园园林空间真正的边界并非院墙，而是视觉的边界。通过透景线的设计，将离拙政园三五里外的北寺塔"借入"园中，巍峨的北寺塔耸立在亭后的云霄中，煞是壮观。在梧竹幽居亭中向西望去，近景是波光粼粼的水面，环湖的亭廊堂榭，远景是绿树掩映的北寺塔，模糊了园林的边界，使其具有悠远的空间维度。

（二）西方园林的空间布局

1.凡尔赛宫苑：均衡稳定、比例和谐的空间网络

（1）空间的平面结构

凡尔赛宫苑中，由一条东西向的主轴线，和与它垂直相交的两条横轴线构成的轴线系统，编织成一个主次分明、条理清晰的空间网络。所有的主要空间都围绕轴线展开，每一条轴线都是一个空间序列。因此凡尔赛宫苑的主体空间结构便是由轴线串联起的一个个贯穿式的空间序列。

统领全园的主轴线是凡尔赛宫苑景观序列的展开线，道路、府邸、花园、丛林、河渠都围绕它展开，形成一个统一的整体，它在几公里之外就拉开了园林游览的序幕，从城市到宫殿，到花园再到莽莽的森林。同时它也是一条视觉轴线，将人的视线一直引向可望而不可即的天际。轴线在宫苑的起始是位于高台上的宫殿，宫殿前是一对水花坛；走到高台尽端，大台阶下的拉通娜泉池豁然显现，拉通娜泉池两侧是一对花坛；顺着中轴线西望，是壮观的国王林荫道，开阔的中轴线两侧，是浓密的树林，其间隐藏着丰富多彩的丛林园；林荫道尽端为巨大的阿波罗泉池，椭圆形的水池中，阿波罗驾着巡天车破水而出，

仿佛向西奔驰。他身后是平静广阔的十字形大运河。在两旁高大整齐的树墙的衬托下显得极为壮观。傍晚时分，红日西沉，水面上万道金光，落日余晖撒在阿波罗和他的战马身上，其情景非常壮观。

宫苑中还有两条横轴，一条紧邻宫殿，向南通向南花坛、柑橘园和明镜般的瑞士人湖，结束于林木繁茂的山岗；向北自北花坛开始，穿过水光林荫道，到达龙池，尽端为海神尼普顿泉池。这条横轴虽短，但变化十分丰富，一系列花坛、喷泉引人入胜。尼普顿泉池与瑞士人湖，在两端遥相呼应，又富有强烈的动静、大小对比（图5-88）。

另一条横轴是十字形大运河的横臂，南端原为动物园，现已经不存在了，北端是特里阿农宫苑区。相当于一所便殿，方便路易十四在那里休息消遣。

图5-88　瑞士人湖与尼普顿泉池对比

　　凡尔赛宫苑园林空间的另一个独到之处是那些独立于轴线之外，用丛林围合而出的丛林园。丛林园的存在使得园林在一连串的开阔的大空间之外，还拥有一些内向的、私密的小空间，使园林空间的内容更丰富、布局更完整。在整个空间布局中，宫殿统帅一切，高高在上，前院是通向城市的林荫道的聚焦点。后面是花园，其规模、尺度和形式都服从于宫殿建筑。花园的精致和华丽程度随着远离宫殿而逐级递减，终于达到林园。林园是花园的背景，花园的轴线和道路直伸进去，把它切割成几何形，并且在道路的交叉点上，布置喷泉、雕像、亭廊之类，作为对景，这样就把林园跟花园联系在了一起，成了花园的延伸。凡尔赛的美，首先在于它的总体，它的布局，而不是吸引人去玩味的细节和个别造园要素。主轴线直指天边，追求的是空间的无限性，园林因而是外向的[39]（图 5-89）。

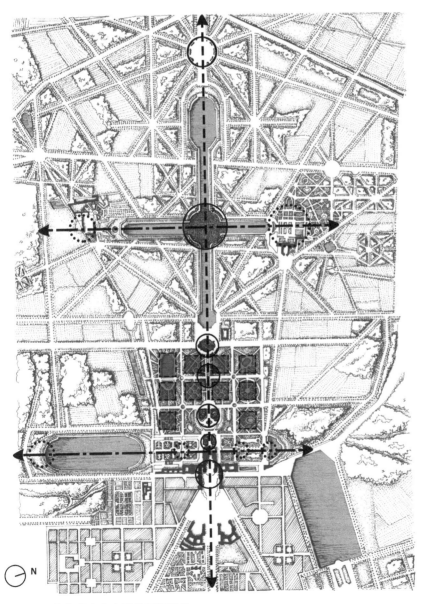

图 5-89　凡尔赛宫苑空间的平面结构

（2）空间的竖向变化

法国古典主义园林的美丽，还在于它竖向上的起伏变化。凡尔赛宫苑的基址为缓丘地，主轴线垂直于等高线布置，这样能够使轴线两侧的地形基本持平，便于布置对称的要素，获得均衡统一的构图。虽然凡尔赛宫苑远不及意大利台地园的层层叠叠，但与平地园林是有很大区别的。开阔的缓坡起伏的丘陵地是勒诺特尔建造园林的理想场所。他展现了如何巧妙地利用和改造地形，让一个完全人工的构图巧妙地融入天然的环境中，其高低起伏，完全适应于地形的走向。从空中俯瞰，仿佛一幅巨大的编织着美丽图案的地毯，铺在大地上。同时，轴线垂直于等高线，地势的变化就会反映在轴线上，因而凡尔赛宫苑的园林空间也是一系列跌宕起伏、处在不同高差上的空间。

（3）空间的对比化

与中国园林一样，法国古典主义园林也十分注重空间的旷奥对比，其空间关系是极为明确，可谓"疏可跑马，密不容针"，如林园和花园的对比，狭窄的林荫路和开敞的道路节点的对比等。总体而言，凡尔赛宫苑中，轴线上的空间是开敞的，尤其是主轴线，极度地开阔；两旁是浓密的丛林，不仅形成花园的背景，也限定了轴线空间。如同巴洛克画家们用光线的对比来烘托画面的艺术中心，增加表现力一样，勒诺特尔也利用植物来形成轴线两侧郁闭、阴暗的空间，与开敞明亮的轴线空间形成对比，进一步烘托主题。

（4）空间的划分

在法国古典主义园林中，空间的分割主要是由植物要素和大型的静水面来完成。因此，虽然园林的总体构图是规整几何、中轴对称的，但游赏其中仍然给人充满自然气息的感觉。在茂盛的丛林和更广阔的林园中，种植的大多是欧洲七叶树、鹅耳枥、山毛榉、椴树等落叶乔木，树形高大、茂盛且统一，没有意大利松、柏那样富有个性的姿态。它们列植或丛植于林园中，形成茂密的丛林，被直线的林荫路切割成边缘整齐的绿色团块。

这种空间的疏密关系突出了中轴，分清了主次，像众星拱月一样，反映着绝对君权的政治理想，更反映了理性主义的严谨结构和等级关系。

2. 苏塞公园：地平线上的空间营造

米歇尔·高哈汝在针对园林空间的构建时曾说："我不会停留在甲方所提供的场址空间上，我的兴趣更多的是在场址与周边环境之间的关系上。我所说的地平线，就是指各个相邻空间之间相互影响的方式，它们相互依存，相互渗透，从近到远，从线到点，直到消失在地平线上。"他还强调："没有地平线就没有空间。在形成一处景观的地平线之后，还会有另外的地平线有待我们去发现。地平线是天与地连接之处，它本身就是一种需要我们去超越并摆脱自我封闭环境的景观"。[119]

在苏塞公园中，设计师首先通过引入一系列水平的土丘，在城市的地平线和公园的地平线之间建立了一种联系，也就是强调了一个变化：从远处城市的天际线到公园的天际线形成了一系列的参照物。通过参照物，让游览者感觉到地形在缓缓地变化，同时感知周边的城市到公园的一种变化的、序列的关系。

在场地内部空间的营造中，设计师将原有场地中沿着河流生长的树丛延伸到河流两侧更宽的区域中，形成丛林地段，这些丛林地段就形成了一个个围合的空间。这也是吸取了凡尔赛宫苑中丛林园的空间围合方法。这样一些围合的空间就形成了公园中的活动场地，游人可以在其中健身、野餐、休憩等。设计师通过利用树木和微地形的变化在公园中营造出一系列的空间，从中间最小为1hm² 的人工性林地，或者林间空地的区域，逐渐向周围延伸，进入到周边城市中一个更大的区域。换言之即从中心 1hm² 的空间尺度到周边几百公顷的空间尺度之间，营造了一系列尺度逐渐递增的空间。而营造这些序列空间的微地形和树丛的做法，又都是来自场地本身所具有的景观类型和景观元素。因而，在苏塞公园中，空间的创作过程依然是建立在场地的基础之上，通过发现场地有哪些景观类型和景观元素，为什么出现在这个地方，它所需要的立地条件、土壤条件是什么状况，根据这些来布置一些随着自然伸展的空间。

3. 雪铁龙公园：城市肌理与自然景象的协调

雪铁龙公园的园址总体上为不规则形，呈"X"形布置的三块用地使人难以感受到其整体性；此外，周围建筑造型各异，在平面布局、层高、风格、材料、色彩与外观上都缺乏整体协调感，这就给为创造统一而开放的园林空间带来许多困难。

设计师充分运用了自由与准确、变化与秩序、柔和与坚硬、借鉴与革新的对立统一原则来对全园进行统筹安排，既延续了法国古典主义园林几何式的空间布局，有着尺度适宜、对称协调、均衡稳定、秩序严谨的特点；又从中渗透出了城市的肌理，并在城市建筑与公园自然景象之间的取得了协调，让两者的关系得到加强，使人感到设计有理有据，顺理成章，有水到渠成之感，而绝非随意的线条勾勒。

雪铁龙公园的整个平面布置采用了既有集中又有分区的手法；从开阔无垠的视线到细微景致的处理，从大空间到小空间，大、小尺度相互重叠，逐渐变化，空间互相渗透，因而给人以十分丰富的感觉。公园以矩形大草坪为中心，各个分区都围绕着它沿边布置，在空间上和层次上都是从中心向四周逐渐过渡，虚实对比强烈。大草坪的东面是大型观赏温室，南面为大水渠与洞窟，北面是由一系列台地分隔出的序列园和运动园，西面向塞纳河敞开，白色园和黑色园对应布置在园址东边的两个角上，最后以一条斜轴将全园串联起来。

第一，在园中央划出一个 100m×300m 的矩形大草坪，以此将公园与塞纳河联系在一起，而且在大草坪的四周环以狭窄的水渠，游人只能从两座石板桥上进入草坪。这种处理方式借鉴了法国传统园林中水壕沟的形式，使大草坪似乎漂浮在水面上，既明确并强调了草坪空间的边界，又避免了游人随意进入草坪，使空间似隔非隔。中央大草坪形成了易于识别的开放性空间，它以天空为背景，减弱了周围建筑产生的压抑感，在避免突出建筑环境的多样性和复杂性的同时，又有利于形成园内轻松的环境气氛，满足了游人自由活动的需要。

第二，为了在大草坪空间的基础上创造出和谐的全景，设计师要求将园外的背景建筑加以调整、统一，同时在园内以树丛和水渠将其部分遮掩。

第三，公园中广阔天空的出现，要求公园本身也应有丰富的轮廓线，尤其是建筑般坚实的线条与适宜的尺度，才能使人真正感受到空间的存在。因此，设计师在公园与城市、水平与垂直的过渡方面做了精心的处理。东面的一对大温室作为公园中轴的焦点，对应布置的北面六座小温室及方块树丛和南面的洞窟，构成了向塞纳河敞开的公园空间。同时这一系列点状布置在大草坪边缘的

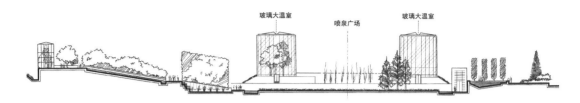

图5-90　雪铁龙公园南北向剖面图

高低错落的景象要素，使中心形成一个下沉剧场式的空间，既突出了大草坪，又形成其丰富的周边景观，同时遮挡了伸向背景建筑的视线，空间的界线更加明确（图5-90）。而且这些比例适宜、重复出现的园林建筑，在限定了公园空间的同时也划分出主题花园空间，起到承上启下的作用。

第四，雪铁龙公园中其他景物的组织与安排也是有意识地采取相互重叠或对应的方式。对应关系体现在公园的中轴两边：东部以白色园和黑色园相对应，中部以北侧的序列花园和南侧的洞窟相对应，西部是以北面的运动花园和南面的岩石园相对应。不仅如此，对应的景物在形式上及含义上也是相互协调的，白色园与黑色园中央空间的"虚"是彼此呼应的，而前者四周的"虚"与后者四周台地花坛的"实"、白色调与黑色调又是相互对立的。

可见从凡尔赛到苏塞公园、雪铁龙公园，尽管场地基础、所处环境、设计立意与定位都不尽相同，但是对于空间的营造都关注空间的整体性和空间的延伸，以及空间大小、旷奥的对比。同时凡尔赛利用轴线网络，苏塞公园利用丛林和地形，凡尔赛运用一系列对位的点状景象要素，都很好地完成了空间的划分和组织，体现了严谨与变化、几何结构与自然景象的结合。另外，现代的风景园林设计在空间的营造中更注重以场地自身的资源和条件形成构建空间的手法和起始，并且更关注空间的竖向变化，尤其是在囿于场地范围的城市公园中，强调运用竖向的变化营造更加丰富的空间。

（三）现代启示

1. 场地边界：循序渐进的空间引导

园林作为人工空间的营造艺术，必然关注人工空间与自然空间的和谐统一。中西方传统园林在空间布局上的共同追求，就是要实现园林空间与自然空间的巧妙过渡。西方传统园林中无论是意大利别墅庄园还是法国古典主义园林，大多建造在景色优美的自然或乡村环境中，在理性主义美学思想指导下，以建筑师为主体的造园家追求对立的统一，必须在外围的自然空间和内部人工性极强的建筑之间，营造一系列过渡性空间。在西方传统造园家看来，这种自然与建筑之间的过渡空间就是园林。于是，造园家以建筑为核心，越接近建筑，园林景观的人工性就越强；反之，越远离建筑，自然的气息逐渐浓厚。

中国的天然山水园与西方传统园林相似，为自然山水所环绕，造园侧重于因地制宜布置一系列院落，处于核心地位的主体建筑四周人工性往往也最强。而以私家园林为代表的人工山水园大多建造在城镇环境中，尤其需要在园外的人工环境与园内的"自然山水"之间营造一系列从人工到"自然"的过渡性空间。不同的是，西方传统园林从自然到人工的过渡，主要体现在植物材料的处理方式和园林空间的构图形式方面，而中国人工山水园从人工到自然的过渡，则是以一系列庭园在尺度和造园要素方面的变化来实现的。因此，在一系列庭园之间，空间及景物承上启下、循序渐进就显得尤为重要。同时以文人画家为主体的中国造园家更加注重"自然美"，突出"自然"在园林中的统帅地位，因此努力使建筑的人工性弱化，反映在空间的通透性、材料的自然化和布局的自由化方面，有助于将人工建筑润物细无声地融于"自然山水"。

今天风景园林设计所面临的城市环境更为复杂，如何在钢筋混凝土森林中营造真正健康的近自然化环境；如何屏蔽或消减不良的外部干扰，营建都市绿洲，空间边界的处理和引导就尤为重要。因此，中国现代风景园林师应学习传统造园动静结合、虚实对比；参差交错、互相掩映；曲折迂回、渐入佳境的空间组织手法，巧妙地将城市与园林的空间界面融合在一起。

2. 场地内涵：起承转合的空间序列

空间序列的组织关系到园林的整体布局和结构，从而影响人的游赏体验。中国传统园林的空间组织因其具有多空间、多视点和连续性变化的特点，常被喻为动态的山水画卷，所谓步移景异。即通过精妙的空间划分与组织手法，使游人在行进过程中不仅能欣赏到不同的景色，同时又能将各景象连贯成完整的空间序列，从而获得良好的动观效果。

现代风景园林的功能是多元的，既要满足生态效益，如生物栖息地营建、生物多样性保护、生态环境治理等；又要满足社会效益，如公众游憩、健身、社交、庆典等。因此，我们应向传统造园师学习如何通过对空间的划分来形成不同形状、标高、尺度和主题的多样的园林空间，同时彼此之间又密切联系、互相渗透，以及如何将各个空间有机地组合成整体性的园林作品。不同场地的立地条件千差万别，中国传统园林的空间序列并非按照某种固定的线路有条不紊地来观赏各处风景，而是灵活运用回环式、贯穿式、辐射式等组织形式，构建整体空间序列的同时，又因地制宜的将其划分为若干相互联系的子序列，最终达成具有起承转合的游赏体验。

3. 场地外延：穿越边界的空间延伸

当前，我国众多城市规划建设与自然割裂、"积怨深重"，城市生态和人居环境面临着新的形势和全新挑战。公园城市作为城市发展的新目标和新阶段，充分体现了习近平新时代中国特色社会主义思想中"以人民为中心"的发展思想和构建人与自然和谐共生的绿色发展新理念[120]。

从清漪园和拙政园的空间营造中不难发现，无论是处于城市封闭环境中的人工山水园，还是利用自然山水营造的天然山水园，中国传统造园家都十分关注可视范围内的景观协调，而不拘泥于园址边界的局限，这主要体现在借景手法的运用上。公园城市建设模式正是对中国传统造园思想的现代传承，通过构建融入自然山水、彰显文化特色的城市绿色空间，实现"望山见水记乡愁"，最终构建诗意栖居的城市理想境界。

对于中国现代风景园林师而言，首先不应局限于划定的"红线"范围，而应将设计范围拓展到场地的可视区域甚至更广阔的空间中去，在空间上进一步促进城市绿地建设与自然环境、乡村人居环境的融合。设计不仅要关注场地空间本身，还应注重该空间与周边空间之间的联系。使场地的每个边界空间以某种方式转换到邻里空间，再以某种方式转换到下一个邻里空间，形成一个景观联盟，如同清漪园建设中对三山五园的整体规划。

现代风景园林设计不仅要以山脊线、地平线、天际线等景观边界作为空间布局的参照，创造与周围环境相融合的园林空间，突出设计作品的区位特征；还要加强对场地周围地域性景观的认识，从自然特征和地方文化出发，把周围的地域性景观类型引入园林，这无疑是对中国传统园林追求空间无限外延的传承与革新。

六、意境

在中国传统园林的创作中，具体的景象营造和一系列的空间组织并不等于造园工作的完成。以空间、景象为基础，通过赋予其某种诗情画意的情趣、生活的理想和哲理，同时与园居方式相融汇，使审美主体在游赏过程中，触景生情，激发联想与想象，经过"去象取意"的思维加工后，感悟到景象所蕴藏的情意观念、人生哲理，方能实现园林艺术的全部价值。

（一）意境释义

1. 意境

擅长形象思维，强调感性认识的中国文人非常强调作品的意境表现。意境是中国艺术的创作和鉴赏方面的一个极重要的美学范畴，是中国传统审美追求的最高境界。"意"即主观的理念、感情，"境"即客观的生活、景物。意境产生于艺术创作中此两者的结合，即创作者把自己的感情、理念熔铸于客观生活、景物之中，从而引发鉴赏者之类似的情感激动和理念联想[4]。正如前文所剖析的中国传统思维具有意象性的特征，只要得"意"，便可不必拘束于原来用以明"象"的"言"和现实中蕴含"意"的"象"了，因而追求一种"意在言外"的美学趣味，并浸润于传统艺术创作和鉴赏的各个方面。

中国的诗、画艺术十分强调意境。南宋诗人严羽在《沧浪诗话·诗辨》中说："盛唐诸人惟在兴趣，羚羊挂角，无迹可求。故其妙处，透彻玲珑，不可凑泊，如空中之音，相中之色，水中之月，镜中之象，言有尽而意无穷。"所谓的"言有尽而意无穷"，就可以通俗地看作是中国文人所追求的"意境"，也就是指作品中呈现出来的那种情景交融、虚实相生、充满活力、韵味无穷的诗意空间。

方士庶在《天慵庵随笔》中曰："山川草木，造化自然，此实境也。因心造境，以手运心，此虚境也。虚而为实，是在笔墨有无间。"也就是说意境由"如在眼前"的"实境"和"见于言外"的"虚境"组成。实境是作品的外在形式，虚境是实境的艺术升华，体现实境创造的意图和目的，以及整个作品的艺术品位和审美情趣。虚境制约着实境的创造和描写，因而在创作中处于统帅地位，是艺术作品的灵魂。但是虚境又不能凭空臆造，必须以实境为载体，并落实到实境的具体描绘上。换言之，虚境通过实境来表现，实境在虚境的统摄下进行加工，使作品产生"虚实相生"的意境结构。

以自然为创作对象的山水诗、山水画和山水园，都面临以有限的空间表现无限的自然的问题，都有着不求形似但求神似的"写意"特征。山水诗尤其注重"虚境"的描写，强调以景抒情，令人回味无穷；而山水画追求的是"气韵生动"，表现自然山水的神态；山水园更是以诗画为蓝本，创作三维空间，其意境内涵更为明晰。

2. 园林意境

所谓园林意境，是园林艺术追求的最高境界，它依赖于空间景象而存在，当具体的、有限的、直接的园林景象融汇了游览实用的功能，融汇了诗情画意与理想、哲理的精神内容，便升华为本质的、无限的、统一的审美对象[45]，达到"情与景汇，意与象通"的境界。古人说"意在言外"，中国人传统思维方式的模糊性和意象性使得对于园林意境的研究，更多是通过个人内心的领悟，"只可意会而不可言传"。因此它似乎是完全主观的、神秘莫测的。因而今天我们应该通过理性的分析去认识、掌握意境的构成，让它对于现代风景园林的设计是可知的，并可作为指导的。

（二）中国传统园林的意境营造

中国园林意境所蕴含的广度和深度，可谓在世界造园艺术上首屈一指，对其的营造主要有以下三个步骤。

1. 主题的预设

《园冶》说："意在笔先"。即园林创作必须预先设定一个主题思想，不但全园要有一个主题思想，而且各个空间也都应有不同情趣但又统一在这个主题思想之下的分主题。然后借助于山、水、花木、建筑等景象要素的选择和组织所形成的物境，把这个主题表述出来，从而传达给观赏者以意境的信息。所立之意或源于神话传说、或来自名山胜景，或借用诗词歌赋，或比德某种事物，托物言志。

2. 实境的营造

园林意境是以"实境"为基础的。而要营造怎样的实境。才能围绕预设的主题，使象与意统一，从而产生意境呢？

对于"实境"营造而言，无论是天然山水园抑或是人工山水园首先要符合自然的规律，反映自然的原型，在古人看来就是遵循自然界山水、植物、动物的外在结构关系，使园林在形象上与自然风景有共同的特征。在这一点上，天然山水园无疑有着得天独厚的条件，园址的自然山水本身就给人以非常直观的自然感受。相反，人工山水园在营造实境时受到更大的制约。若要在相对局促的庭园空间中创造震撼人心的自然山水体验，就必须借鉴山水画的表现手法，从自然山水中提取典型要素，按照"丈山、尺树、寸马、豆人"的比例关系，将自然山水的典型片段浓缩于咫尺庭园之中。

其次，追求"神似"与"超脱"。所谓"似"是相对于艺术表现上的"同"来说的，"同"即机械地复制。而中国传统的思维方式使艺术创作向来反对对自然万物的简单复制，所关注的也不是自然万物本身，而是与其相联系的人世、社会。所以主张艺术创作反映生活，解释哲理，寄托理想。即要透过自然的表象把握住人世更为深刻的、本质的内容。因而便可脱离真山真水的具体形象，创作出与表象有所不同的"意象"。此外，要使园林的景象，融化造园的主题思想，使人产生丰富的联想，成为寓有"情趣"的"人化自然"，有时还需要有所夸张和变形。例如对山峰的描写，峰本是山的组成部分，它体现了山高耸挺拔的形象，因而可以借用石峰的创作，夸张其怪突、危峭的特征，平地起峰，舍弃与此无直接关系的腰、麓、坡等部分。这样对自然山水的提炼与艺术的加工，便可使具体的石、水物象构成的实境，引人产生"一峰则太华千寻，一勺则江湖万里"的移情和联想，从而把物象幻化为意象，把物境幻化为意境。

此外，一个好的园林作品，还必须将观赏和实用这两方面与园林景象有机地统一起来，才能产生出意境来。园林享受不同于赏画，中国传统园林是要在生活起居和游园中去观赏，它所提供的美感享受不仅在于视觉，而且在于听觉、嗅觉、触觉，乃至整个身心的舒适。一座没有坐憩解渴、遮风避雨之处的园林，景象再优美也无法诱人去欣赏，就更谈不上所谓的意境领略了。因而要将满足使用功能的设施与自然景象统一起来，并紧扣一定的主题思想去营造与组织，园林意境才能得以产生。

例如苏州网师园，为诠释"渔隐"这一主题，全园景象以水为主。该园要营造"网师""渔翁"所居住的境界，则水景处理为自然界中理想的渔场——湖泊，而不是濠濮或渊潭，或溪涧。基于"渔隐"这个主题思想，理水应作湖光缥缈的景象；叠石或为突出湖泊风光的矶滩，或为湖水辉映的背景远山；对于植物而言，例如水面，因为不是描写水乡荷塘，所以也就不种植荷花，而是保持象征湖水荡漾的碧波等等；同时，所有大体量的建筑都退离水面，作为湖畔近景，用小体量的亭、轩、廊、榭提供定点观赏的处所，并借以遮挡大体量建筑，从而保持了湖面空间开阔的效果。湖泊水体衬托以山林背景所构成的湖山景象，恰与"渔隐"这个主题思想情趣相统一。景象形式与思想内容的统一，便创造出"寓情于景，情景交融"的艺术境界。

3. 意境的深化

中国传统造园家不仅要使游人认同精心营造的"自然山水"的真实性，达到"虽由人作，宛自天开"的"实境"效果，而且要抒发主观的思想和情感，同时使游人亦能"触景生情"，真正达到"以有限空间，营无限意境"的最高境界。为此，造园家还要借助时空的渲染和诗文的引入，来深化园林"虚境"，使其更富诗情画意，构成有别于西方传统园林的独特之处。

①时空的渲染：要使有限的景象产生无限的意境，不但需要对景象的提炼和概括，还需要时空的渲染。如前文所述，传统园林中运用障景、借景、高低错落、曲折迂回等手法组织空间，加强了空间的立体感和层次感，使有限的园景，在游赏过程中交错出现，形成无限多的景面。而如同空间艺术的经营一样，借助天时的渲染也能进一步加深意境，将自然的或看来似乎是偶然的天时季相因素，自觉地组织到景象之中，从而可使景象的自然情调更加浓郁，意境也更具耐人寻味的生命力。

②诗文的引入：中国传统绘画上的题记和印章，不但是画面构图的一部分，也是对画境的开拓。而中国园林也常通过匾额、楹联、摩崖题刻、"诗条石"等形式，引入诗文来深化园林意境。曹雪芹在《红楼梦》中谈及大观园时

便论道："偌大景致，若干亭榭，无字标题任是花柳山水，也断不能声色"。诗文题咏，与某些景象相结合，被组织到景象之中，点出景象的精粹所在，阐明景象的思想、情趣，促使景象升华到精神的高度，从而成为园林艺术不可分割的组成部分。园中景象，因为有了诗文题名、题咏的启示，引导游人浮想联翩，园林意境油然而生。此外，一些抒发士大夫林泉隐逸情怀的诗句，还使自然景象进一步人格化、情理化，从而开拓更为深刻的意境。

4. 颐和园：人与天调、江山永固

清漪园的总体立意为：静观万物，俯察庶山；崇朴鉴奢，以素药艳；博余名景，集锦一园；外旷内幽，求寂避喧[121]。围绕这一总体立意，清漪园通过区域整体环境的调整、规模宏大的山水布局，各种造园要素的精心设计和安排，创造出富有多重意境的园林实境，并借助于联想寓意、匾额楹联等点题手法，使意境更加深化。

（1）模仿名山胜景——移天缩地在君怀

前文已述，清漪园对于山水实境的营造，是以天然山水为基础，经过改造后，将杭州西湖、扬州瘦西湖、无锡黄埠墩和东海仙山、瑶台方壶等山水胜景和理想中的神仙境界统统写仿于一园之内，以宣扬"万物皆备于我"的气魄。而无论理想或现实的名景模拟，都具有双重用意：创造优美的自然景象，诱发特殊的意境。前者是基本，后者是派生，尽管后者会随着时代的变迁、审美情趣的转变而逐渐消失其色彩，甚至不被人们所辨识，但前者却依然赏心悦目，可以引发不同游人此时此地当下的浮想联翩。

（2）宫殿、佛寺建置——"君临天下"和"佛国天堂"的皇家意境

其意境主要通过建筑群的建置来体现，包括宫廷区、前山中央建筑群和后山的须弥灵境。这种以贯穿式庭院组群组景来体现意境的方式，不仅注重单个建筑造型的体量和色彩，更多的是通过建筑之间的布局关系来营造整体端庄严谨的宏大气氛。例如中央建筑群中轴线两侧由近及远逐渐减少建筑物的密度和分量，运用自中心而左右的"退晕式"的渐变过程来烘托中轴线的突出地位，强调建筑群体的严谨中寓变化的意趣[4]。同时建筑群居高临下，视野开阔，所看到的湖山景观，比起黄鹤楼前的"不尽长江滚滚来"的意境，有过之而无不及。而乾隆在《大报恩延寿寺记》中，把前山前湖描绘成佛国中的梵天乐土，这是一种象征性的造景手法，它寓意于皇室以标榜崇弘佛法来巩固多民族国家的统一。后山的须弥灵境则更直接地表现了统治者利用宗教信仰所要达到了政治目的。因此在清漪园中君临天下的皇家气派和宗教气氛的渲染，得到了完美结合和统一，最终都是服务于统治。

（3）寓意传统文化——王朝本固而枝荣

男耕女织的小农经济是封建王朝赖以生存的根本。昆明湖西岸的"耕织图"与东岸的镇水"铜牛"，呈隔水相对之态势，形象地表现了"天人感应"的思想和"牛郎织女"的神话传说，寓意帝王重农桑，王朝本固而枝荣。

（4）诗情画意的景题联对——意境的深化

清漪园也借助于文字的媒介来诱发人的联想，从而扩大园林意境的深度和广度。

对于景题，其中比兴式的景题只占七八处，而以状写来点出景物特征或

精华的约占八十来处。例如临湖的"玉澜堂"取《孟子·尽心上》"观水有术，必观其澜"。又如"湖山真意"以观赏玉泉山、高水湖、养水湖之景而借用陶渊明《饮酒》诗中："此中有真意，欲辨已忘言"。就清漪园的命名，也是恰如其分地点出了这座园林湖面清澈、微波涟漪的造景主旨。

而关于清漪园中的匾额楹联大致可分为三类：

一是描写园林景物的，有助于人们对景象的更深一层的领会。如宝云阁石牌坊上的"山色因心远，泉声入目凉"，便是以情景交融而点出意境之所在。

二是诠释景象原型的，有助于人们对造景渊源的认识。如十七孔桥侧的"烟景学潇湘细雨轻航暮屿，晴光缅明圣软风新柳春堤"。

三是弘扬封建统治的，如君权神授、江山永固等，多为歌功颂德、粉饰太平之词。

5. 拙政园：守拙归田园

拙政园建园之初，园主王献臣欲借此园自比潘岳，暗喻自己把浇园种菜作为自己（拙者）的"政"事。因而全园以植物之景为主，以水石之景取胜，充满浓郁的天然野趣。后因几易其主，今日的拙政园已不如当年那般简远、疏朗、雅致了，但仍可依稀窥见明代以绿树荫翳、水面辽阔见长的风貌。

园中通过对山水、花木、亭台楼阁的实境营造，幻化出月影、花影、树影、山影、塔影以及风声、雨声、水声、蝉声、鸟声等种种虚境，并借助匾联诗文，化景物为情思，以达到意境空间与实体空间相互杂糅而气象万千。

①实境的营造：前文已述，拙政园是以江南水乡为原型，通过提炼和艺术加工，营造园中山水的。对于水的处理首先注重"水贵有源"，所以，园中水体又设置了三处蜿蜒曲折的水尾，暗示水从自然而来，从实境背后的"虚空"而来。其次，关注设计原型的水体特征，对太湖风光进行高度的概括，抓住岛山和烟水浩渺两个特征，尽量凸显水面的辽阔。再次，注重水的流动性，用水贯通每一个空间，使各个空间浑然一体。例如香洲南侧留有一汪池水，既可消解空间的局促感，又可使香洲更加神似停在水中的精美画舫。

对于山石，除了通过岛山写仿太湖仙岛，还通过形态各异的假山石来映射自然。例如入口处的黄石假山，位于园的南部，阳光不能直射的地方，这样山体整体较幽暗，孔隙之间光影闪闪，方显意境。又如，在主体湖山之间的谷涧上所设小石梁，可以衬托山高水深，在游览通行时，既可唤起跋涉艰险的兴奋情绪，而又不失其安全。

同时，还借助花木比德形成意境。当初，王献臣为此园取名"拙政园"，"聊以宣其不达之志焉"。可见，要表达的是一种意欲远离仕途不问政事的情怀。后人以此园寄情、托志，延续了自洁清高、孤芳自赏的意趣。所以，拙政园无论是初建之时，还是后来的更迭变迁，都始终保持着栽植荷花的传统。可见流连园中欣赏的不只是树木花草的形象美，同时还体验着它们所代表的精神象征，将实景化为应景，构筑了园林形象之外的意境美。

此外，园中空间有畅通，有阻隔，迂回曲折，并运用对景、障景、框景、借景、漏景等特殊空间经营手法，表现收放、疏密、藏露、围透、虚实等，使其布局构景具有诗乐般的韵律感与节奏感，从而形成意境。

②意境的深化：拙政园中主要通过诗文题咏和时空渲染得以实现意境的深化。

从建园伊始，文徵明为拙政园作"图""记""咏"，历代又有许多文人、画家为其绘图、赋诗、作词，因此从一开始拙政园便饱富诗情画意。园内现有匾额45块，对联22幅，门额砖刻19块。这些匾联诗文给人提供了无限的遐想空间，深化了园林意境。如坐落在湖上山林中的雪香云蔚亭，亭柱有对联一副："蝉噪林逾静，鸟鸣山更幽"，取自王籍《入若耶溪》诗句，运用以声显静的艺术手法，巧妙地为狭小的人工园林赋予了天然山野之趣，勾画出一幅清新幽静的山林之境。

同类的景象，还可有不同的诗文描写，不同的寓意；不同的描写和寓意，又使景象有不同的意境。如都以荷花为主题，远香堂是借用周敦颐的《爱莲说》"香远益清"的意思；而西部补园的留听阁则取李商隐"留得残荷听雨声"的诗句。前者喻君子出淤泥而不染，濯清涟而不妖，使游人在观赏荷花时，领略到纯洁、高尚的情操；后者则把游人引向天籁知音的洒脱优雅的意境中去了。

此外，拙政园还通过借助时令、气候的变化，调动一切可以影响人的感官的因素以获得更广阔的意境美。如雪香云蔚亭、留听阁、听雨轩、远香堂等都不但和雨雪天气有紧密的联系，也注重调动人的某种感官，如视觉、听觉、味觉、嗅觉等。

（三）西方园林的设计意境

1. 凡尔赛宫苑：太阳神的花园

中国文人追求超凡脱俗的隐逸思想，使得中国传统园林是要为人营造一个寄情山水、托物言志的世外桃源，是一座出世的园林。而西方传统园林则是王公贵族宴请宾客、举办舞会、演出戏剧的场所，园林因而变成了一个人来人往、熙熙攘攘、热闹非凡的露天广厦，丝毫见不到超脱尘世的情感诉求，是一座入世的园林。因此较之中国传统园林意在赏心，西方传统园林则更强调悦目。

不同于中国传统园林将意境作为审美追求的最高境界，西方园林艺术追求完整、和谐、鲜明。西方人自古以来分析性和精确性的思维方式表现在审美上就是对称、均衡和秩序，而这是可以用数和几何关系来确定的。正如法国古典主义建筑师弗朗索瓦·勃隆台（Francois Blondel，1617—1686）所说"决定美和典雅的是比例，必须用数学的方法把它制订成永恒的、稳定的规则"，这就是西方造园艺术的最高审美标准。

但这并不能说明西方园林便没有意境，早在中世纪园林中，就可看到象征主义的造园手法。例如在建筑中庭内，由十字形或对角线设置的小径将庭院分成四块，正中放置喷泉、水池或水井，是僧侣们洗涤有罪的灵魂的象征。又如对于植物而言，白玫瑰暗示纯洁的童贞，而红玫瑰则意味炽烈的爱意，这些都可以随着与人间奇遇有关的故事一起转化为世俗的意象。此外，诗的要素在园林中也或有或无，虽然并不普遍。

在而后的西方传统园林中，这样一种象征或诗意，通常运用雕塑和喷泉表现出来，不同于中国人含蓄的意境表达，西方人的这种方式更为直白和鲜明。例如在凡尔赛宫苑中，将太阳神作为路易十四的象征，因而在中轴线所见的景致要直通天穹，阿波罗泉池和其后的大运河，表现了太阳神从诞生到他巡游天穹的全过程。19 世纪浪漫主义诗人雨果，为这幅景致写下了礼赞诗：

"见一双太阳，

相亲又相爱；

像两位君主，

前后走过来。"[39]

这两位君主一个喻指阿波罗，一位便是路易十四。同时许许多多的雕塑、喷泉把古代神话也通过具象的方式引入园中，但题材都不外乎感官享乐，没有通过景题联对加深意境的手法。因此凡尔赛宫苑或说整个西方传统园林，其意境是比较粗浅的，没有蕴含太多的人生哲理和深永的生活滋味。

2. 苏塞公园：场所精神的传递

较之凡尔赛宫苑，苏塞公园由于设计思想的转变，项目定位和服务对象的不同，没有像凡尔赛那样运用人工构筑物去表达各种象征意义和宏大的场景。而是强调设计作品对地域特征的延续性，以使人们身处其中，能够感受到场地在历史演变中所积累的"财富"，传达的是一种场所精神。设计师通过对自然变化过程的呈现，在不同的时间段形成各样的空间氛围，带给人们以惊喜。同时将设计范围一直延伸到远处的地平线上，所创造出的广袤的空间效果，也让人感受到一种开阔的气势。

3. 雪铁龙公园：文化碰撞与交融的花园

不同于苏塞公园，雪铁龙公园是处在闹市中的一个文化性公园，在其大量的造园要素中隐含着深刻的文化含义，综合反映出西方文化的各个层面。当然，不同的文化程度与社会背景，以及各人的洞察力、好奇心和敏感程度的不同，人们对其文化及引申含义的理解程度也会有所不同。雪铁龙公园在表现方式上兼顾了各种人群的理解力，在配以解说牌的同时，诱发他们自己去解读景象。

比如序列花园用色彩与金属相联系并成为创造每个小园独特环境气氛的基础。通过标志牌的解说，可以使人理解到这六个花园代表的金属及元素，一种色彩，一种水体形式及一种感觉（综合反映出人的五种基本感觉及第六感觉），合起来隐喻着整个地球。当然，还可以有其他的理解方式，如代表炼金术中从铅到金的排列顺序，或代表某种天象等，如银色园还可隐喻月亮。

因此，雪铁龙公园是一处需要游人去"发现"的世界，它既有开放的，也有神秘的，还有亲密的空间。这座新型的城市公园与那些人们习以为常的强调生态保护作用的休闲公园不同，因为它既不是娱乐场所，也不是追求让人抛弃烦恼的轻松气氛，而是一个富有创意的，供人们在此沉思，令人联想到自然、宇宙或者人类自身的文化性公园。

（四）现代启示

1. 委婉含蓄的情感表达

中国传统园林中处处表现出来的"人化自然"的思想，是古人"天人合一"的朴实自然观的反映。古人不仅要"寄情山水"，利用山石花木、风花雪月来传情达意；更要以山水比德，进而将自然要素拟人化，给人以回味无穷的想象空间。造园不仅反映出人们委婉含蓄、丰富细腻的情感表达方式，而且寄托了人们对理想生活环境的追求，是人与自然相和谐的具体体现。中国传统园林以朴实无华的自然特征和内敛含蓄的情感表现，赢得了世人的广泛赞誉。

在山水诗和山水画的影响下，中国造园家形成了以诗人的心灵和画家的眼光看待自然的造园传统，"诗意""入画"成为园林造景的基本准则。造园家不仅要在物质空间上将真山真水提炼加工，并艺术性地再现于园林之中；还要在心理层面使人们将相对局促的园林空间与恢宏大气的自然山水联系在一起。直到 18 世纪中叶，英国的经验主义哲学家摆脱了欧洲大陆盛行的理性主义哲学思想的束缚，在艺术创作中强调"感性认识"和"心灵体验"，进而在中国造园思想的影响下，英国造园家开始运用"诗心画眼"看待自然，产生了英国自然风景式园林，导致了西方园林艺术的彻底变革。

对于古今中外园林作品的研究，都不能停留在外在形式方面。一味地循规蹈矩，或盲目地照搬照抄，必然产生"照猫画虎""东施效颦"的拙劣后果。中国现代风景园林的发展，无疑离不开中国传统园林和西方园林的影响，但唯有追本溯源的研究方法，才能去伪存真，实现传统与现代、西方与东方的融合。遗憾的是，在急功近利的思想指导下，中国现代设计师大多失去了辨别真伪的能力，既没有研究中国传统园林的兴趣，也缺乏对西方园林的深刻理解。比如在突出"园林文化"的要求影响下，中国的设计师习惯于在园林中堆砌各种"艺术小品"以传达设计意境。然而像雕塑这类艺术小品更适宜表现具象特征，与西方园林追求"实境"的文化传统更加吻合。而在以追求"虚境"为主的中国园林中，以罗列大量雕塑或其他硬质小品，不仅有违中国的园林传统，而且削弱了中国园林给人的想象空间。仅举此例并非反对雕塑小品在中国园林中的运用，而是说明设计要素的运用有其内在逻辑性，应像"适地适树"那样为雕塑小品营造适宜的设置环境。

因此，适度的隐喻、恰当的素材、委婉而不张扬、含蓄并非模棱两可应是中国现代风景园林所追求的境界。

2. 天、人、境的契合

在中国传统园林中，所营造的实境通过其形、色、光、质等特质，结合外在的自然条件，如天象气候变化等，给人以视觉、听觉、嗅觉、触觉的特殊感受，从而引发人的情感、联想，产生特殊的意境。这样一种天、人、境的契合，是中国现代风景园林师应努力达到的高度。

实境的形，来自对自然原型的提炼和艺术的加工，而其色，往往依附于气候和光照。实境的色彩常给人非常鲜明而直观的视觉印象，使人产生心理和生理的反应。人们对每一种色彩都会产生情感上的某种认同，从而使色彩获得一定的象征性，表达不同的意义，因此传统园林中常常通过植物季相变化或本身呈现的各种色彩来营造各种气氛。而现代风景园林中也不乏实例，例如雪铁龙公园中的序列园。

光也是营造意境的重要手段，由于光我们才得以觉察对象的形状、色彩、大小、细部、材质、相互关系以及位置等。同时光在某种程度上还能改变对象的视觉质感，使它产生冷暖、轻重、软硬等感官上的微妙变化。中国传统园林常运用阳光和月光使景象产生日出有清阴，月照有清影的意境。而由光产生的影，无论是投影或是水中的倒影，都能让人浮想联翩。在夜晚，月光能改变园林景象原有的色、形、影等的氛围，赋予园林空间以深幽、淡雅的情调。现代风景园林设计也应该充分利用自然光或人工光，使景象产生丰富、奇特的光影变化。

乔治·桑塔亚纳（Santayana，1863—1952）①曾经说过："如果在探索或创造美的时候，我们忽略了事物的材料，而仅仅注意它们的形式，我们就坐失提高效果的良机。因为不论形式可以带来什么愉悦，材料也许早已提供了。材料效果是形式效果的基础，它把形式效果的力量提得更高了。"因此风景园林设计应该关注要素的质感，这包括视觉上的质感，如色彩、光泽、纹理等；以及触觉上的质感，如软硬、干湿、光滑或粗糙等。在中国传统园林中，对于造园材料的纹理、质地、色彩都予以了自然的呈现，通过材料的本质美给人以朴实无华、回归自然的感觉。而我国现在的许多风景园林师却常常对造园材料进行涂脂抹粉，掩盖了材料的真实性，代之以匠气十足的人工装饰，这是值得我们警惕的。

正是借助于天、人、境的契合，中国传统园林方能在景物中寄托深远的意境，追求象外之意趣、神韵，使物境和心境，与自然融为一体。中国现代风景园林师也应深刻认识这三者的关系，使所造之景能够充分调动人的感官能动作用，激荡人发自内心的无限意境和情趣。

3. 反思：从感性有余到理性与感性结合

中国传统园林一般都是在内向封闭型的空间中，供其主人消闲和观赏之用，服务对象狭隘，或为皇室或为士人，因而意境的营造都是寄托园主个人的情思，强调主观认识和心理感受，大多景象的意境，都只可意会不可言传，带有很强的感性特征。而现代风景园林的服务对象是大众，每个人生活经验、文化知识、艺术素养的差异，会导致对意境感受的不同，因此现代风景园林设计中，应转向感性与理性相结合的，易于大部分公众领悟的，符合现时代审美情趣的意境营造。

现代风景园林设计，首先仍应确定园林的主题，即项目定位。然后通过理性的分析得出该主题的主要特性，以及与哪些造园要素存在着某种内在的"同形同构"的对应关系，从而可以通过直观生动的实境形态和空间来比喻、暗示、寓托所要表达的主题思想，使园林景象更具有"叙事性"，传达易于理解的意境。

其次，注重对场所精神的追寻，因地制宜地营造人文景观。这并不是指要以历史典故和文物古迹为参照营造各种人工景点或设施，而是应以自然空间为基础，结合当地人文景观的形成机理，利用地方材料、工艺，营造与自然空间相协调的人文空间以及满足游人观赏和游憩需求的各种人工设施。从而使作品呈现出强烈的传统的和地域特征，具有表述性而易于理解。

最后，体现多元化的意境表达。由于中国传统造园中意境的体现过多的注重于花木寄情、状物比兴所产生的象征寓意上，而随着时代的发展，古代士大

---

① 美国著名自然主义哲学家、美学家，美国美学的开创者，同时还是著名诗人与文学批评家。

夫所追求的超脱隐逸、虚静、清逸、淡远的审美情趣，难以契合现代人简洁、明快、开朗、大方、的审美情趣，因此这种象征寓意正逐渐淡化，以至于无法被现代人所感知。因此现代中国风景园林的意境设计应走出传统的束缚，在中西文化多元交融的背景下，探索多元化的意境。即在象征型意境以外拓展写实型意境，以更精确的表现现代的审美情趣，既注重对物境的精确描绘，同时又深刻揭示现代社会，人对生活环境的本质要求。

　　例如厦门设计师园中，朱建宁教授所设计的网·湿·园便是在场地自然空间基础上，为人们营造适宜的休闲活动空间，重塑现代意境的优秀案例。在这个山峦、湖泊、鱼塘和芦荡构成的环境中，荡漾的湖水、成片的芦苇、摇曳的渔船、纵横的鱼塘、栖息的鸬鹚和一片片渔网，是人们认知这片土地的典型要素，处在水中的漂浮感，则是场地留给人们的最大感受。因此设计师从这些典型要素中，撷取适宜设计场地的元素，来自"场地"的鱼塘、芦苇、木桩、围网，结合设计的栈道、棕网，"水网""路网"和"荫网"三层叠加的空间结构，使鱼类、鸟类、水草等自然要素与游人各得其所，并扩大了空间感[128]。源于场地的设计元素和理性的组织、解读，使原居民产生似曾相识的亲切感；同时也使外来游客能通过对景象的直观认识和联想，感知场地所在地域特有的自然风貌（图5-91）。

图5-91　网·湿·园

后　记

对待中国传统园林的态度，取决于我们的研究视角。曾几何时，中国现代风景园林师大多将关注的焦点放在西方现代园林，然而在急功近利的思想指导下，我们对西方现代园林的研究也大多流于形式。相反对待传统园林文化，大多数则采取敬而远之的态度，更有甚者以偏概全，在西方文化的强势冲击下，对中国传统园林横加指责。

中华优秀的传统文化积淀着华夏民族最深沉的精神追求，是我们在世界民族之林得以生生不息、发展壮大的丰厚滋养，也是中国特色社会主义植根的文化沃土，更是我们在世界文化激荡中站稳脚跟的根基。习近平总书记曾强调：坚持把马克思主义基本原理同中国具体实际相结合、同中华优秀传统文化相结合，用马克思主义观察时代、把握时代、引领时代，继续发展当代中国马克思主义、21世纪马克思主义！

新时代下，我们要传承弘扬好中华优秀的传统园林文化，就应深入挖掘其中的价值内涵，进一步激发传统园林文化在当代人居环境建设中的生机与活力，为中华民族伟大复兴筑牢深厚文化根基、提供强大精神力量。实际上，当我们将东西方园林做横向对比，不难发现两者虽然在形式上存在较大差异，但在内涵方面却有着诸多相通之处，都值得我们认真研究和借鉴。中国传统园林中蕴含着许多极具现代性的理念和理法，但也存在诸多随时代变迁而产生的消极因素。对现代风景园林师而言，前者具有重要的启示意义，后者具有强烈的警示作用。中国传统园林留给现代风景园林师的经验教训，就是其现代意义之所在，也是我们研究中国传统园林应采取的积极态度。

东西方园林都是本土自然景观和人文思想相互作用的产物。中国传统园林中所蕴含的哲学思想和文化意识，是千百年来中国人利用自然方式的经验总结，反映出中国人对理想的生活环境的追求。中国传统园林表现出来的自然观和文化观不仅与中国本土的自然条件和自然景观特征相吻合，而且深深扎根在每一个中国人的心目中，这就使得中国现代园林的发展不能完全追随西方园林，而必须基于中国传统园林的发扬光大。

但是由于时代的发展、社会的进步和环境的变迁，使得中国传统园林不能完全适应现代社会的要求。现代风景园林师必须立足于现代，重新审视中国传统园林的理念与理法，基于传统并重新创造，才是中国传统园林融入现代社会的唯一途径。这就要求现代风景园林师充分了解现代社会的要求和中国传统园林的适宜性。

首先，中国传统园林是在封闭的社会状况下，从皇家和私家领域这片沃土中发展成熟的，因而始终是为少数特权阶层服务的园林艺术，在空间尺度、造园内涵和表现形式上都留下许多"私人"的烙印。相反，现代风景园林面对的是广大公众，并且现代人的生活方式和审美情趣也与古人有着较大的差异，这就使得中国现代风景园林的发展不能完全受到传统园林的形式束缚，而应从实际出发，寻找中国传统园林留给我们的启示。

其次，中国传统园林的"私家性"，使其适合少量的游人使用，相对封闭的庭园环境与现代城市往往难以协调。随着现代城市园林绿地规模的扩大和环境功能的凸显，使得传统的空间格局和造园意境都面临变革。将传统园林简单放大成城市公园的做法，显然难以适应现代社会的要求。现代风景园林师必须以更加开阔的视野看待园林绿地，寻求园林绿地与城市、乡村或自然环境的融合。

再次，随着环境的变迁，山水园的运用也受到很大的制约。一方面，山石、木材的稀缺，使掇山、木结构建筑技艺面临失传；另一方面，水资源的紧缺，使许多历史名园的生存面临极大威胁。圆明园等大型皇家园林兴建之时，绝没有想到后世水源不足带来的维护问题。由于中国大多数城市水土资源日益紧缺，大型山水园林的兴建必然受到巨大的制约，因地制宜地采取适宜的园林形式，才是尊崇中国传统园林的真正表现。

最后，由于交通条件的改善，现代人融入自然山水比古人便利许多，导致在城市中模仿自然山水的造园手法在一定程度上失去了存在的必要性。实际上，中国传统园林强大的艺术生命力，在于创造了符合本土自然景观和文化景观特征的艺术作品。借鉴中国国土上丰富的自然及人文景观，再创具有本土地域性特征的园林景观，才是中国现代风景园林基于传统重新创造的现代意义。

限于笔者的阅历与经验尚浅，写作的时间又较为仓促，文中的许多观点和思考多有不成熟的地方，尚待斟酌，很多内容都需要进一步深入研究和补充，还望各位读者多多指教。希望本文能够给更多的专家、学者和风景园林从业人员带来些许思考，仅此抛砖引玉。

熊瑶

于南京林业大学

2022 年 5 月

参考文献

［1］马克思, 恩格斯. 马克思恩格斯选集（第一卷）[M]. 北京: 人民出版社, 1972: 603.

［2］杨滨章. 关于中国传统园林文化认知与传承的几点思考[J]. 中国园林, 2009(11): 77–80.

［3］朱建宁. 论中国传统园林的现代意义[C]//张青萍. 陈植造园思想国际研讨会论文集. 北京: 中国林业出版社, 2009.

［4］周维权. 中国古典园林史[M]. 北京: 清华大学出版社, 1999.

［5］顾丞峰. 现代化与现代性在中国美术中的表述[D]. 南京: 南京艺术学院, 2003.

［6］宋彦. 穿行于现代与后现代之间[D]. 济南: 山东师范大学, 2009.

［7］STUART HALL, BRAM GIEBEN. Formation of Modernity[M]. Cambridge: Polity, 1992.

［8］薛萍. 全球背景下的中国现代性[D]. 长春: 吉林大学, 2007.

［9］林箐. 法国勒·诺特尔式园林的艺术成就及其对现代风景园林的影响[D]. 北京: 北京林业大学, 2005.

［10］孙筱祥. 风景园林——从造园术、造园艺术、风景造园到风景园林、地球表层规划[J]. 中国园林, 2002(4): 55–59.

［11］代杰. 中国传统思维方式的特征及形成原因[J]. 哈尔滨学院学报, 2004(8): 42–45.

［12］连淑能. 论中西思维方式[J]. 外语与外语教学, 2002(2): 40–46.

［13］孟湘, 王苏生. 融合与对立: 中西智慧的思维方式比较[J]. 唐山师范学院学报, 2005(11): 16–20.

［14］李约瑟. 中国科学技术史[M]北京: 科学出版社, 1972.

［15］爱因斯坦. 爱因斯坦文集（第一卷）[M]. 北京: 商务印书馆, 1987.

［16］余秋雨. 笛声何处[M]. 苏州: 古吴轩出版社, 2004.

［17］孙洪敏. 超前思维[M]. 沈阳: 辽宁人民出版社, 1999.

［18］恩格斯. 自然辩证法[M]. 中共中央马克思恩格斯列宁斯大林著作编译局, 编译. 北京: 人民出版社, 2018.

［19］朱建宁. 西方园林史——19世纪之前[M]. 北京: 中国林业出版社, 2008.

［20］夏征农. 辞海[M]. 上海: 上海辞书出版社, 1999: 5073.

［21］王贵祥. 中西文化中自然观比较(下)[J]. 重庆建筑, 2002(2): 48–51.

［22］柯林伍德. 自然的观念[M]. 吴国盛, 译[M]. 上海: 商务印书馆, 2018.

［23］伊·普里戈金. 从混沌到有序——人与自然的新对话 .[M]. 曾庆红, 沈小峰, 译. 上海: 上海译文出版社, 1987.

［24］王贵祥. 中西文化中自然观比较（上）[J]. 重庆建筑, 2002(1): 53–55.

［25］林玉莲, 胡正凡. 环境心理学[M]. 北京: 中国建筑工业出版社, 2000.

［26］祁志祥. 中国古代美学精神[D]. 上海: 复旦大学, 2002.

［27］曹道衡. 汉魏六朝文精选[M]. 南京: 凤凰出版社, 2002.

［28］李渔. 闲情偶寄[M]. 李树林, 译. 重庆: 重庆出版社, 2008.

［29］石涛. 苦瓜和尚画语录[M]. 周远斌, 点校. 济南: 山东画报出版社, 2007.

［30］崔树强. 黑白之间: 中国书法审美文化[M]. 合肥: 安徽教育出版社, 2008.

［31］沈尹默. 学书有法: 沈尹默讲书法[M]. 北京: 中华书局, 2006.

［32］陈从周. 中国园林鉴赏辞典[M]. 上海: 华东师范大学出版社, 2002.

［33］塔塔尔凯维奇. 古代美学[M]. 理然, 译. 南宁: 广西人民出版社, 1990: 58.

［34］柏拉图. 柏拉图文艺对话集 [M]. 朱光潜, 译. 北京: 人民文学出版社, 1959

［35］北京大学哲学系美学教研室. 西方美学家论美和美感[M]. 北京: 商务印书馆, 1982.

［36］黑格尔. 美学[M]北京: 商务印书馆, 1979.

［37］范明生. 西方美学通史——十七十八世纪美学（第三卷）[M]. 上海: 上海文艺出版社, 1999.

［38］陈志华. 外国造园艺术[M]. 郑州: 河南科学技术出版社, 2001.

［39］达·芬奇. 芬奇论绘画[M]. 北京: 人民美术出版社, 1979.

［40］张玉能. 再论中国画论的人文精神[J]上海: 华中师范大学学报, 1997(9): 18–22.

［41］余丽嫦. 谈谈培根的美学思想[C]// 外国美学. 北京: 商务印书馆. 1987.

［42］培根. 培根论说文集[M]. 东旭, 等译. 海口: 海南出版社. 1995.

［43］苏珊·朗格. 情感与形式[M]. 刘大基, 傅志强, 译. 北京: 中国社会科学出版社, 1986.

［44］杨鸿勋. 江南园林论[M]. 上海: 上海人民出版社, 1994.

［45］陈志华. 中国造园艺术在欧洲的影响[M]. 济南: 山东画报出版社, 2006.

［46］朱建宁, 杨云峰. 中国古典园林的现代意义[J]. 中国园林, 2005(11): 8–15.

［47］胡继光. 中国现代园林发展初探[D]. 北京: 北京林业大学, 2007.

［48］赵记军. 新中国园林政策与建设60年回眸（三）[J]. 风景园林, 2009(3): 91–95.

［49］王向荣. 刊首语[J]. 风景园林, 2005(3): 1.

［50］朱建宁. 做一个神圣的风景园林师[J]. 中国园林, 2008(1): 38–42.

［51］ALLAIN PROVOST. Paysages Inventes[M]. Oostkamp: Stichting Kunstboek, 2004.

［52］王向荣, 林菁. 自然的含义[J]. 中国园林, 2007(1): 6–17.

［53］冯潇. 现代风景园林中自然过程的引入与引导研究[D]. 北京: 北京林业大学, 2009.

［54］傅伯杰, 陈利顶, 马克明, 等. 景观生态学原理及应用[M]北京: 科学出版社, 2005.

［55］孙丽. 现代生态思维: 思维方式变革的一种路径选择[J]. 广西社会科学, 2005(11): 45–47.

［56］朱建宁: 中国现代风景园林设计发展方向———一体化与本土化[EB/OL]. http: //www. hebjs. gov. cn/jszx/zt/cjylcs/zjgd/200506/t20050627_41460. htm. 2005–08–08/2010. 03. 10.

［57］林菁, 王向荣. 地域特征与景观形式[J]. 中国园林, 2005(6): 16–24.

［58］朱建宁. 以自然为师的现代植物景观设计[N]. 中国花卉报, 2005–8–11.

［59］熊瑶, 杨云峰. 地域性风景园林设计初探——湖南株洲天池公园总体规划[J]. 西南师范大学学报, 2009(5): 50–54.

［60］米歇尔·高哈汝. 针对园林学院学生谈谈景观设计的九个步骤. [J] 朱建宁, 李国钦, 译. 中国园林, 2004(4): 76–80.

［61］王向荣, 林菁. 西方现代景观设计的理论与实践[M]. 北京: 中国建筑工业出版社, 2002.

［62］菲利普·马岱克. 法国国家建筑师菲利普·马岱克与法国风景园林大师米歇尔·高哈汝访谈 [J]. 朱建宁, 丁珂, 译.中国园林, 2004(5): 1–6.

［63］朱建宁. 法国现代园林景观设计理念及其启示[J]. 中国园林, 2004(3): 1–8.

［64］朱建宁, 李学伟. 法国当今风景园林设计旗手吉尔·克莱芒及其作品[J]. 中国园林, 2003(8): 4–10.

［65］朱建宁. 在城市中营造野态环境的途径[J]. 中国园林, 2008(8): 50–54.

［66］克里斯托弗·布雷德利—霍尔. 极少主义园林[M]. 北京: 知识产权出版社, 2004.

［67］张晓燕, 李宝丰. 试论简约空间的细部设计[J]. 北京林业大学学报. 2007(1): 15–18.

［68］菲利普·马岱克. 法国国家建筑师菲利普·马岱克与法国风景园林大师米歇尔·高哈汝访谈. 朱建宁, 丁珂, 译[J]. 中国园林, 2004(5): 1–6.

［69］刘晓明, 王朝忠. 美国风景园林大师彼得·沃克及其极简主义园林[J]. 中国园林, 2000, 16(4): 3.

［70］朱建宁. 法国现代风景园林设计先驱——雅克·西蒙[J]. 中国园林, 2002(2): 44–48.

［71］何晓昕. 风水探源[M]. 南京: 东南大学出版社, 1990.

［72］刘安. 淮南子[M]. 沈阳: 万卷出版公司, 2009.

［73］呼海艳. 中国古典园林中的风水观分析及其在现代园林中的应用[D].

杨凌: 西北农林科技大学, 2008.

［74］王其亨. 风水理论研究[M]. 天津: 天津大学出版社, 1992.

［75］张述任. 风水心得——黄帝宅经[M]. 北京: 团结出版社, 2009.

［76］王玉德. 古代风水术注评[M]. 北京: 北京师范大学出版社, 1992.

［77］一丁. 中国古代风水与建筑选址[M]. 石家庄: 河北科学技术出版社, 1996.

［78］管仲. 管子[M]. 北京: 北京燕山出版社, 2008.

［79］周文净, 王振驹. 地理正宗[M]. 南宁: 广西民族出版社, 1993.

［80］杨柳. 风水思想与古代山水城市营建研究[D]. 重庆: 重庆大学, 2005.

［81］徐试可. 地理天机会元[M]. 郑州: 中州古籍出版社, 1999.

［82］陈植. 园冶注释[M]. 北京: 中国建筑工业出版社, 1988.

［83］王锦堂. 论中国园林设计[M]. 台北: 东华书局, 1991.

［84］张宇. 颐和园保护初探[D]. 北京: 北京林业大学, 2004.

［85］清华大学建筑学院. 颐和园[M]. 北京: 中国建筑工业出版社, 2000.

［86］汪菊渊. 中国古代园林史(上卷) [M]. 北京: 中国建筑工业出版社, 2006.

［87］苏州园林设计院. 苏州园林[M]. 北京: 中国建筑工业出版社, 2001.

［88］毛绮红. 拙政园“大”之造园个性研究[D]. 杭州: 浙江大学, 2008.

［89］米歇尔·高哈汝. 米歇尔·高哈汝在中法园林文化论坛上的报告[J]. 中国园林, 2007(4): 50–59.

［90］高江菡. 中国传统园林中“巧于因借”的空间艺术[Z]. 中国社会科学网. 2021.

［91］蒋秀碧. 论我国山水文化与山水精神[J]. 西宁, 青海社会科学, 2007(5): 4.

［92］王立群. 中国古代山水游记研究[M]. 开封: 河南大学出版社, 1996.

［93］朱熹. 四书集注[M]. 海口: 海南出版社, 1992.

［94］刘敦桢. 苏州古典园林[M]. 北京: 中国建筑工业出版社, 2005.

［95］黑格尔. 美学[M]. 朱光潜, 译. 北京: 商务印书馆, 2009.

［96］吴良镛. 国际建协《北京宪章》——建筑学的未来[M]. 北京: 清华大学出版社, 2002.

［97］柯律格. 西方对中国园林描述中的自然与意识形态[J]. 风景园林, 2009(2): 40–49.

［98］魏士衡. 中国自然美学思想探源[M]. 北京: 中国城市出版社, 1994.

［99］钱学森. 科学的艺术和艺术的科学[M]. 北京: 人民文学出版社, 1994.

［100］孙筱祥. 山水画与园林——山水画中有关园林布局的理论[C]//宗白华. 中国园林艺术概观. 南京: 江苏人民出版社, 1987.

［101］孙媛媛. 从山水画看风景园林设计[D]. 西安: 西安建筑科技大学, 2009.

［102］杨大年. 中国历代画论采英[M]. 郑州: 河南美术出版社, 1984.

［103］潘运告. 清代画论[M]. 长沙: 湖南美术出版社, 2003.

［104］张建军. 中国画论史[M]. 济南: 山东人民出版社, 2008.

［105］钱詠. 履园丛话[M]. 北京: 中华书局, 1979.

[106] 陶渊明. 陶渊明集[M]. 北京: 中华书局, 1979.

[107] 曾洪立. 风景园林规划设计的精髓——"景以境出, 因借体宜"[D]. 北京: 北京林业大学, 2009.

[108] 张晋石. 乡村景观在风景园林规划与设计中的意义[M]. 北京: 北京林业大学, 2006.

[109] 朱光潜. 西方美学史[M]. 南京: 江苏文艺出版社, 2008.

[110] 陈从周. 说园[M]. 上海: 同济大学出版社, 1994.

[111] 清华大学建筑学院. 颐和园: 中国皇家园林建筑的传世绝响[M]. 台北: 台北市建筑师公会出版社, 2000.

[112] 张晋石, 王向荣, 林箐. 苏塞公园[J]. 风景园林, 2006(6): 100–103.

[113] 朱建宁. 在城市中营造野生环境的意义[Z]. 厦门: 城市园林绿化与节约型社会高层论坛, 2007.

[114] 王春沐. 论植物景观设计的发展趋势[D]. 北京: 北京林业大学, 2008.

[115] 朱建宁. 自然植物景观设计的发展趋势[J]. 长沙: 湖南林业, 2006(1): 13.

[116] 吴家骅. 景观形态学: 景观美学比较研究[M]. 叶南, 译. 北京: 中国建筑工业出版社, 2003.

[117] 何佳. 中国传统园林构成研究[D]. 北京: 北京林业大学, 2007.

[118] 朱建宁. 法国风景园林大师米歇尔高哈汝及其苏塞公园[J]. 中国园林, 2000(6): 59–61.

[119] 李雄, 张云路. 新时代城市绿色发展的新命题——公园城市建设的战略与响应[J]. 中国园林, 2018(5): 38–43.

[120] 刘翠鹏. 意在笔先融情入境——管窥中国园林意境的创造[D]. 北京: 北京林业大学, 2004.

[121] 朱建宁. 对因地制宜造园原则的再认识[EB/OL]. http://bbs.chla.com.cn/space/viewspacepost.aspx. 2005–08–08/2010. 03. 10.